U0569329

文联版
http://www.clapnet.cn

中国艺术学文库·艺术学理论文丛

总主编　仲呈祥

# 生活美学与当代艺术

刘悦笛　著

中国文联出版社
http://www.clapnet.cn

图书在版编目（CIP）数据

生活美学与当代艺术/刘悦笛著. -- 北京：中国文联出版社, 2018.8
（中国艺术学文库·艺术学理论文丛）
ISBN 978-7-5190-3434-4

Ⅰ. ①生… Ⅱ. ①刘… Ⅲ. ①生活—美学 Ⅳ. ①B834.3

中国版本图书馆 CIP 数据核字 (2017) 第 330230 号

CHINA LITERATURE AND ART FOUNDATION
中国文学艺术基金会
中国文学艺术发展专项基金　资助项目

# 生活美学与当代艺术

| | | | |
|---|---|---|---|
| 著　　者：刘悦笛 | | | |
| 出 版 人：朱　庆 | | | |
| 终 审 人：奚耀华 | | 复 审 人：曹艺凡 | |
| 责任编辑：冯　巍 | | 责任校对：吴　可 | |
| 封面设计：马庆晓 | | 责任印制：陈　晨 | |

出版发行：中国文联出版社
地　　址：北京市朝阳区农展馆南里 10 号，100125
电　　话：010-85923076（咨询）85923000（编务）85923020（邮购）
传　　真：010-85923000（总编室），010-85923020（发行部）
网　　址：http://www.clapnet.cn　　http://www.claplus.cn
E - mail：clap@clapnet.cn　　　　　fengw@clapnet.cn
印　　刷：中煤（北京）印务有限公司
装　　订：中煤（北京）印务有限公司
法律顾问：北京市德鸿律师事务所王振勇律师
本书如有破损、缺页、装订错误，请与本社联系调换

| 开　　本：710×1000 | 1/16 |
|---|---|
| 字　　数：421 千字 | 印　张：26.5 |
| 版　　次：2018 年 8 月第 1 版 | 印　次：2019 年 3 月第 2 次印刷 |
| 书　　号：ISBN 978-7-5190-3434-4 | |
| 定　　价：80.00 元 | |

版权所有　翻印必究

# 《中国艺术学文库》编辑委员会

## 顾 问
（按姓氏笔画）

于润洋　王文章　叶　朗
邬书林　张道一　靳尚谊

## 总主编

仲呈祥

# 《中国艺术学文库》总序

## 仲呈祥

在艺术教育的实践领域有着诸如中央音乐学院、中国音乐学院、中央美术学院、中国美术学院、北京电影学院、北京舞蹈学院等单科专业院校，有着诸如中国艺术研究院、南京艺术学院、山东艺术学院、吉林艺术学院、云南艺术学院等综合性艺术院校，有着诸如北京大学、北京师范大学、复旦大学、中国传媒大学等综合性大学。我称它们为高等艺术教育的"三支大军"。

而对于整个艺术学学科建设体系来说，除了上述"三支大军"外，尚有诸如《文艺研究》《艺术百家》等重要学术期刊，也有诸如中国文联出版社、中国电影出版社等重要专业出版社。如果说国务院学位委员会架设了中国艺术学学科建设的"中军帐"，那么这些学术期刊和专业出版社就是这些艺术教育"三支大军"的"检阅台"，这些"检阅台"往往展示了我国艺术教育实践的最新的理论成果。

在"艺术学"由从属于"文学"的一级学科升格为我国第13个学科门类3周年之际，中国文联出版社社长兼总编辑朱庆同志到任伊始立下宏愿，拟出版一套既具有时代内涵又具有历史意义的中国艺术学文库，以此集我国高等艺术教育成果之大观。这一出版构想先是得到了文化部原副部长、现中国艺术研究院院长王文章同志和新闻出版广电总局原副局长、现中国图书评论学会会长邬书林同志的大力支持，继而邀请我作为这套文库的总主编。编写这样一套由标志着我国当代较高审美思维水平的教授、博导、青年才俊等汇聚的文库，我本人及各分卷主编均深知责任重大，实有如履薄冰之感。原因有三：

一是因为此事意义深远。中华民族的文明史，其中重要一脉当为具有东方气派、民族风格的艺术史。习近平总书记深刻指出：中国特色社会主义植根于中华文化的沃土。而中华文化的重要组成部分，则是中国艺术。从孔子、老子、庄子到梁启超、王国维、蔡元培，再到朱光潜、宗白华等，都留下了丰富、独特的中华美学遗产；从公元前人类"文明轴心"时期，到秦汉、魏晋、唐宋、明清，从《文心雕龙》到《诗品》再到各领风骚的《诗论》《乐论》《画论》《书论》《印说》等，都记载着一部为人类审美思维做出独特贡献的中国艺术史。中国共产党人不是历史虚无主义者，也不是文化虚无主义者。中国共产党人始终是中国优秀传统文化和艺术的忠实继承者和弘扬者。因此，我们出版这样一套文库，就是为了在实现中华民族伟大复兴的中国梦的历史进程中弘扬优秀传统文化，并密切联系改革开放和现代化建设的伟大实践，以哲学精神为指引，以历史镜鉴为启迪，从而建设有中国特色的艺术学学科体系。艺术的方式把握世界是马克思深刻阐明的人类不可或缺的与经济的方式、政治的方式、历史的方式、哲学的方式、宗教的方式并列的把握世界的方式，因此艺术学理论建设和学科建设是人类自由而全面发展的必须。艺术学文库应运而生，实出必然。

二是因为丛书量大体周。就"量大"而言，我国艺术学门类下现拥有艺术学理论、音乐与舞蹈学、戏剧与影视学、美术学、设计学五个"一级学科"博士生导师数百名，即使出版他们每人一本自己最为得意的学术论著，也称得上是中国出版界的一大盛事，更不要说是搜罗博导、教授全部著作而成煌煌"艺藏"了。就"体周"而言，我国艺术学门类下每一个一级学科下又有多个自设的二级学科。要横到边纵到底，覆盖这些全部学科而网成经纬，就个人目力之所及、学力之所逮，实是断难完成。幸好，我的尊敬的师长、中国艺术学学科的重要奠基人于润洋先生、张道一先生、靳尚谊先生、叶朗先生和王文章、邬书林同志等愿意担任此丛书学术顾问。有了他们的指导，只要尽心尽力，此套文库的质量定将有所跃升。

三是因为唯恐挂一漏万。上述"三支大军"各有优势，互补生辉。例如，专科艺术院校对某一艺术门类本体和规律的研究较为深入，为中国特色艺术学学科建设打好了坚实的基础；综合性艺术院校的优势在于打通了艺术门类下的美术、音乐、舞蹈、戏剧、电影、设计等一级学科，且配备齐全，长于从艺术各个学科的相同处寻找普遍的规律；综合性大学的艺术教育依托于相对广阔的人文科学和自然科学背景，擅长从哲学思维的层面，提出高屋建瓴的贯通于各个艺术门类的艺术学的一些普遍规律。要充分发挥"三支大军"的学术优势而博采众长，实施"多彩、平等、包容"亟须功夫，倘有挂一漏万，岂不惶恐？

权且充序。

（仲呈祥，研究员、博士生导师。中央文史馆馆员、中国文艺评论家协会主席、国务院学位委员会艺术学科评议组召集人、教育部艺术教育委员会副主任。曾任中国文联副主席、国家广播电影电视总局副总编辑。）

# 目 录

引言　在开放与"中国性"之间　　　　　　　　　　　1

**第一辑　生活美学：中国与全球**　　　　　　　　　　1
　　重建中国化的"生活美学"　　　　　　　　　　　3
　　生活美学：全球美学新路标　　　　　　　　　　　6
　　生活美学：是什么？不是什么？　　　　　　　　　10
　　生活美学与当代中国艺术史　　　　　　　　　　　16
　　广义与狭义的西方生活美学　　　　　　　　　　　21
　　西方生活美学专著五种　　　　　　　　　　　　　24
　　走向生活美学的"生活美育"　　　　　　　　　　30
　　以"生活美育"建成观赏文明　　　　　　　　　　34
　　审美生活：文明素养？文化人权？　　　　　　　　37
　　从"艺术终结"到"生活美学"　　　　　　　　　40

**第二辑　中国艺术观：当代性转换**　　　　　　　　45
　　走向"新的中国性"艺术观　　　　　　　　　　　47
　　建构"新的中国性"美术观　　　　　　　　　　　52
　　生活美学：建树中国美术观的切近之途　　　　　　58
　　当代需要何种"中国性视觉理论"　　　　　　　　65

过去需"西体中用"，现在要"中体西用" 71
　　走向生活美学的"新的中国性"艺术 76
　　以"生活美学"革新当代艺术观 83

## 第三辑　美学与艺术：中国化历程　89

　　何谓美学"中国化" 91
　　走上美学研究的"中国化"之路 93
　　融入"全球对话主义"的中国美学 97
　　"美学译文丛书"的复出 102
　　"分析美学"在中国 104
　　"哲学"与"美学"的汉语创生 108
　　"美术"与"艺术"的汉语源流考 111
　　从中国"美学"到"中国"美学 115
　　比较美学、跨文化和文化间美学 117
　　当代全球美学的"文化间性"转向 120
　　在文化间架桥的当代美学 124
　　艺术学：舶来品，还是本土货？ 128

## 第四辑　知人论世：对话美学家　131

　　当今艺术理论的"哲学化" 133
　　——与丹托的对话之一
　　丹托的姗姗来迟与恰逢其时 136
　　素描李泽厚 141
　　从"人化"启蒙到"情本"立命 146
　　——如何盘点李泽厚哲学？

| | |
|---|---|
| 新版《朱光潜全集》的真正分量 | 151 |
| 细读朱光潜中英文手稿印象 | 156 |
| 宗白华所践行的"生命风度" | 159 |
| 蔡仪的自然美论与"自然全美" | 162 |
| 王朝闻先生的"家"和"背影" | 166 |
| 王朝闻艺术批评的"土方法" | 169 |
| 追忆城市美学家佩措尔德 | 171 |
| 神林恒道的日本生活美学 | 173 |

## 第五辑 艺术终结：终结在何处　　177

| | |
|---|---|
| 如何释读"艺术终结"？ | 179 |
| ——与丹托的对话之二 | |
| 终结之后的艺术当代状态 | 182 |
| ——与丹托的对话之三 | |
| 艺术终结由谁先提出？ | 185 |
| ——与卡特的对话之一 | |
| 艺术终结向哪方发展？ | 189 |
| ——与卡特的对话之二 | |
| 艺术终结于何处？ | 193 |
| 艺术终结与现代性的终结 | 198 |
| 当代艺术理论的"死胡同" | 202 |
| 亲历艺术终结的全球化语境 | 204 |

## 第六辑 世界艺术史：全球新视野　　209

| | |
|---|---|
| 走向文化多元化的"世界艺术史" | 211 |
| 西方艺术史：四种单线叙事模式 | 214 |

全球艺术格局：单向流动？多元互动？ 217
谁来撰写全球艺术史有合法性？ 221
"亚洲现代性"：中日韩的比较与交锋 224
东亚学术性何处寻：以韩国当代艺术为例 230
艺术的全球化：向左走？向右转？ 234
国际前卫艺术的"关系主义美学" 239

## 第七辑　当代艺术：当代中国性　243

视觉艺术大师来华与中国艺术的嬗变 245
《当代中国艺术激进策略》出版 248
当代中国艺术的"书法性"表现 252
谁在"妖魔"化？妖魔"化"了谁？ 256
建构"国家艺术体制"的新途 259
市场双刃剑穿透当代艺术 263
中国艺术家的"身份嬗变" 267
库奈里斯贫穷艺术的"中国性"呈现 271
解构抽象表现模式，建构"自然呈现主义" 277
"上水""上墨""上茶"之哲学 280
走向影像化的"上善若水" 285
不"雕"不"塑"，有"影"有"相" 288
数码艺术的"新科技美学"之思 294
高科技能否"延展生命"？新媒体如何"恢复美感"？ 297
从"生活美学"定位公共艺术 300

## 第八辑　门类艺术：影视、舞蹈与设计　　309

　　电影媒介：从"现实"还是"世界"出发？　　311
　　电影拍摄：不在场却在存留世界　　313
　　电影银幕：遮蔽在场与框架结构　　315
　　观众与演员：电影内外的"人之要素"　　317
　　电影也是"假装的视觉游戏"　　320
　　"非人工性"：再看电影与绘画之分　　323
　　巴赞的电影本体论：新旧与对错　　325
　　反思巴赞的"照相写实主义"　　327
　　本体问题转换：电影的边界在哪里？　　330
　　作为"移动影像"的电影存在　　332
　　作为"大众艺术品"的电影播放　　336
　　旧电视本体论：从技术到文化的规定　　339
　　以技术本体为基：作为"移动影像"的电视　　342
　　媒介融合的挑战：电视"模板"的数位化拓展　　344
　　回归到生活本体：趋向"生活美学"的电视　　346
　　看电视的生活：在"电视世界"中来存留世界　　349
　　设计：在审美自律与社会他律之间　　352
　　当代"舞蹈理论"如何生长　　355
　　大舞蹈与大美学的本土融合　　361
　　"科学之美"与"美的真理"　　365

## 结语　走向全球与回归本土的"生活美学"　　371

　　一、"生活美学"的缘起与起源　　371
　　二、"生活美学"的本土化建构　　373

三、"生活美学"的全球化贡献　　377
四、"生活美学"的艺术与文化　　379
五、"分析美学"的中国开拓者　　382

**后　记**　　393

# CONTENTS

**Preface: Between Openness and Chineseness**   1

**Ⅰ. Aesthetics of Living: Neo-Chineseness and Globality**   1

    Reconstruction of "Aesthetics of Living" with Neo-Chineseness   3

    Aesthetics of Living: A new Coordinate of Global Aesthetics   6

    Aesthetics of Living: What is and What it is not ?   10

    Aesthetics of Living and Contemporary Chinese Art History   16

    Aesthetics of Living in Broad and Narrow Sense   21

    Five Books on Aesthetics of Living in the West   24

    Aesthetic Education of Living towards Aesthetics of Living   30

    Construction of Appreciation Civilization through Aesthetic Education of Living   34

    Aesthetic Living: Civilized Accomplishment or Cultural Human Rights ?   37

    From "the End of Art" to "Aesthetic Living"   40

**Ⅱ. Chinese Art Concept: A Contemporary Transformation to Neo-Chineseness**   45

    Towards a Chinese Art Concept with "Neo-Chineseness"   47

| | |
|---|---|
| Construction of a "Neo-Chinese" Art Concept | 52 |
| Aesthetics of Living: A Best Way for Construction of Chinese Art Concept | 58 |
| What Kind of Neo-Chinese Visual Theory is for Contemporarity | 65 |
| In Past Western Body and Chinese Function, Now Chinese Body and Western Function | 71 |
| Chinese Arts with "Neo-Chineseness" towards Aesthetic Living | 76 |
| Reformation of Contemporary Chinese Art Concept by "Aesthetics of Living" | 83 |

## III. Chinese Aesthetics and Art: A Historic Process of Sinicization     89

| | |
|---|---|
| What is "Sinicization" of Chinese Aesthetics? | 91 |
| Going on the Road of "Sinicization" of Chinese Aesthetics | 93 |
| Chinese Aesthetics Merging into Global Dialogism | 97 |
| "The Translation of Books on Aesthetics" Coming Back | 102 |
| "Analytical Aesthetics" in China | 104 |
| The Etymology of "Philosophy" and "Aesthetics" in Chinese Language | 108 |
| A Study on the Etymology of "Fine Art" and "Art" in Chinese Language | 111 |
| From Chinese "Aesthetics" to "Chinese" Aesthetics | 115 |
| Comparative, Cross-cultural and Inter-cultural Aesthetics | 117 |
| Inter-cultural Turn of Contemporary Global Aesthetics | 120 |
| Contemporary Aesthetics as Inter-cultural Bridge | 124 |
| Science of Art: Outside-in or Inside-out? | 128 |

## IV. Comment on Life Experiences and Their Times: On Aestheticians — 131

The "Philosophization" of Contemporary Art Theory — 133

Arthur C. Danto's Influence on China: Whether Early or Late — 136

A Literary Sketch for Li Zehou — 141

From "Humanization" of Enlightenment to "Emotion as Substance": How to Describe Li Zehou's Philosophy? — 146

A Real Authority from *The Complete Works of Zhu Guangqian* — 151

The Impression of Close-reading on Zhu Guangqian's Manuscript in English Edition — 156

Zong Baihua's Life Practice and His "Life Style" — 159

Cai Yi on Natural Beauty and Positive Aesthetics — 162

His Home and His Back Shadow: A Memory on Wang Zhaowen — 166

Wang Zhaowen's Indigenous Method of Art Criticism — 169

A Beautiful Memory on Heitz Paetzold and His City Aesthetics — 171

Tsunamichi Kambayashi's Japanese Aesthetics of Living — 173

## V. The End of Arts: Where are Their Ends? — 177

How to Understanding "the End of Art"? — 179

The State of Arts After the End of Art — 182

Who is the First One to Prefer the End of Art? — 185

Which is the Direction of Art after the End of Art? — 189

Where are Ends of Art? — 193

The End of Art and the End of Modernity — 198

The Dead End of Contemporary Art Theory — 202

| | |
|---|---|
| Appreciating the End of Art and Its Global Contexts | 204 |

## VI. World Art History: A New Global Perspective    209

| | |
|---|---|
| World Art History towards a Cultural Diversity | 211 |
| West Art History: Four Singular Narrative Modes | 214 |
| The Pattern of World Art History: from Singular Duration to Multi-interaction | 217 |
| Who can Own Legitimacy to Write a World Art History? | 221 |
| "Asia Modernity": Comparison and Struggle between Chinese, Japanese and Korean Arts | 224 |
| Where is Asian Academic Style: Korean Art as an Example | 230 |
| The Globalization of Art: Shift to Left? Turn to Right? | 234 |
| International Avant-garde Art's "Relational Aesthetics" | 239 |

## VII. Contemporary Art in China: Contemporarity with Neo-Chineseness    243

| | |
|---|---|
| Visual artists' Encounters with China and the Transformation of Chinese Art History | 245 |
| *Subversive Strategies in Chinese Contemporary Art* was Published in 2011 | 248 |
| The "Calligraphic" Expression from Contemporary Chinese Art | 252 |
| Whose Demonization? Demonization to Whom? | 256 |
| A New Way to Construction of "National Art Institution" | 259 |
| Market Ideology is a Double-edged Rapier for Chinese Art Circle | 263 |
| The "Transfiguration of Identity" of Contemporary Chinese Artist | 267 |
| Jannis Kounellis' Representation of "Chineseness" in his Arte Povera | 271 |

Deconstruction of Abstract Expressionism, Re-construction of Naturalness-Embodimentalism Art   277

The Philosophic Presentation of "Serving Water", "Serving Ink" and "Serving Tea"   280

A visualization of "the Highest Level of Ethics is Like Water"   285

No-carving and No-moulding, Video-existence and Image-existence   288

A Reflection on "Hi-tech Aesthetics" from Digital Arts   294

Hi-tech Art can Extend Human Life ? New Media Art can Recover Aesthetic Perception ?   297

Public Art is Located by "Aesthetics of Living"   300

## Ⅷ. The Classification of Other Arts: Film, TV, Dance and Design   309

Film Media: Starts from "Reality" or "the World"?   311

Film Shooting: No Presentness but Preserving the World   313

Film Screen: Covering Presentness and the Screen-frame   315

Audience and Film Actor: "Man as Factor" Inside and Outside Film   317

Film is also a Perceptual Games of Make-believe   320

Unartificial and Artificial: the Difference between Film and Painting   323

Andre Bazin's Ontology of Film: his New/Old and Right/Wrong   325

A Reflection on Andre Bazin's "Photographic Realism"   327

The Shifting of Ontology Issue: Where is Borderline of Film?   330

A Ontology of Film as A "Moving Pictures"   332

Film Projection as "Mass Art Production" for A Mass Public   336

A Old Ontology of TV: from Technical to Cultural Definition   339

Technology as A Base: TV Image as a "Moving Pictures"   342

| | |
|---|---|
| The Challenges of Media Convergent: A Digital Development of Television "Template" | 344 |
| Returning to a Ontology of Living: TV towards a "Aesthetics of Living" | 346 |
| The Living of Watching TV: Preserving the World in "TV World" | 349 |
| Modern Design: between Aesthetic Autonomy and Social Heteronomy | 352 |
| How Contemporary "Dance Theory" Grow Itself ? | 355 |
| An Indigenous Fusion between Great Dance and Great Aesthetics | 361 |
| "Beauty of Science" and "Truth of Beauty" | 365 |

## Epilogue  "Aesthetics of Living" Going Global and Returning to China — 371

| | |
|---|---|
| 1. The Origin and Beginning of "Aesthetics of Living" | 371 |
| 2. The Indigenous Construction of "Aesthetics of Living" | 373 |
| 3. The Global Contributions from "Aesthetics of Living" | 377 |
| 4. Cultures and Arts from "Aesthetics of Living" | 379 |
| 5. A Disseminator of "Analytic Aesthetics" in China | 382 |

## Postscript — 393

# 引言　在开放与"中国性"之间

**刘悦笛**：恭喜你，柯提斯·卡特先生，这次被选举为国际美学协会新任主席，我们又在北京成功举办了第18届国际美学大会。在大会开幕式上，你说要努力让国际美学协会成为非政府组织，那么，你如何看待国际美学协会的未来？

**卡特**：同样恭喜你，在闭幕式上以最高票当选为国际美学协会的五位总执委之一，同样当选的德国哲学家沃尔夫冈·韦尔施（Wolfgang Welsch）是被推荐的。关于未来三年国际美学协会自身的定位，我们需要思考它的角色和目标。考虑到目前已有的拥有强势的国家性质的社团，如各国的美学学会，以及正在出现的地区性的社团，如欧洲美学协会和中东美学协会，国际美学协会须明确自身在致力于美学事业的各种社团之中的特殊角色。这一点非常重要。

在众多的问题中，有些问题需要首先提出来加以讨论：在一个审美现象发生变化、文化越来越走向全球化的世界里，国际美学协会该扮演什么样的角色？它近来的主要成绩，就是组织世界大会、出版美学年刊，我主编的《2009国际美学年刊》你也曾供稿。我们可以追问，20年前在诺丁汉所采用的协会架构今天是否仍然有效？怎样的改革可以改进国际美学协会的功能？在目前现有的自身资源之内，还有其他可做的事情吗？比如说，是否要寻求成为非政府组织，与教科文组织和联合国站在一起，以便获得更广阔的视野？我认为这是肯定的。

**刘悦笛**：这就涉及一系列的问题：国际美学协会作为各国美学协会的"联合国"要扮演什么样的角色？可不可以加强与其他组织的交流和合作？如何理解美学的贡献？美学仅仅是有特殊兴趣的学者们的封闭领地

么？美学如何与艺术实践发生关系？如何与学术圈外的人们发生关系？当然，我个人更倾向于"生活美学"。还有，将来的美学大会怎样建立东方和西方的合作？

**卡特**：这里没有时间详细讨论这些问题，不过在展望国际美学协会的未来角色时，我们可以一起想想这些问题，形成一些具体的方案。作为国际美学协会的新任主席，我期盼与执行委员会、协会会员、致力于美学的全球进步的国际组织、国内组织来共同工作。先谢谢你们帮忙在这些方面所取得的进步。你与我的美国同仁共同主编的文集《当代中国艺术激进策略》（*Subversive Strategies in Chinese Contemporary Art*）也是致力于这种合作的国际性工作。

**刘悦笛**：那么，你如何看待中国美学家们在国际舞台上将要扮演的角色？中国美学与国际美学之间，比如我们中国与你们美国之间，形成什么样的互动关系才是更为健康的？

**卡特**：我认为，目前中国学者和学生们在美学的研究和学习上都有浓厚与广泛的兴趣。这种兴趣根植于中国的文化传统，以及在当今世界延续中国文化之重要特质的愿望。据我的观察，中国的美学家和艺术家一样，都对来自西方文化的洞察持开放的态度。然而重要的是，他们同时也坚决地维护中国的声音，这基于他们在知识上的贡献，而不是民族主义的关怀。

今天，中国和美国之间同多于异。在个人对个人的层面上，来自中国和美国的学者们之间的交流特别受欢迎，而且得到双方的欣赏。大多数情况下，西方学者热切地向中国同行学习，同时也在相互尊重的气氛之下贡献他们的知识。为了培育这种关系，学者们需要能够介入国际文化和教育的交换访问，参加国际会议，这些都非常重要。中国将会因为有活跃的会议计划以及培育此种交换的演讲邀请计划而备受赞许。

**刘悦笛**：你如何思考当代中国艺术带来的挑战？这次国际美学大会，你主持了"当代中国艺术"英文专场，你的发言则是当代中国艺术的都市化与全球化问题的，你再继续谈谈吧。

**卡特**：今天，在中国国内工作的艺术家面临许多挑战，因为当代中国社会的内部正在经历一场剧烈的变革。支撑这些挑战的两个主要资源，来自城市化和全球化的力量。城市化是国内事务的核心所在，而全球化则聚焦在中国与外部世界的关系。

说到中国社会对艺术的态度，以及艺术家所要追求的艺术手法，目前一场深刻的心理变化正在进行之中。这些变化导致互相冲突的思想和行动。在这些值得注意的变革当中，英国艺术史家苏利文（Michael Sullivan）看到的是，当代艺术家普遍质疑并抛弃"艺术的目的是表达人与自然之间和谐的理念，守护传统，带来愉悦"的传统观点。并不是所有中国艺术家和理论家都认同抛弃中国艺术的传统目标是一个积极的发展。当然，什么样的变化对中国社会或艺术家自己最有利，目前也没有一个共识。现有的选择主要有：专心于技术和审美创造的学院艺术；指向某种时髦的市民趣味的艺术；参与性的官方艺术，它得到政府的资助；瞄准国际艺术市场的艺术；瞄准社会变化的艺术；或独立的寻求推进艺术和观念之发展的实验艺术，它类似于纯粹的科学研究，不计其社会效应和商业价值。

**刘悦笛**：那么，都市化问题呢？

**卡特**：脱离了当下整个中国社会里发生的城市化进程，我们就无法理解艺术中的任何一种发展。比如，眼下活跃在北京和中国的其他中心城市的艺术家们所面临的主要威胁，主要来自房地产市场的扩展。过去的几年里，艺术园区在这些地方得以发展。城市艺术园区的发展环境——特别是北京的艺术园区，无论从经济发展还是艺术发展的角度，都曾经被认为是有利于中国当代艺术家的进步的——甚至在过去的两个季度里也已经发生了迅速的变化。比如，在我两年多之前寻访中国艺术园区和画室期间，798艺术园区、宋庄以及北京的其他艺术园区，作为画廊和画家工作室的中心，显得一片繁荣。然而，798艺术园区近来却过度商业化，这是变化的一个征兆。值得注意的是，不仅仅是艺术家面临着丧失生存空间的威胁，许许多多的工人也都在新的经济需求下，面临着失去家园和工作空间的威胁。

**刘悦笛**：那么，如何看待当代中国艺术的"中国性"的身份认同的问题呢？在国际学会大会之后，我们在重庆召开了一个关于"中国美术观"的重要会议，就是倡导当代中国艺术的"本土身份"的问题。

**卡特**：这个问题非常好，中国艺术家如何才能最好地保持其自身特性？首先，中国的艺术家从有生长力而灿烂的艺术创作传统里获得滋养，这较之于世界高水平的创造性都是有优势的。今天的中国艺术家可以自豪的确认与传统的联系。而唯一的障碍在于，艺术家有创作停滞的危险，因此，对于中国艺术家而言，重要的是应更开放地参与到全球艺术世界之中，在主要的国际展示空间内获得鉴赏自身和他者作品的机会。

只有去创造国内和国际都认可的富于创造性的艺术，才是未来发展的根本。创意催生创意，这是保持艺术杰出水准的关键。开始于1985年的威尼斯双年展，就是悠久而重要的国际展会。中国艺术家在国际双年展所赢得的赞誉已经越来越多。下一届威尼斯双年展的主席提议，中国的展厅将会在2011年双年展基础上上升到更显著的位置，这就确认了中国当代艺术在全球艺术世界里极具竞争力的影响。

**刘悦笛**：谈谈美育在当代社会当中的功能吧，你能够就此给中国美学和艺术教育界提出哪些建议？

**卡特**：美育对于整个社会来说都是至关重要的，它帮助民众获得发展全部人性的可能，它也是人类认识发展中的关键，是人类理解力的基本构成。美育首先发源于创生感情的感性动力，逐渐感知而后形成了对实践活动和文化创新都非常必要的象征系统。因此，一种综合的美育纲领要求发展艺术实践和审美经验，以促进欣赏和理解的能力。

艺术（教育）包括很多方面：早期的儿童教育，对各个年龄段的在校学生的教育，以及对各领域艺术家的专业训练，如从绘画、诗歌、舞蹈、摄影，到影像创作、数字艺术形式。来自博物馆、剧院和其他文化机构的支持同样重要，为发展艺术提供了可能的途径。如果这些人没有积极参与到他们生活当中的美育经验里，未来社会的领导者或其他有影响力的人，或许不会看到艺术和文化与政治决策的相关性，以致影响强有力的艺术文化获取必要资源的分配，而其结果就是削弱文化和艺术能滋养伟大民族的必要认识。

今天，美育面临很多挑战，在某些层面会出现重点的转向，如对传统文化和美术发展的态度，部分由于世界大环境的变化。其中，有来自流行文化图像的挑战，伴随媒体技术的进步而扩展了新领域去研究新兴的审美实践，以及全球的城市文化发展和地方性的艺术与文化发展之间的竞争。

而对于当代的美育而言，全球艺术世界里渐高的多元主义声音并不能解决这些问题。其中核心的问题是，日常生活的经验，学校的正规教育，或博物馆和剧院里的教育，是否能找到一条出路，让传承社会价值和必要变化的传统艺术，与活力四射的当代生活中的美育联合起来发挥作用。

**刘悦笛：**你明年在美国组织的会议，主题就是"未定的边界：哲学，艺术与伦理"，你试图让东西方美学再次发生碰撞吧！

**卡特：**这个大会计划是为了推进学者间的合作关系，促进中西方学者在共同兴趣的话题上进行交流和理解。我们希望，大会能鼓励更深入的文化交流，让东西方研究者在彼此新的视野下关注全球背景里的哲学、艺术和伦理等课题。特别是，我们在越来越多的西方和中国学者间扩大了这样的认识。这次大会所提交的论文也将结集出版。

**刘悦笛：**最后，请你谈一谈对于中国文化、艺术和美学的期待。

**卡特：**中国文化、艺术和美学，向来对世界文明有丰富而意义深远的贡献。我对中国在艺术和美学上的未来怀有极大的期待。如今，当代中国艺术家在全球艺术世界里具有令人崇敬的地位。今天，一些最具创造性的艺术作品皆出自中国艺术家之手。在中国，人们对美学领域有广泛的兴趣，正如我们所看到的，北京2010世界美学大会吸引了1000多名来自中国和世界各地的学者。中国学者的美学著作也对东方和西方学者越来越有吸引力。我认为，这些发展的确是非常积极的讯号，预示着美学在中国有着光明的未来！

（原载《中华读书报》，2011年2月23日，题为《中国美学和艺术：在开放与"中国性"之间——与国际美学协会主席柯提斯·卡特的对话》）

# 第一辑

## 生活美学：中国与全球

# 重建中国化的"生活美学"

在中国与西方美学界，21世纪以来出现了一种回归"生活世界"来重构美学的取向。这种美学在当代欧美被称为"日常生活美学"，而在中国则被称为"生活美学"。生活美学在中国的建构，一方面力图摆脱"实践美学"的基本范式，另一方面又不同于"生命美学"的旧模式。

忘记生活世界，终将被生活世界所遗忘。与其他学科相比，美学更需回归生活世界来加以重构，这是由美学作为"感性学"的学科本性所决定的。

这种美学新构的现实性要求还在于：在全球化的境遇里，人们正在经历审美泛化的质变，这包含着双向运动的过程：一方面是"生活的艺术化"，特别是"日常生活审美化"的滋生和蔓延；另一方面是"艺术的生活化"，当代艺术摘掉了头上的光晕逐渐向日常生活靠近，这便是"审美日常生活化"。

实际上，我们在面对艺术时，一定意义上就是面对生活美学；我们在审美化观照生活时，一定意义上也是依据艺术的。然而，当代中西美学所面临的历史语境并不相同。在欧美学界，所谓日常生活美学的当代出场，乃是对"分析美学"占据主流的以艺术为绝对研究中心的强大传统的反动，于是选择了回到"更广阔的世界本身"，从而认定在日常生活美学中欣赏到的属性就是被经验事物的属性，而并非从我们经验的世界中被抽象出来的对象。

然而，我们所谓的生活美学却并不等同于日常生活美学，而是一种介于"日常性"与"非日常性"之间的美学新构。这就是说，生活美学既认定美与日常生活所形成的连续性，又认为美具有非日常生活的另一面，尽管它们在摒弃主客两分思维模式方面是如出一辙的。

追溯本源，在中国本土的丰富思想中，历来就有"生活美学化"与

"美学生活化"的传统。在中国古典文化看来,美学与艺术、艺术与生活、美与生活、创造与欣赏、欣赏与批评,都是内在融通的,从而构成了一种没有隔膜的亲密关系。

在一定意义上说,中国古典美学就是一种活生生的生活美学,中国古典美学家的人生就是一种"有情的人生"。他们往往能体悟到生活本身的美感,并能在适当的地方上升到美学的高度。从庄子的"美的哲思"到明清的小说批评,那种生活见识与审美之思的融合,皆浸渍了中国传统原生的美学智慧。

当代中国美学原论的建构往往缺乏本土文化的积淀,无论是囿于"实践-后实践"范式的现代性的建构,还是深描"生活审美化"的后现代话语,显然都太西方了!

其实,生活美学从本根上来说恰恰是一种最具本土特质的美学。这可以从中国思想的儒家主干中得见分晓,儒家美学就是一种以"情"为本的生活美学。

在新近发现的"郭店楚简"中,儒家重"情"的思想取向被重新彰显出来,所谓"凡至乐必悲,哭亦悲,皆至其情也","凡声,其出于情也信,然后其入拨人之心也厚","用情之至者,哀乐为甚"。特别重要的是,在《语丛》里出现了"礼因人之情而为之"和"情生于性,礼生于情,严生于礼"的看法,在《性自命出》里又出现了"礼作于情,或兴之也"的观念。无论是"礼生于情"还是"礼作于情",都强调了礼的根基就在于喜怒哀乐之情,"兴"恰恰说明了这种情的勃发和滋生的特质。

我们过去对于儒家美学的哲学化解读,往往尽着欧洲哲学研究的色彩,诸如仁学作为儒家美学的哲学基础,或者认定儒家美学的核心就在于美善合一。这种思路显然是一种用西方哲学思维模式过度阐释儒家思想的结果。

然而,从"生活儒学"的角度来解读儒学,似乎更能回到原初的语境来言说问题,儒家美学的基石实际上就是生活践履之"礼"与生活常情之"情"及其统一。

从来源上说,这种基本规定一方面直接来自中国古人自身的本性的规定;另一方面,对于中国独特的文化心理结构来说,情更是与"巫史传统"息息相关的,或者说,情是间接来自这种独特传统的。从巫史传统出发,尽管情是主导感性化的方面,而礼则是主宰理性化的方面,但情与礼却具有非常紧密的关联。

在原始儒家时代,礼乐相济无疑是儒家美学的主导理念,但随着乐的衰微,这种统一便被转化为礼与情的合一,而乐对于人而言的内在规定就在于"性感于物而生情"之情。我们可以看到,对于作为感性学的儒家美学而言,情较之礼才是更为根本的,或者说,儒家美学最终就是以情为本的。

所以说,从生活美学与"情之本体"的角度来重思儒家美学的基本定位问题,无疑是一种新的美学思路。

在孔子本人那里,这种情的实现更多的是在诗与乐中完成的。所谓"兴于诗,立于礼,成于乐",正是表明不仅诗之"兴"是达于礼的前导,而且礼与仁最高要在乐中得以完成和完善,诗与乐将礼前后合围在中心。孔子意识到,乐才是一个人格完成的境界。孔子还谈道:"志以道,据于德,依于仁,游于艺"。在这里,无论是志、据还是依,都是一种符合于道、德、仁的他律;只有游、在"艺"中游,才是遵循审美自由规律的自律存在。

儒家的审美理想的极致处,并不仅仅是寓美于善,而是在至高自由和人格极境里浸渍和弥漫着审美的风度。按照孔子这种思路,就不仅仅是礼生于情这般简单了,而且更强调的是礼完成于审美化的情中。

由此可见,从孔子时代开始的以情为本的美学就已经走上了生活美学的道路。这对于当代中国美学的建构无疑具有重要的启示意义。

(原载《光明日报》,2009 年 8 月 11 日)

# 生活美学：全球美学新路标

第18届世界美学大会刚刚在北京隆重落幕，生活美学成了国内外美学家热议的最新话题。这也说明，"回归生活世界"来重构美学已经成为全球美学的新生长点。

在中文的专题会议上，本届大会特设了"日常生活美学"与"传统与当代：生活美学复兴"两个会场，以推介中国学界的生活美学的最新思潮；在英文的专题会议上，"环境美学""美学与新媒体""当代中国艺术"专场都不同程度地涉及了生活美学的话题。走向生活的美学与美学走向生活，正在东西方美学家那里形成某种基本共识。

同在2005年，哥伦比亚大学出版社出版的《日常生活美学》文集与笔者撰写的《生活美学》相映成趣。只不过，中国本土出现生活美学是为了摆脱"实践美学"的传统，欧美大陆出现生活美学则是为了超出"分析美学"的窠臼，但是，在他们开始转向生活的时候，却都强调了——我们要依靠生活美学来观照艺术，与此同时，我们又要依赖于艺术来看待生活的美学。

为什么生活美学会成为中外美学家所共同关注的话题？

这首先是由于，当代文化和艺术在全球范围内皆已发生了深刻的变化，生活美学的兴起就是对这种最新动向的一种直接的应对。真正使得生活美学得以出场的历史要素，不仅在于当代文化的各个层级在逐渐审美化，这是审美要素向文化与社会的蔓延和普泛化，同时，更在于当代艺术家突破了审美的藩篱，致力于在"艺术与非艺术"的边界进行拓展的工作。

面对这种新的历史境遇，新兴的生活美学就要对传统美学的两个基本观念进行"解构"：一个就是"审美非功利"观，另一个则是"艺术自律"论，二者几乎成就了古典美学观念与艺术理念的内在定性。在古典时代人们所身处的"文化神圣化"的语境里,建构起以非功利为首要契机的审美判断力体系自有其合理性,那种雅俗分赏的传统等级社会,使得艺术为少数人所垄断而不可能得到播撒。

由此造成的后果便是,艺术和审美不再与日常生活发生直接的关联,而在当代社会和文化当中,这些传统的历史条件都被新的语境刷新了,从而出现了三种观念的交锋:"日常生活审美化"所带来的"生活实用的审美化"对"审美非功利性";艺术和文化的"产业化"所带来的"有目的的无目的性"对"无目的的合目的性";"审美日常生活化"所带来的"日常生活经验的连续体"对"审美经验的孤立主义",而且后者已经形成了压倒性的优势。当代审美所面临的历史境遇居然具有了某种"反审美"的性质,审美理论在"后康德时代"要得以重新审视。

与此同时,"艺术自律"论也只是一定历史阶段的特定产物。西方的艺术文化呈现出"沙漏结构",也就是中间细、两端呈双漏斗的结构。在欧洲文化史上,从"美的艺术"的形成直到当代艺术之前的阶段,就是这沙漏的中间部分。在这个中间部分之前,"前艺术"阶段的人造物逐渐被规约到美的艺术体系当中,比如,对原始时代物品的"博物馆化"与对非洲地区物品的"现代艺术化"。

从东方的视角看,艺术的产生只是现代性的产物,而在欧美现代性(时间性的)之前与(空间性的)之外,都没有凸现出现代意义上的艺术问题。在此,时间性的"在先",指的是欧洲文化中唯美的艺术观念产生之前的时段;空间性的"在外",指的是在欧洲文化之外那些"后发"地获得艺术视角的文化空间。

更具体地说,在以欧洲为主导的现代性这段历史展开"之前"与"之外",现代性意义上的艺术都没有产生出来,自律的艺术观念只是作为欧洲文化的产物而得以全球播撒。在"沙漏结构"的后半部,当代艺术又出现了突破艺术边界的倾向,极力在艺术与非艺术的边缘地带进行创造,从而使得艺术走向了更加开放的空间。这正是我们所面临的当代艺术发展的最新阶段。

所以说,生活美学在目前之所以已成为"走向全球美学新构"的一条重要路径,就是因为它既可以用来反击"艺术自律化"与"审美纯粹化"的传统观念,也可以将中国美学奠基在本土的深厚根基之上。

追本溯源，中国古典美学其实就是一种"活生生"的生活美学，中国古典审美者的人生就是一种"有情的人生"。我们当代的生活美学建构不能脱离传统去空谈、"空创"，而要形成一种古与今之间的视界融合。

以儒家美学为例，儒家美学就可以被定位为一种生活美学、一种以情为本的生活美学，这是来自郭店楚简的启示。对于儒家美学的哲学化解读，往往尽着欧洲哲学研究的色彩，如以"仁学"作为儒家美学的哲学基础之类的观点。从"生活儒学"的角度解读儒学，似乎更能回到原初的语境来言说问题，"礼"及其与"乐"的合一更能代表儒家美学思想的基本特质。我们主张从生活美学与"情之本体"的角度来重思儒家美学的基本定位。

儒道两家生活美学的同体化互补，恰恰构成了"忧乐圆融"的相生境界。用"忧乐圆融"来描述中国古典生活美学的架构亦非常贴切，因为无论是儒家还是道家的生活美学，都是"通天下之忧乐"的。同样，正如禅宗生活美学虽然起于出世之忧，但"禅悦"却如此亲和于现世生活一样，儒、道、禅之"乐"都是归属于生活并始终未超离于生活的。

将生活美学视为中国古典美学的原色与底色，这是就逻辑与历史的双重意义来说的。一方面，所谓"原色"就逻辑而言，生活美学构成了中国古典美学的"根本生成范式"，所以谓之"原"。"儒家生活美学"与"道家生活美学"便形成了两种基本原色，并与后兴的"禅宗生活美学"共同构成中国美学的"三原色"。另一方面，所谓"底色"则就历史而言，从孔子和老子这两位古典美学的奠基者那里开始，中国美学就已经走上了生活美学的道路，所以才谓之"底"。但无论是作为"原"色还是"底"色，中国美学从本根上就具有"生活化"的取向。

从先秦、魏晋到明清形成了生活美学的三次高潮，这是不同于欧洲美学传统的最深层的差异，也是我们重新阐释中国古典美学的最新的路径。因此，我们也要回到中国古人的生活世界来把握儒、道、禅三家的美学，从而为阐释中国古典美学探索出一条"回归生活"的新路。在这种视界当中的儒道两家美学，已经基本摆脱了依于"仁"与志于"道"的老路，这恰恰是回归生活世界的必然结果。

生活美学，正是未来美学的重要发展方向之一，但这种发展并不是囿于中国本土的独创，而已经成为国际美学界的共同发展趋向。在第18

届世界美学大会上，笔者与积极倡导审美泛化的德国著名美学家沃尔夫冈·韦尔施等被票选为国际美学协会新任的五个总执委，也部分地说明国内外学者对于生活美学问题的关注尤甚。

第18届世界美学大会正折射出这样的两种趋势：一个是当代全球美学的"文化间性"转向，东方与西方、西方与西方、东方与东方之间的美学交流日益频繁；另一个是中国美学已经融入全球对话当中，并将在其中扮演愈来愈重要的角色，而生活美学正是中国本土美学走向世界的重要通途。

（原载《中国文化报》，2010年8月27日）

# 生活美学：是什么？不是什么？

目前，"生活美学"已经成为全球美学发展的"最新路标"。这种最新的美学建构已在东西方之间形成了基本共识，2005年之后西方学界出版了关于"生活美学"的多本专著。

国际上最重要的美学杂志《美学与艺术批评》（JAAC）的主编苏珊·费金（Susan Feagin），在第18届世界美学大会期间接受采访时便前瞻说："今天美学与艺术领域的一个主要发展趋势是美学与生活的重新结合。在我看来，这个发展趋势似乎更接近于东方传统，因为中国文化里面人们的审美趣味是与人生理解、日常生活结合一体的。"

由此可见，国际美学界不仅视"生活美学"为国际美学的最新主流，而且看到了从传统到当代的中国美学对"生活美学"已经与正在做出的贡献。然而，目前国内学界对于"生活美学"却多有误解，甚至在不甚了解国内外相关研究成果的前提下，对这个新生长点做出了某些"过度的阐释"。

在这些误读纷纷出现的时候，我们正是需要厘清："生活美学"究竟"是什么"，又到底"不是什么"？

## 一、"审美观"的变化与"实用美学"

第一种对"生活美学"的误解，就是仅仅把它当作"实用美学"。以某本名为《生活美学》的专著为例，这本书所说的生活化的美学，从分类上就包括人体美学、服装美学、饮食美学、建筑美学和旅游美学。然而，这种以"生活学"为核心的生活美学，其实就是一种"生活实用美学"，是将传统审美观应用于生活的各个领域的产物。因为"人的艺术追求并不以产生个别的艺术作品为满足,而是要力图渗透到我们全部的生活(Dasein),我们的住宅,我们的服装,我们的道德,我们的交通,我们的举止,我们的语言,我们都要追求一种美的形式。"① 有趣的是,这里所用的"生活"之德文"Dasein"就是海德格尔的核心术语"此在",生活美学即使从实用的根基上说也是"此生"的美学。

这类的实用美学尽管意识到了审美泛化及其渗透到了生活的各个角落的事实,但是,并没有根本认识到:生活论美学的首要变化就来自于"审美观"之变。这样的实用美学只是将"生活美学"看作是"门类美学"而非"本体论美学"。传统的审美观被认定是"非功利的"与"无目的性"的,然而,这种古典审美观念斩断了审美与日常生活的关联,只是雅俗分赏的"文化神圣化"时代的产物。20世纪60年代,"审美经验的神话"在世界美学主流中就已得到解构,所谓"非功利""审美距离""不及物"等一系列的传统审美话语被给予了最后一击。当代文化艺术的彻底转变,却再度聚焦于审美与生活的本然关联:首先,"审美非功利性"被"生活实用的审美化"驱逐了,这是"日常生活审美化"所带来的;其次,审美的"无目的的合目的性"被"有目的的无目的性"取代了,这是艺术文化的"产业化"所带来的;再次,"审美经验的孤立主义"被"日常生活经验的连续性"代替了,这是"审美日常生活化"所带来的。所以说,"生活美学"首先就是一种"审美观"得以彻底转变的美学。

## 二、"生活观"的流变与"日常美学"

在"生活美学"当中得以转变的不仅是"审美观",而且还有"生活观"。第二种误解就在于将生活美学直接等同于"日常生活美学"。日常生活美学的确是最新兴起的一种思潮,它是直面当代"日常生活审美化"而

---

① 李醒尘(主编):《十九世纪美学名著选》(德国卷),复旦大学出版社1990年版,第667页。德国美学家艾恩斯特·梅伊曼(Ernst Meumann,1862—1915)在《美学体系》(1914)中最早提出"审美文化"或"艺术文化"的思想,而中国学界一般认定"审美文化"概念只是20世纪80年代之后的产物。

产生的,将重点放在大众文化转向的"视觉图像"与回归感性愉悦的"本能释放"上,从而引发了很大的争议。然而,"生活美学"尽管与生活审美化是直接相关的,但"当代审美泛化"的语境转化——当代文化的"日常生活审美化"与当代艺术的"审美日常生活化"——对生活美学而言仅仅是背景而已。

"生活美学"更是一种"作为哲学"的美学新构,而非仅仅是文化研究与社会学意义上的话语构建。这意味着生活美学尽管是"民生"的美学,却并非只是大众文化的通俗美学。但是,日常生活美学却成了只为大众生活审美化的"合法性"做论证的美学。在理论上,它往往将美感等同于快感,从而流于粗鄙的"日常经验主义";在实践上,又常常成为"中产阶层"文化趣味的代理人,从而易被诘问"究竟是谁的生活审美化":究竟它本质上是"食利者"的美学,还是表征了审美"民主化"的趋向?更何况,"生活美学"具有更广阔的文化历史语境,随着当代中国文化"三分天下"格局的出场,"政治生活美学""精英生活美学"与"日常生活美学"都应该成为"生活美学"中的应有之义。这三种由历史流变而来的独特的生活美学形态,恰恰也说明了"本土化"的生活美学在中国本土始终占据着主导。

## 三、"艺术观"的转变与"艺术美学"

第三种误解在于,"生活美学"的兴起会驱逐"艺术美学"的存在,生活化的美学与艺术论的美学似乎是势不两立的。在欧美的美学界看来,"分析美学"的主流传统曾经只聚焦于艺术本身,而其在"艺术哲学"的研究之外的两个主要对象就是作为日常美学的"流行文化"(popular culture)与"人类生活美学"(the aesthetics of human life)。[1] 从这种视角看来,关于艺术的美学与关于生活的美学理应是彼此绝缘的两个领域。然而,"生活美学"却试图更开放性地看待艺术。生活美学之所以包容"艺

---

[1] Andrew Light and Jonathan M. Smith eds., *The Aesthetics of Everyday Life*, New York: Columbia University Press, 2005, p. 39.

术美学",就是因为它将艺术本身视为一种"生活的形式";对于艺术的理解与反思,恰恰是应该"在生活之中"而非超出生活之外的。

所以,"生活美学"有一个"互看"的原则:一方面,我们是从生活美学来"观照"艺术的;另一方面,我们也是从艺术来"看待"美学生活的。同时还要看到,"艺术观"只是西学东渐的产物,"美的艺术"也只是欧洲现代性的产物。"艺术自律论"仅仅囿于西方中心主义的视角,西方人用这个视角审视了文艺复兴以前的"前艺术"文化,从而形成了艺术史的基本脉络;并且将这种视角拉伸到非西方的文化当中,从而将东方艺术纳入其中。这突出表现在,在时间上旧石器时代物品的被艺术化,在空间上非洲物品的被艺术化。在19世纪的欧洲就曾有一段将人类学博物馆当中的物品搬到美术馆当中的热潮。当欧洲"艺术观"舶来的时候,"美术"这个来自日本的新造词"びじゅつ"(英译为bijutsu)移植到中国本土就逐渐缩小了疆界,从原本所指的"大艺术"聚焦于以绘画为主的造型艺术。这也说明了西方艺术观对中国文化的塑造作用。但是,从中国古典文化的角度来看,"生活美学"的深厚传统却从未中断,"艺"与"术"的传统也是深深地植根于本土生活当中的。其中,至少有两个传统至今绵延未绝:一个是以"书法"为代表的"文人生活美学"传统,另一个是以"民艺"为代表的"民间生活美学"传统。它们都使我们回到艺术与生活的亲和关联,来重新定位艺术与生活。

## 四、"环境观"的改变与"环境美学"

将生活美学当作"环境美学"的分支,还是把环境美学作为"生活美学"的分支,这也关系到对"生活美学"的误解。当代欧美环境美学家更多地把生活美学作为环境美学的当代发展环节。这里面引导出来的问题就是:生活是从环境里面延伸出来的,还是环境是围绕生活而生成的?按照环境主义论者的观点,如果认定环境就是围绕着主体生成的,那么,这种思想本身就蕴涵了"人类中心主义"的意味。

但是,环境毕竟还是针对人类而言的,没有人类也许就无所谓环境的存在与否。可以说,环境总是"属人"的环境,无论是针对每个个体还是针对整个人类来说都是如此。尽管环境与每个人的亲疏关系千差万别甚至相差甚远（如同从家居环境到地球大气层的距离那么遥远），但是，可以肯定的是，随着人类活动特别是工业化之后的改造自然万年活动的全面展开，整个地球很难说还有尚未被"人化"的部分。可以说，整个地球的环境都是"人化"的环境。实际上，环境与生活就是密不可分与交互规定的。环境更应该被视为是"生活化"的环境，它具体就包括"自然环境""城市环境""文化环境"三个部分。活生生的"人"及其生活的环境的互动关联，恰恰是"环境美学"融入"生活美学"的必然通途。

## 五、"哲学观"的变动与"美善之学"

关于"生活美学"还有一种误解，觉得"生活美学"既然主旨在于提升生活经验的审美品格，进而达到"以美促善""化美为善""以善为美"，那么就可以将生活美学视为伦理学的分支，从而成为一种"美善之学"。这是部分正确的，因为从历史渊源上看，"生活美学"恰恰反击的也是自"感性学"建基以来的将审美纯化的趋势。它一方面是对于古希腊"美善"（κάλοκάγαθός）合一观念的某种回应，另一方面亦是回到了本土儒家的"美善相乐"的圆融思想。

然而，生活美学却不仅仅是"伦理美学"。从本体论上说，"生活美学"理应成为真善美的合体之学。这是由于"生活美学"正面反思的是现代性所造成的"认知—工具"（cognitive-instrumental）、"道德—实践"（moral-practical）与"审美—表现"（aesthetic-expressive）的割裂。这是启蒙时代的产物，也是启蒙思想的缺失。既然美本身所呈现的是人类基本的经验世界，而真善美在这一世界中也是未经分化的，没有概念化与制度化的分隔，那么也就可以说，真善美恰恰是统一于美的活动的。在美的"本真生活"的状态之中，真善美是本属一体的，它们的差异的绝对化只是在西方理性化的思维方式下发展起来的。超脱西方形而上学藩篱就可以看到，本真生活的意义是不能进行概念化区分的，而只能是被现象性地直观的。它同时是真，是善，亦是美。所以说，"生活美学"就本体论而言就是"真美善合一"之学，它并不赞同现代性带来的"客观的科学""普遍的道德和法律"与"自律性的艺术"的裂变,从而以"美是生活真理的直观显现"与"美学是未来的生活伦理学"两个基本命题来整合真美善。①

质言之,我们试图为生活美学的"开放性"进行积极的辩护,而反对对其进行"封闭化"的理解和"过度化"的阐发。通过"审美观"的变化可以看到,生活美学绝非只是"实用美学";通过"生活观"的流变可以看到,生活美学不仅仅就是"日常美学";通过"艺术观"的转变可以看到,生活美学兼容而不驱逐"艺术美学";通过"环境观"的改变可以看到,生活美学吸纳与融会了"环境美学";通过"哲学观"的变动可以看到,生活美学并非只为"美善之学"。"生活美学"就是一种回到生活世界的"本体论美学",它所持的是崭新的"审美观""生活观""艺术观""环境观"和"哲学观"。

(原载《艺术评论》2011年第4期)

---

① 刘悦笛:《生活美学:现代性批判与重构审美精神》,安徽教育出版社2005年版,第280—283、326—328页。

# 生活美学与当代中国艺术史

我们的生活发生了巨变，其中最重要的一个方面就是我们的生活越来越具有审美的因素。生活美学在国际上已经成为大势所趋，同时也是中国美学发展的最新前沿。

## 一、全球的生活美学与美学的中国生活

生活美学现在已经成为国际美学最前沿的思潮，21世纪以来已经有了不短的发展时间。

生活美学有两个重要的前提：日常生活审美化与审美日常生活化。当代社会生活审美泛化不仅是日常生活审美化，而是一个双向互动的过程。当代中国人的生活越来越审美化，审美的维度向细节发展，与此同时，审美日常生活化则是当代前卫艺术所做的工作。

生活美学被多数学者理解为，探讨将生活世界与审美活动沟通起来的学术努力。生活美学主张美学向生活回归，着力挖掘生活中的审美价值，提升现实生活经验的审美品质，增进当代人的人生幸福感，使美学不再囿于文人的小圈子，真正回到现实的生活中来。

生活美学特别强调把中国美学建立在本土深厚的基础之上。中国古典美学传统就是生活美学，它强调有情的人生。当代美学的建构也不能脱离传统，要融汇古今。

## 二、政治生活美学·前现代语境·现代主义

当代中国艺术史的起点可以定在 1978 年，改革开放为中国艺术的发展打开了新的局面，廓清了文化的自由空间。

当代艺术的转机是从现实主义的内部开始，并没有过多借助外部世界的影响。以油画创作为例，20 世纪 80 年代初期的油画承袭了现实主义的风格。生活流的艺术以陈丹青的《西藏组画》为代表，一反传统写实内容的戏剧化、形式的唯美化，以现实的笔调直接将藏民的群像搬进了画面。真正把乡土取向展现出来，并借用了美国的照相现实主义风格加以呈现的作品则是罗中立的《父亲》，它将历经苦难的父亲沧桑的脸搬上画布，以文化的反思取代了政治化的艺术主潮。

尽管这些摆脱旧现实主义、走向新现实主义的艺术获得了最初的成功，但艺术内部的取向和创作意识却暗示了现实主义在不远的将来会走向衰微。这就进入到当代中国艺术的第二个阶段——精英生活美学。

## 三、精英生活美术·现代性启蒙·现代主义

真正给中国艺术带来冲击的是外来的力量，特别是西方现代主义的艺术实践。

这个时期，作为个体的艺术家与国家相分离，摆脱了隶属于国家的身份获得了独立，形成了精英文化与主流文化二元对立的格局。精英文化是由独立艺术家倡导的文化，主流文化则是由政府发起并掌控的文化。20 世纪 80 年代出现了美学热，以理性的形式表现感性的解放。美学热既普及了美学的观念，也激发了艺术家自律和审美自觉的双重追求。

20 世纪 80 年代，现代性的启蒙事业在中国得到了复兴。中国的启蒙没有像西方那样需要面对强大的宗教问题。在中国，审美现代性的变革往往出现在社会现代性之前，从新文化运动开始就是如此。中国现代性结构中没有西方的科学、道德、艺术三个领域的绝对分化。这三个结构分别对应着真、善、美。囿于中国现代性的任务尚未完成，在现代性诸多方面杂糅的情况下，中国艺术延续了这种历史传统，它被要求有承载拯救世俗的

功能。

20世纪80年代，现代主义艺术家最初把自身定位为社会的立法者，艺术界也形成独特的自律的领域和体制。同时，这也促成了审美主义的观念在中国占据主导，它强调审美是非功利的、艺术是自律的。这两点都是当时艺术观的基本性质。

在中国本土，恰好是因为审美现代性出现在社会现代性之前而成为社会现代性的先导，审美和艺术的功能在改革开放的年代得以提升。现代主义在这样的历史语境中得以再次登场，并与审美现代性紧密结合在一起。

前卫艺术家最初以反思的审美姿态出现。前卫艺术的核心便是反体制。欧美前卫艺术反对市场体制，中国自政治波普以来却越来越成为市场的同谋。20世纪90年代之后，前卫艺术家放弃了立法者的角色，成为自己生活的阐释者，并促成了艺术创作从公域空间到私域空间的转化。

尽管中国艺术的启蒙性的现代重任还没有完成，90年代激进的艺术家却开始了后现代化的艺术。艺术家反过来开始清理人文精神，逃避崇高成为他们的共同选择，他们开始解构理性绘画所建立的宏大叙事。这个时期的艺术家清醒地认识到从80年代到90年代艺术的转变，这个转变被认为是具有崇高精神的理性主义者转变成信仰缺失的人，转变成文化虚无主义者。这意味着，这一代艺术家放弃了启蒙精英创作者的角色。他们甘愿成为专业化的艺术制造者，他们讨厌在艺术中承载艺术之外的东西，甚至认为艺术创作本身是某种游戏，要从大众的立法者变身为对自己生活的阐释者。

正是在这个时期，出现了不同于精英生活美学的日常生活美学。

## 四、日常生活美学·后现代话语·当代主义

90年代初期之后，官方艺术、学院艺术和前卫艺术形成了三极分立的格局。当代中国艺术深层流变的动因在于中国文化的转变，从文化的统一到文化的两分再到"文化三国"。80年代是精英文化脱离政治独立的文化两分时期，"文化三国"就是主流文化、精英文化和大众文化三足鼎立的格局。

在这样的环境下，当代文化和当代艺术都迎来了"审美泛化"的变化。审美泛化包括生活审美化和审美生活化，前者是就当代文化大众化而言的，后者则是指当代艺术前沿的发展。这两个浪潮对于我们来说都不陌生，中国文化向来就有生活化的传统。当代艺术试图突破传统的界限，更加关注恢复艺术与生活之间的新关联。沿着"回到中国"的道路，当代中国艺术家寻求新的方式，从创作和技术上都使艺术融入日常生活中。这个时代就被称为日常生活美学的时代。

从20世纪90年代到现在，占据了主流的中国当代艺术出现了三种当代话语方式。第一种是政治波普艺术，它反讽传统意识形态；第二种是玩世现实主义，它逃避崇高的内涵；第三种是以新写实派为主导，旨在回到日常的状态。这三种艺术话语都是回归日常生活的道路。政治波普是把政治生活和日常生活加以并置，玩世现实主义是从精英生活反叛到日常生活，新生代艺术则把日常生活当作日常生活。

## 五、反映生活模式·提升生活模式·回归生活模式

从政治生活美学、精英生活美学到当代美学，从现实主义、现代主义到当代主义，当代中国艺术在30年的时间里已形成三种基本模式，即反映生活模式，提升生活模式和回归生活模式。

反映生活模式对应现实主义，在"文革"时期达到顶峰，艺术从内容到题材被政治化，它是政治审美的产物。提升生活模式对应现代主义，它对应审美主义的理论。根据康德非功利的艺术审美观念，艺术一定是超越生活的自律存在，是对日常生活的否定与拒绝。艺术否定生活成为定律，在精英生活美学中，审美同时被乌托邦化。回归生活模式是当代各类艺术的共同诉求，它产生于审美泛化的背景下，要求把日常生活当作现实生活本身看待，不能走政治生活和精英生活的老路，具有了大众性的基本取向。

## 六、"新的中国性"艺术——走向生活美学

过去100年间,似乎只有西方才能产生各种理论。"西方出理论,东方出实践"似乎成了定论。理论在西方产生,中国采用西方理论来阐释自身,这种观念曾得到广泛认同。西方学者也越来越多地把注意力投向中国,他们关注全球化与地方化、现代主义和后现代主义之间的艺术张力。但是,全球化并不等于西方化。全球化给中国艺术带来的问题在于,中国艺术家如何使他的艺术具有中国特色,中国美学家与艺术理论家如何提出一套有中国性话语的艺术话语方式。

从1978年到现在的中国艺术可以看作是由"去中国性"到"再中国性"的过程。"再中国性"恰好在全球化的语境下展开。当代中国艺术在与全球艺术同步的同时,越来越感受到本土的价值所在。

当代中国艺术的实践始终都在走一条现实的道路,从来没有营造出纯粹的艺术乌托邦。当代中国艺术的实践与理论同样非常重要。从中国化的生活美学出发,中国艺术更需要回到中国经验,中国艺术家要创造出新的有中国性的中国艺术,也要在其中看到本民族的文化精神;同时,中国的美学和艺术理论家要建构出具有中国性的理论,对当代中国艺术进行合理化的阐释。

总之,无论是当代中国生活、当代中国艺术还是当代中国审美,都在走向本土化的"生活美学"。这是历史的大势所趋。

(原载《中国科学报》,2012年5月14日,系《中国科学报》记者郑毅根据笔者在国家图书馆的讲座记录整理而成)

# 广义与狭义的西方生活美学

千禧年以来，全球美学的三大主潮——"艺术哲学""环境美学""生活美学"——渐成鼎立之势，艺术、环境与生活构成了当代全球美学研究的主要对象。国际美学会前主席海因斯·佩茨沃德在2006年就认为，国际美学思潮已一分为三，亦即艺术哲学意义上的美学、自然美学意义上的美学（即英美学界中的环境美学）和作为生活审美化的美学。

艺术哲学以"分析美学"为绝对统领，主宰了国际美学界长达半个多世纪之久，而今仍处于"后分析美学"的时代，国际上的两大美学杂志《美学与艺术批评》与《英国美学》还是以分析美学为主流。经历了三十多年发展的环境美学既从分析美学内部发展而来，又超越了分析美学，在20世纪90年代达到高潮，如今则到了总结与普及的阶段。环境美学家艾伦·卡尔松在第18届世界美学大会上系统回顾与梳理了环境美学的发展的十个历史阶段，认为第十个阶段就是普及与教育阶段，并考察了环境美学与生活美学的亲缘关系。

生活美学在这十年才得到了方兴未艾的突进，可谓是21世纪以来最新的西方美学主潮，它仍具有巨大的发展潜力与上升空间，而且东西方美学界正在共同参与到这种美学新构中。

按照《布莱克维尔美学指南》的权威界定，生活美学"这一运动逃离了狭隘的以艺术为中心的方法，指向了纯艺术经验与其他生活经验之间的连续性的认知。此运动已日渐兴起并形成了美学的次级学科，它们通常以日常美学或生活美学来命名。致力于生活美学研究的理论家最典型的宣称就是，美学的对象与活动并不只与拥有审美属性的艺术或自然相关。于是，他们赋予了审美经验以更广阔的意义。审美分析因而实际上被转向了生活的所有领域"①，这种界定无疑把握住了西方生活美学的主旨与意趣。然而，西方美学界的"生活美学"研究，理应有广义与狭义之分。

广义的"生活美学"，在西方学界自身看来，早从杜威那里就可以找到理论渊源，在20世纪末又有所发展，直到21世纪才得以真正勃兴，但他们并没有被命名为生活美学。狭义的"生活美学"就兴起在21世纪这十年间，它们就直接被称为"生活美学"（the aesthetics of everyday life）或者"日常美学"（everyday aesthetics），特别是从2005年至今得到了系统而深入的拓展。

杜威的实用主义美学代表作《艺术即经验》（*Art as Experience*），往往是当今西方生活美学理论家援引的理论资源之一。在最新的西方杜威研究当中，诸如《杜威与艺术化人生》这样的著作（Scott R. Stroud, *John Dewey and the Artful Life: Pragmatism, Aesthetics, and Morality*, Penn State Press, 2011），都将杜威美学当作"艺术化生活"思想的代表。

《艺术即经验》这本书的标题更准确地应译为《作为经验的艺术》，李泽厚曾说"艺术即经验"是他的妙译，但台湾学者似乎早有这种译法。有趣的是，在20世纪50年代，实用主义的退潮与分析美学的兴起恰恰形成交替之势，分析美学遂占据西方美学主潮至今。世纪交替之际，建基在杜威思想上的新实用主义美学，反过来又开始对分析美学进行反思，而这种新实用主义美学已被西方学界视为生活美学的一种独特样态，如舒斯特曼的《实用主义美学》及《生活即审美》就是如此。

其实，早在新实用主义美学出现之前，美国学者就开始了这样的思考，约瑟夫·库普费尔1983年的专著《作为艺术的经验：生活中的美学》（Joseph H. Kupfer, *Experience As Art: Aesthetics in Everyday Life*, Albany: State University of New York Press, 1983）即是明证。只可惜该书始终未成系统，而是聚焦于审美化教育、当代暴力美学、作为伦理教育的审美经验、性、运动到生死等甚为驳杂的审美化问题。

照此而论，实用主义美学与生活美学是既有区别，又有关联的。实用主义美学倡导的是"艺术即经验"，而生活美学则倡导"经验即艺术"。这

---

① Stephen Davies, Kathleen Marie Higgins, Robert Hopkins, Robert Stecker and David E. Cooper eds., *A Companion to Aesthetics*, Wiley-Blackwell, 2009, p.136.

看似是两个词的简单颠倒，却颇含深意。"作为经验的艺术"重新寻求的是艺术与日常生活的关联，但落脚点却在艺术如何化入日常经验；而"作为艺术的经验"的根本立足点则在于经验，艺术活动只是人类经验中的一部分而已，人类经验本身就本然地具有审美化的品质。所以说，生活美学真正所寻求的，是要重构一种植根于日常生活的崭新的生活化理论。

在中国美学界，对于西方最新美学思潮的借鉴往往是"为我所用"，同时也与学者的个人兴趣与选择相关。除了新旧实用主义之外，在日常生活审美化的论争当中，有两位学者的观点被广为引用，一位是英国社会学家费德斯通（Mike Featherstone），另一位则是德国美学家韦尔施（Woefgang Welsch）。前者的《消费文化与后现代主义》一书对生活审美化的社会层级的论述，由于与当今中国的审美泛化历程相似，常常为中国学者所援引。然而，西方美学界却对这位社会学家知之甚少，且他在西方更多的影响是在文化研究领域而非美学领域。后者的《重构美学》的英文版书名 Undoing Aesthetics 的真实含义是"拆解美学"，他激进地反对德国传统美学的研究对象与研究方法，试图将社会的"审美泛化"作为美学研究的全新领域。这位德国学者的生活美学论述，与英美意义上生活美学论述尽管有着异曲同工之妙，但其理论的基本来源与学术建构策略却全然不同。

由此可见，无论是美国的实用主义研究、英国的文化研究还是德国的激进美学研究，这些"泛审美化"的美学形态共同构成了当今世界的广义生活美学浪潮。与此同时，文化研究的美学也日渐融汇到这种思潮当中，它所寻求的是文化研究与当代美学之间的某种内在关联，"文化研究的美学"的交叉研究也已开始出场。

总之，作为国际美学界的主导者，在英美的后分析美学界，生活美学却展现出另外的丰富与完整的形态，诸多重要的后分析美学家在这个领域做出了积极的贡献，他们的美学新思构成了严格意义上的西方生活美学。

（原载《文艺争鸣》2013 年第 3 期）

# 西方生活美学专著五种

## 一、莱特与史密斯的《生活的美学》(2005)

由安德鲁·莱特与乔纳森·史密斯共同主编的《生活的美学》(Andrew Light and Jonathan M. Smith eds., *The Aesthetics of Everyday Life*, Columbia University Press, 2005)，2005年由哥伦比亚大学出版社出版。这两位主编并非纯粹美学家，而都是伦理学研究者，但他们以敏锐的眼光结集出版了西方学界第一本生活美学文集。这本文集开宗明义地指出："我们的主题就是生活美学，它既是对传统哲学美学研究的领域的拓展，传统的哲学美学领域被惯例性地限定为要去理解艺术作品，又迈入了美学需求的一个崭新的领域，这个新领域也就是更广阔的世界自身。"①

该文集分为三个部分，分别是"生活美学的理论化""欣赏日常的环境""发现日常的审美"。不仅从理论上开始探索生活美学的"本质"、社会审美的"观念"与生活美学的种种"日常属性"，还将日常环境美学作为生活美学的一个有机组成部分加以探索。更有趣的是，该文集继续探索了许多生活美学的崭新领域，包括体育、天气、嗅觉和味觉、食品等。在这个意义上，不仅当今的体育运动被视为一种广义的后现代艺术，我们日常生活所经历的天气变化本身也带有了生活美学的意义，而且就连对美食本身的"色、香、味"的品位都被纳入当今西方生活美学的研究视域。

如果仅从生活美学的本质来看，该文集认为，"在生活美学之中所欣赏的属性，既不完全是客观的，也不完全是主观的。它们就是所经验事物

---

① Andrew Light and Jonathan M. Smith eds., *The Aesthetics of Everyday Life*, Columbia University Press, 2005, p. 1.

的属性，而不是从我们经验世界当中抽离出来的物理对象"。①这种"主客本合一"的审美经验既被视为是引发感性的，又被视为一种有想象力的理解；它们既是在生发美感的层级上来说的，也是在产生愉悦的层级上来说的。从价值论的角度来看，这些西方美学家给予了"生活的美学"或者"生活的艺术"以更新的意义，成就了日常生活本身的独特审美价值。

这就为西方的美学思考增加了一个新的维度，这个维度直面了我们的日常生活领域：审美并不仅仅被视为是超日常的，它同样也是依循于我们的日常生活轨迹的，这也旁及到生活中的伦理与审美的深层关联。当今西方的理论家探讨了生活的道路及其结构的问题，但生活美学家则更青睐使用审美而非伦理来作为日常生活的基调。做出这种选择的重要理由就在于，他们开始关注从生活中浮现出来的审美范畴，而这些范畴恰恰定义着我们的日常生活。

## 二、斋藤百合子的《日常美学》（2007）

由日裔美籍学者斋藤百合子所撰写的《日常美学》（Yuriko Saito, *Everyday Aesthetics*, New York：Oxford University Press, 2007），2007年由牛津大学出版社出版。该书的整体架构完全是西方的，同时也与作者的环境美学研究相勾连，但却试图以日本美学例证（如茶艺）来解释生活美学原理。该书认为，不论我们能否意识到，在我们所应对的日常生活当中都存在着各种审美问题；这些问题拥有各种重要的特质，从而涉及伦理、社会、政治或环境等，但却都与生活美学相关。②

作者首先指明了现代西方美学的两个基本方向，即以艺术为中心的美学与以审美经验为中心的美学。然而，所谓以艺术为中心的美学由于只关注观者所青睐的艺术经验，从而忽略了日常审美经验的更广阔疆域。比如，日常美学从环境意义上就更广阔的包括如下方面："自然创造物""景观"和"建筑环境与消费品"。它们其实都构成了生活美学的环境维度。

---

① Andrew Light and Jonathan M. Smith eds., *The Aesthetics of Everyday Life*, Columbia University Press, 2005, p. 7.

② Yuriko Saito, *Everyday Aesthetics*, New York: Oxford University Press, 2007, p. 2.

《日常美学》以日常生活充实了审美话语的新内容，集中探讨了西方美学两个基本方向如何被统一到具有丰富性与多样性的审美生活当中，反思了美学如何影响我们的生活质量和社会状态。① 作者进而提出了"审美力量"（the Power of the Aesthetic）这一核心概念。审美权力影响了我们生活的方方面面，也影响了我们的社会与世界的状态。当这种审美力量介入日常审美经验的判断时，它们往往成为一种最不易被觉察的力量，除非它们能够导向一种凸显的审美经验，但生活审美的贡献就在于塑造了我们所面对的世界并终成为生活本身。

生活美学家在此提出了直面"非艺术对象"及审美化现象的日常美学新主张，如在生活环境美学中所提出的"绿色美学"（Green aesthetics）即是如此。② 总之，生活美学使得审美话语对于我们审美生活的各种维度而言都具有了更高的真理性，而且丰富了审美生活的基础内容，从而帮助我们全面理解了世界的审美维度。

## 三、曼多奇的《日常美学》（2007）

凯蒂亚·曼多奇的《日常美学》的英文版（Katya Mandoki, *Everyday Aesthetics: Prosaics, The Play of Culture and Social Identities*, Ashgate, 2007），2007年由英国阿什盖特出版社出版。曼多奇首先全盘否定了传统美学，他认定传统美学迷失于三大"美学拜物教"（The Fetishes of Aesthetics）："美的拜物教"将美视为独立于主体而拥有自身力量的；"艺术品拜物教"认为艺术品拥有人类抑或超人的能力甚至魔幻力量；"审美对象拜物教"则是最根深蒂固的拜物教，它强调审美对象本身拥有知觉、欣赏、令人愉悦与使人经验的能力。③ 然而，照此而论，人们日常生活当中的美、艺术与审美对象却根本得不到承认。

所以，当曼多奇列举出传统美学"神话"的诸多罪状时，足以得见他

---

① Yuriko Saito, *Everyday Aesthetics*, New York: Oxford University Press, 2007, p. 12.
② Yuriko Saito, *Everyday Aesthetics*, New York: Oxford University Press, 2007, pp. 77-103.
③ Katya Mandoki, *Everyday Aesthetics: Prosaics, The Play of Culture and Social Identities*, Ashgate, 2007, pp. 7-12.

要为日常美学"伸张正义"的决心。这些神话主要包括两类，一类是审美非功利、审美距离、审美态度、审美经验所打造的神话，另一类则是由审美属性或层面、美的普遍性、审美与理智对立、艺术与审美同义、艺术品拥有审美潜能所构成的神话。但是，究其实质，这两类神话都可以归结为将艺术与现实、美学与日常生活对立起来的源起神话。照此而论，西方美学的缺陷就在于，"通过诉诸'艺术自律'与'保持距离的观赏'等范畴，主流的美学将审美与日常生活分离开来，将艺术与现实分离开来。"[①]

由此出发，作者注意到了日常美学给传统美学带来的四种恐惧：不合需要的恐惧、日常不纯洁的恐惧、心理主义的恐惧与非道德的恐惧。这恰恰也是日常美学所面对的质疑。但是，曼多奇却大刀阔斧地将美学扩展到日常生活，从这本书的副标题"平凡文体、文化游戏与社会身份"就可以看出，该书拥有不同于英美传统的拉美激进文化风格。《日常美学》第六部分就以家庭、学校、宗教、医疗与葬礼等日常生活为研究对象，关注身份的呈现、权力合法化、知识的产生之类文化研究的日常美学问题，试图深描日常生活的活动本身所具有的审美策略。在表面的美学建构上，曼多奇更多追随了杜威的实用主义美学，但在内在的学术策略上，我认为则直追法国社会学家塞托著名的"日常生活实践"理论。

## 四、辛普森的《人生作为艺术：美学与自我创造》（2012）

查克瑞·辛普森2012年的新书《人生作为艺术：美学与自我创造》（Zachary Simpson, *Life as Art: Aesthetics and the Creation of Self*, New York: Lexington Books / Rowman and Littlefield, 2012），认定西方美学不乏艺术化人生（artful life）的思想，从源泉上可以上溯到尼采美学，下追到福柯"生存美学化"的后现代思想。但是，这种新思想的核心问题，仍是如何将审美的意义、自由与创造力融入个体的日常生活当中。辛普森主要借助于批判理论、现象学与存在主义对美学与伦理的考量，试图将这些大陆哲学资源置于一致化的艺术化生活的基石上，构建出一套人生艺术化的西式理论。

---

[①] Katya Mandoki, *Everyday Aesthetics: Prosaics, The Play of Culture and Social Identities*, Ashgate, 2007, p. 15.

该书认为，"作为艺术的人生（Life as art），就是坚持不懈地将审美贯彻与落实到一个人的生活、所见与所思当中"；"正像所有成功的艺术品那样，艺术化生活所要呈现的，就是将生活产物的踪迹呈现为一种自主的创造"。①实际上，辛普森为人生美学所做的，乃是一种可行性与统一化的哲学论证，并在一定程度上远离后分析美学的主流语境。

这种欧洲大陆化的生活美学建构，基本上持一种个体化的审美主义立场。该美学理论将人的生活作为艺术，所关注的就是如何审美化地构筑个体的生活，如何创造出一种像艺术那般具有持久性、开放性与创造力的日常生活。如此看来，这样生成的生活艺术家应具有如下的基本特征：1."对世界的消极与想象性的再创造"；2."向感性经验的开放"；3."被包孕在艺术创作中的技巧"。②

这似乎也意味着，将生活打造为艺术家的人们是基本上以艺术家作为原型的，他们既在审美又在创造，最终都指向了自己的审美人生。与之类似的人生美学的著作，还有布鲁斯·弗莱明2007年的专著《人生的审美感：日常的哲学》（Bruce Fleming, *The Aesthetic Sense of Life: A Philosophy of the Everyday*, University Press of America, 2007）值得关注，该书强调植根于日常生活的审美感可以给予人生以充分的意义。

## 五、莱迪的《日常中的超日常：生活的美学》（2012）

托马斯·莱迪的《日常中的超日常：生活的美学》（Thomas Leddy, *The Extraordinary in the Ordinary: The Aesthetics of Everyday Life*, Broadview Press, 2012）2012年这部最新力作，致力于生活美学的全方位的哲学建构。莱迪作为最早探索生活美学本质的学者之一，在西方生活美学家中的贡献是最为突出的。

按照他的哲学构想，生活美学还需在日常经验（ordinary experience）

---

① Zachary Simpson, *Life as Art: Aesthetics and the Creation of Self*, Lexington Books / Rowman and Littlefield, 2012, p. 284.

② Zachary Simpson, *Life as Art: Aesthetics and the Creation of Self*, Lexington Books / Rowman and Littlefield, 2012, p. 273.

与超日常经验（extraordinary experience）之间进行划分，并寻求两者之间的对话关系，①这也非常接近于笔者2005年《生活美学》一书中所确立的现象学基本观念。传统美学总是将审美经验一味地视为超日常经验，而生活美学则是立足日常经验并指向超日常经验，且在两者之间形成了内在的张力结构。这恰恰是莱迪的生活美学观念最为辩证的地方，即生活美学并不能等同于日常美学，生活审美还包孕着超凡的必然维度。这种拥有"平凡中的超凡"品质的普遍化的审美经验，恰恰可以贯穿在我们对日常生活、自然与艺术的鉴赏当中。

《日常中的超日常》的上半部分深描了生活美学的领域（包括生活美学的本质、审美经验与审美属性、环境的生活美学），下半部分解析了生活美学的基本理论。其中，莱迪区分审美和非审美的独特方式是以"光晕"（aura）的概念为核心的，这个来自本雅明的概念在莱迪那里被转化为一种描述作为经验的对象的现象学术语。"光晕"被用以描述任何具有审美经验特点的意向对象（intentional object），所谓"审美属性就是一种审美对象所需要的在经验之中的'光晕'"。②光晕作为意义与愉悦的混合，本身就是一种特别强化与活生生的日常经验，而并不属于经验物本身。同时，深受分析美学传统影响的莱迪据此认定，所有应用的审美谓词的实例都是描述"光环"经验的实例。

为了实现建构生活美学的目标，他就重点对日常生活使用的审美术语进行了仔细的解析。他所选择的生活用语是整洁（neat）、凌乱（messy）、漂亮（pretty）、可爱（lovely）、伶俐（cute）和愉快（pleasant），具体分析了这些用语的"日常表面的审美特性"，③进而为（为纯粹审美活动所忽视的）日常生活的审美价值进行了积极辩护。

（原载《文艺争鸣》2013年第3期）

---

① Thomas Leddy, *The Extraordinary in the Ordinary: The Aesthetics of Everyday Life*, Broadview Press, 2012, p. 128.

② Thomas Leddy, *The Extraordinary in the Ordinary: The Aesthetics of Everyday Life*, Broadview Press, 2012, p. 135.

③ Thomas Leddy, "EverydaySurfaceAestheticQualities': Neat,''Messy,''Clean,''Dirty'", in *The Journal of Aesthetics and Art Criticism*, 1995, Vol. 53, No. 3, pp. 259-268.

# 走向生活美学的"生活美育"

从"生活美学"这种新美学观来看,"生活美育"的社会目标就在于——对"生活艺术家"的塑造。"生活艺术家"就像艺术家创造艺术品一样去创造自己的生活。

"生活美育"并不是为了造就"生活美学家",因为美学家还是以理论为生的,而且他们更为侧重审美观照而非审美创生,但"生活艺术家"则并非如此。用更简约的话来说,"生活艺术家"是将人生作为艺术,而不是"为艺术而艺术"。

由"生活美育"塑造而成的"生活艺术家们",他们始终积极地向感性的生活世界开放,他们善于使用艺术家的技法来应对生活,他们将审美观照、审美参与审美创生综合起来以完善生活经验。给予艺术家以"生活"这样的前缀,就是在将艺术向下拉的同时,将生活在向上拉。只有成了"生活的"艺术家,生活才能成为艺术家般的生活;只有成为生活的"艺术家",艺术与审美才能回到生活的本真状态。

"生活美育"的特征尽管是多种多样的,但是,与旧美育观相比较而言,它起码具有如下的三种新特征:"生活美育"不仅是艺术教育而是"文化教育",不再是他人教育而是"自我教育",不只是短期教育而是"终生教育"。

## 一、作为"文化教育"的生活美育

"生活美育"不仅是艺术教育,而是一种以文化为核心的"大美育"。当然,这并不否定艺术教育在"生活美育"中已占据的地位。

从蔡元培时代开始,"学校美育""家庭美育"与"社会美育"就被划分开来，但蔡元培早已意识到："美育之道，不达到市乡悉为美化，则虽学校、家庭尽力推行，而其所受环境之恶影响，终为阻力，故不可不以美化市乡为最重要之工作也。"① 这其实也就是看到了，美育得以实施的最重要的场所，也是最容易塑造人的环境之域，那就是城市乡村而非学校家庭。蔡元培呼吁，在专设美术馆、音乐会、影戏院、博物馆的机关之外，还要有道路、建筑、公园、名胜古迹的所谓"地方的美化"，② 但这些空间的美化还是远远不够的。

关键就在于，需要倡导一种杜威意义上的"日常生活的环境主义"（environmentalism in daily life）③，审美的人通过身心投入与周遭生活环境之间形成一种互动的关联，而这种互动的中介已不囿于传统的美术馆内的画作与音乐厅内的音乐了，而是植入了每个人日常生活当中的"审美文化"。当今的审美泛化的时代，恰恰为这种指向生活的"文化教育"提供了最为广阔的时空。从影视媒体到互联网络上的审美文化品，都可以成为"文化美育"的重要对象。

## 二、作为"自我教育"的生活美育

"生活美育"不再是来自他人的教育，而是强调进行自我教育的"大美育"。这种自我化教育，并不是画地为牢地成为"宅男宅女"式的封闭教育，而走向一种开放与对话的"平等式教育"。

人人都是美育的教师，与此同时，人人也都是美育的学生。过去在学校、家庭与社会里面的美育，总是执着于一种"园丁教育模式"。美育似乎是为了培养学生而特设的，美育的发出者与执行者总是占据了教育者的地位，而生活中的人们则始终处于被教育者的位置上。这种"自上而下"进行濡化的教育方式，从"生活美育"的角度来看已经过时了，今天理应

---

① 蔡元培：《美育》，载《中国现代美学名家文丛·蔡元培卷》，中国文联出版社2017年版，第129页。

② 蔡元培：《美育实施的方法》，载《中国现代美学名家文丛·蔡元培卷》，中国文联出版社2017年版，第122页。

③ Herbert Reid and Betsy Taylor, "John Dewey's Aesthetic Ecology of Public Intelligence and the Grounding of Civic Environmentalism", in *Ethics & Environment*, 2003（1）.

倡导一种更为生活化的"对话教育模式"。

这种美育模式强调过去那种"对立二元之间的联系和对话",即使是在学校教育内部,"它不仅强调教师与学生、学生与学生、学生与自然、主课与副课、课内与课外、学校与社区、东方文化与西方文化等对立二元之间的联系和对话,还强调人文意识与科学意识、人文学科与科学学科之间的对话和相互生成。"① 如果这种"对话教育模式"真能实现的话,那么,不仅学校美育可以直接向生活世界开放,而且每个受到这种教育的人都会直接面对生活进行自我教育;在进入社会与回到家庭之后,每个公民也能身兼美育的教师与学生的"双职"。

"生活美育"强调的并不是从教育者或者教育机构那里习得什么,而是倾向于肯定每个个体都能从当今审美文化中获得自己的审美提升。就像今天拥有 ipad 的人士可以下载网络钢琴进行演奏、下载网络谱曲器进行编曲、下载美术馆网站图片欣赏绘画一样,"生活美育"就是这样一种身边的教育与自我的培育。

### 三、作为"终生教育"的生活美育

"生活美育"不是短期教育,而是要经历"终生学习"的漫长过程的"大美育"。

蔡元培早已看到"学校美育"的缺陷,也论证过"社会美育"的必要性。但是,这种考量现在看来太过于"空间化"了,其实更为重要的还有"时间性"的考量。

生活中的每个人,究竟如何才能使"生活美育"贯彻终生呢?的确,每个学生都要离开学校,有的人还可能失去家庭,但是,每个人都是"社会的人"与"文化的人"。人不可能脱离社会而存在,文化也几乎是相伴人的一生而存在的。

所以说,"生活美育"之所以强调它是"终生教育",就是因为生活对于每个人而言都是由始至终的,审美作为生活的构成要素在其中扮演了重

---

① 滕守尧:《艺术与创生:生态式艺术教育概论》,陕西师范大学出版社 2002 年版,第 38 页。

要的角色,而"生活美育"由此必定是一种毕生的教育。

在如今这个日常生活越来越趋于"审美泛化"的时代,审美化的文化为人们终生获得美育提供了基本条件,而关键就在于,新的美育方式是否开始将人们塑造成自愿获得"文化教育""自我教育"与"终生教育"的人。

(原载《美育学刊》2012年第6期)

# 以"生活美育"建成观赏文明

21世纪当代中国的新美育,既要在理论上回归"生活美学"倡导一种崭新的"生活美育",而且要在践行上走向一种革新的"观赏文明",最终其整体的目标就是构建一种审美化的"文明生态"。

所谓"观赏文明",就是以民众性的艺术观赏作为基本内容而构成的一种生活方式与生活形态的总称。这种生活的重要载体就是"懂得艺术和能够欣赏美的大众"。这些社会大众的审美观念、审美情趣、审美理想、审美感受和审美能力,相应地决定了观赏文明的高度。观赏文明构成了审美观念与文化现象相结合的社会景观,体现了较高层次的社会文明的进步状态,也使得审美成为测度社会进步的尺度。该文明形态不仅造就了拥有一定程度的文明修养的个体、群体与社会,而且也是所有参与其中的社会民众共同种植生活幸福的结果。

在中国民众不断有更多机会目睹诸多文化的时候,展览的举办、演出的发生愈加增多,观众源源不断地涌入大小剧场、电影院线及博物馆、美术馆欣赏、观看,并与艺术品互动,甚至参与到艺术的创作中去,但是,不文明的观赏现象也大量地出现了。这样,从"文明观赏"到"观赏文明"的议题就逐步走入人们的视野。多年以来,大多数人仍将这个议题误解为仅仅停留在文明(polite)层面,但恰恰最不应缺失的"审美文明"的视角却被无情地忽视了。

从"文明观赏"到"观赏文明",这是一个"文明的飞跃"。"观赏文明"绝不仅仅等同于"文明观赏",而是更高层级的"文明建构"。我们可以明显地看到,前一个文明的层次较高,后一个文明的层次较低。更纵深来看,在"观赏文明"更着重于观赏时不越界的文明礼仪的同时,"观赏文明"将其中的"观赏"定义为一种文化载体,而"文明"则赋予这种文化以一种恒定的价值。"观赏文明"的外延既包含着"文明观赏",又远远超越了"文明观赏"的内涵。这可追溯到中国作为"礼乐之邦"之时的文明传统,既有"文明观赏"之气度,又秉承"观赏文明"之涵养。我们需要再次继承并振兴中国作为"礼乐之邦"的文明传统,建设一种具有现代化的"观赏文明"。

"文明观赏"主要言说的是,在某位与某些接受者进行文化与艺术的欣赏时,所需要遵守的基本的"文明礼仪"。这些文明礼仪恰恰折射出一个社会的"发展程度"与"文化状态"。在此,文明并不仅仅是精神的。在中文当中"精神文明"往往是被连用的,但精神往往是内在的心灵状态,它需要以外化的形式被展露与表征出来,并不是表面上说出"我很文明",那我的行为就走向文明了。

文明的内在构成是精神的,但还需要通过人们的行为、态度与活动表现出来,如此一来,才能使得全社会的文明得以显露性地发展。中国传统文化由于过于讲求"内心"的修炼,往往忽视了"修身"的外化问题,其实真正理想的"文明状态"恰恰需要在内与外之间达到一种平衡。所以说,我们极力呼吁建设一种中国化的"观赏文明"。我们如今的"文明观赏"的规范基本上是来自西方文明的,但是,我们需要建构一种适合于中国黄色文明的"观赏文明"。

"观赏文明"无疑是个新词语,将观赏与文明组合起来,这也恰恰是中国文化的新构。"观赏文明"之"观赏"也是个中国词汇,但在美学中,它是对英文 Appreciation 的汉语翻译,同时也可以翻译为"鉴赏""欣赏"之类。然而,"观赏"的意蕴却更为丰富与全面,它是"观照"与"欣赏"的合体。一方面,观赏之"观",乃观照之"观"。它不仅仅是诉诸视觉的,抑或单单诉诸听觉的,反而强调的是全方位的渗入,也就是对某一文化与审美场景和场域的全方位的参与。另一方面,观赏之"赏",乃鉴赏之"赏"。它不仅仅是静观式的被动参与,而且还是一种积极的审美品位。"赏"不仅指向了一种"欣赏"的审美,而且指向了一种"赏析"的审美理解。

"观赏文明"是一个社会的文明程度的感性标志,我们要从"观赏文明"的建构走向一种审美化的"文明生态"。"文明生态"不是"生态文明"。我们要在"生态文明"的基础上来建设一种"文明生态",前者是基础性的自然与人类环境的良好基础,而后者则是以前者为基础的更高的文明性的理想形态。

"生态文明"是一种自然生态和谐的文明,而"文明生态"则是非自然意义的,主要是对于人类当代文明状态的文化学的规定。当代的生态学概念已经摆脱了生物学的意义,从而成为可以用以理解人类与其文化环境关系的基本概念,这便构成了一种新型的"文化生态学"(cultural ecology)。由这种视角来重思人类的生活,它的研究视野就早已超出了传统的生物和地理意义上的自然,而更为关注与人们的生活息息相关的"人类生态系统"(human ecosystem)。

这种最新的理念,其实来自西方生态学家阿恩·奈斯(Arne Naess)的"深度生态学"(Deep Ecology)观念。以往那种强调生态保护的"生态文明"思想,仅仅是所谓的"浅度生态学"(Shallow Ecology)由于保护环境的更高要求,浅度生态学需要改造现有的价值观念与社会体制,如所谓"绿党"就从事类似的实践。"深度生态学"则主张重建"人类文明的秩序",使文明成为自然整体中的有机构成部分,其本身就拥有"文化生态"的基本特质。

在这个意义上,"文化生态学"就成了一种广义的"深度生态学",并且理应走出一种"全景生态观"。"全景生态观,即'全生态观'是人文生态、社会生态和自然生态的统称,是探讨人与人类环境、人与社会环境和人与自然环境三者关系的一种思考框架。这种全景生态视角可作为中国传统'天地合一'思想的当代转译。所谓'天、地、人'其实就是'自然、社会、人类'的简称。"① 从中国本土思想出发,就可以看到,"全景生态观"恰恰是我们建设具有中国化的"文化生态"的核心规定,它强调的是人与自然、社会、他人的三种关联之间的和谐关联,强调的也是人类、社会与自然之间的和谐关联。

(原载《杭州师范大学学报》2013年第4期,《从"生活美育"建成"观赏文明"——如何走向审美化的"文明生态"》一文的第二部分)

---

① [英]约翰·霍金斯:《创意生态:思考在这里是真正的职业》,林海译,北京联合出版公司2011年版,第12页。

# 审美生活：文明素养？文化人权？

审美生活不仅是一种"文明素养"，也是一种"文化人权"。在这里，文明是与"野蛮"相对而言的，文化则是与"自然"相对而言的。逃离了野蛮，所以人类才能"走向文明"；告别了自然，所以人类才能"拥有文化"。

文明与文化还有个重要区别，那就是"文化"（Culture）一词的词源本身的"耕种"原意所昭示出来的，文化本身应该是"自然生长与生发"出来，并且具有一定的"土著性"。也就是说，某种文化尽管可能最终达到全球化的程度，但最终都是从某个特定时空里生长与生发出来的。"文明是被构造出来的。它并不需要像树木一样被种植出来。每个人都赞同文明的进步已经变得加速，但这并不十分有利于文化的生成"①——这也道明了文明与文化之间的发展未必都是同向的，但如果二者保持基本方向一致，那就会走向更为理想的状态。

在全球化文明得以飞速进展的时代，文化本身仍需要得以保护，当今中国理应倡导一种"公民美育"与"社会美育"来保护文化的成长。

首先，"公民美育"是说，审美能力应该成为公民的基本素质之一，审美本身也是一种人权，属于人的最基本的权力。将文化当作一种"人权"（human right），这是联合国教科文组织1951年编辑出版的《自由与文化》中系统阐述的观点。这种观点的理论基石就是《世界人权宣言》。它是联合国大会于1948年12月10日通过（联合国大会第217号决议，A/RES/217）的一份旨在维护人类基本权利的文献，也是有组织的国际社会第一次就人权和基本自由做出的"世界性宣言"。

《世界人权宣言》有两处集中论述了文化艺术：一处是总体上的规定

---

① Unesco, *Freedom and Culture*, Wingate, 1951, p. 61.

（第二十二条），"每个人、作为社会的一员，有权享受社会保障，并有权享受他的个人尊严和人格的自由发展所必需的经济、社会和文化方面各种权利的实现，这种实现是通过国家努力和国际合作并依照各国的组织和资源情况"；另一处则是具体的言说（第二十七条）："（一）人人有权自由参加社会的文化生活，享受艺术，并分享科学进步及其产生的福利。（二）人人以由于他所创作的任何科学、文学或美术作品而产生的精神的和物质的利益，有享受保护的权利。"

这就说明，无论是接受文化艺术还是创造文化艺术，都应该被纳入人权的体系中，并要得以更高层面的实现。联合国教科文组织编写的《自由与文化》，在"文化是一种人权"的总论下，分别论述了两类权力。一类是从接受的角度来看，主要是"受教育权利"与"获得信息的自由权"；另一类则是从创造的角度来看，主要是创造性的艺术家、文学与艺术创作、科学研究应当获得的权利，其中的重点就是"保护知识产权"的法律问题。

然而，问题在于，关于人权的文化艺术部分，不仅仅要去保护创造者的权利，也要保护接受者的权利，而且接受者较之创造者而言，无疑占有数量上的大多数。人人有权自由参加社会的文化生活，享受艺术，并分享科学进步及其产生的福利。《世界人权宣言》里就强调享受艺术与分享社会生活是"人人有权自由"参与的，所以说，审美同样也是一种"文化人权"。但更深层的问题是，即使提供给民众大量的丰富文化艺术作品，却未必能够为人们所接受。这就需要继续进行美育工作，因为没有相应的"审美素质"的人群，即使面对好的文化艺术作品也不能参与其中，这就需要在保证审美作为人人分享的权利的同时，推动民众的"审美文明"的基本素养之培养。

其次，"社会美育"是说，审美要成为衡量社会发展的"感性尺度"，就像保护环境只是一个伦理诉求，但环境是否美化则是更高级的标准那样，审美是社会发展的高级尺度与标杆。

实际上，审美不仅可以成为衡量环境优劣的高级标准，而且也成了"衡量我们日常生活质量的中心标志"。在这个意义上，审美还可以成为一种"社会福利"。将文化艺术当作一种社会福利，这无疑是正确的选择。由此出发，需要进一步更细化的分析。文化与艺术尽管都是社会福利，但却不是一样的社会福利。比如，公共艺术所提供给大众的福利不是一般的"文化福利"，而更具体地说，它应该是"审美福利"（aesthetic welfare）。

究竟什么是"审美福利"呢？"审美"本身怎么就变成福利了？实际上，"审美福利"这个说法是美国分析美学家门罗·比尔兹利（Monroe C. Beardsley）最早提出的。他在《审美福利、审美公正与教育政策》一文中指出："在某个处于特定时期的社会中，审美福利是由特定时期的社会成员所拥有的全部审美经验水平构成的。"① 比尔兹利的这篇文章收入《公共政策与审美兴趣》（Public Policy and the Aesthetic Interest）文集中，这部文集关注到审美的公共性的政治问题。由此来看，社会上所提供的审美产品理应成为"普遍福利"得以实现的重要方面，因为它会直接同时影响公众的生活品质的提升抑或降低。

从这个新的角度来看，这些审美产品作为一种"审美福利"，一方面取决于公众的"审美体验"的水平，另一方面则取决于公共艺术品本身的"审美价值"。通过审美产品与公众之间的良性循环，才能逐渐累积当代社会的"审美财富"（aesthetic wealth），从而为广大的公众所共享与分享。这就是"生活美育"所要达到的主要目标。

（原载《杭州师范大学学报》2013年第4期，《从"生活美育"建成"观赏文明"——如何走向审美化的"文明生态"》一文的第四部分）

---

① Monroe C. Beardsley, "Aesthetic Welfare, Aesthetic Justice and Educational Policy," in Ralph A. Smith and Ronald Berman eds., *Public Policy and the Aesthetic Interest*, University of Illinois Press, 1992, p. 42.

# 从"艺术终结"到"生活美学"

2007年7月,在土耳其安卡拉召开了第17届国际美学大会。这是国际美学界最高规模的盛会。从原本的欧美俱乐部到如今关注非西方的美学智慧,国际美学大会的主题逐渐出现了微妙的变化。

本次会议的主题就是"美学为文化间架起桥梁",这顺应了当代美学和艺术发展的"文化间性"转向的历史大势。我在本次大会上的英文发言也以《观念、身体与自然:艺术终结与中国的日常生活美学》(*Concept, Body and Nature: The End of Art versus Chinese Aesthetics of Everyday Life*)为题,没想到引起了许多当代美学家的积极关注。在会场上下与他们的争论,还是非常有价值的。

在发言之前,令我深感欣慰的是,分析美学最重要的代表人物之一约瑟夫·马戈利斯(Joseph Margolis)、国际美学协会主席海因斯·佩茨沃德(Heinz Paetzold)、国际美学协会前主席阿诺德·伯林特(Arnold Berleant)、新实用主义美学的代表人物理查德·舒斯特曼(Richard Shusterman)、国际美学协会第一副主席柯提斯·卡特(Curtis L. Carter)、国际美学协会前主席佐佐木健一(Ken-ichi Sasaki)、俄罗斯美学家多果夫(Konstantin M. Dolgov)、当代哲学史家汤姆·罗克莫尔(Tom Rockmore)、日本美学协会代表小田部胤久(Mariko Otabe)等悉数到场,表现出对艺术终结和东方美学问题的关切。

非常可惜的是,在1984年率先提出"艺术终结论"的当代哲学家、美学家和艺术批评家阿瑟·丹托(Arthur Danto)并没有与会。这位美国哲学和美学协会的前主席现居纽约,已成为当代欧美艺术批评界炙手可热的人物,估计他忙于奔波在各个画展和艺术界之间,分身乏术。不过,他是前几次国际美学大会的参与者,在一次重要发言中还凸现了东方美学的重要价值。更可惜的是,本来要参与这次盛会的德国艺术史大家汉斯·贝尔廷（Hans Belting）还打算做主题发言，却因故未来。这位更为严谨的艺术史研究者在1984年提出了"艺术史终结论"。与他失之交臂真的令人惋惜，本来我想将自己的一本专著《艺术终结之后：艺术绵延的美学之思》送给他的，因为其中的第三章主要涉及他的独特的观念，以及他与法国艺术家埃尔维·菲舍尔（Herve Fischer）的争辩（这位法国艺术家曾在1981年于蓬皮杜中心做了一个象征艺术史结束的行为艺术，并于1981年在巴黎出版了他的专著）。

我的发言主要讲的意思是：在"全球化"的语境中，"艺术终结"（the end of art）不仅仅宏观地与"历史的终结"（the end of history）间接相关，而且更微观地与发生在欧美的"现代性的终结"（the end of modernity）直接相关。从东方的视角，在欧美的现代性（时间性的）"之前"与（空间性的）"之外"，现代意义上的"艺术"问题并不存在。由此而论，艺术终结的问题并非一个"全球性"的问题。然而，在可见的未来，艺术最终还是要走向终结，一种"日常生活美学"（aesthetics of everyday life）由此得以产生出来。观念艺术、行为艺术和大地艺术分别代表了艺术走向终结的几条道路：艺术终结于观念，艺术回复到身体，艺术回归到自然。由此，观念主义美学（conceptualism aesthetics）、身体美学（somaesthetics）和环境美学（environmental aesthetics）成为这几种趋势的理论表述。与此同时，这些崭新的美学观念又是同中国古典美学智慧"相通"的，观念艺术美学与禅宗思想、身体美学与儒家思想、环境美学与道家思想都有着异曲同工之妙。既然中国古典美学在本质上就是一种活生生的"生活美学"，那么，由此就可以为反思全球范围内的"艺术终结"问题提供一个新的理论构架。

此前，在另外的会场，主要致力于康德与黑格尔研究的美国哲学史家汤姆·罗克莫尔也做了题为《品评艺术终结》的重要发言，得到了许多与会者的关注，他还引用了我事前送给他的论文的一段作为论据。他通过对从柏拉图到黑格尔的思想的考辨，认为要在"艺术与知识"的张力之间来考察艺术终结问题。特别有趣的是，要关注艺术的开端和终结之间的平衡，至少有一种"感性艺术"从未也不会终结，但事实上这种艺术尚未开始。

在我的发言现场，我与汤姆·罗克莫尔还有一番争论。他不仅对全球化的理论有一番置疑（佐佐木健一先生后来还问及我对于全球化的看法），而且对艺术终结论还有一番"哲学化"的评论。当然，他是按照逻辑推演的方式来解决艺术问题的，但这还完全不够。我当时答辩道，艺术终结问题决不只是一个哲学问题，如果丹托在1964年没有看到安迪·沃霍尔的《布乐利盒子》展览，如果他不是移居纽约感受到当代艺术的"潮起潮落"，我想他也难以提出艺术终结的问题。许多西方学者和艺术家都是在西方语境的内部来看待艺术难题的，然而，假若我们超出西方的语境，特别是从东方的视野出发来看待同一问题，我们或许有更为有效的解决方案。后来，我在邮局打跨洋电话又偶遇罗克莫尔的时候，他表示同意我的看法，的确"art is over"（艺术完结了）。

约瑟夫·马戈利斯在现场也对阿瑟·丹托的思想嬗变进行了反思。他认为，丹托的思想其实到了1997年出现了某种微妙的变化，也就是在《艺术的终结之后：当代艺术与历史藩篱》这本书前后，丹托似乎对终结并没有采取以前的那种激进的态度。显然，正如马戈利斯在自己的文章《艺术的未终结的未来》中所言："没有人类的存在，就没有艺术的终结。艺术的终结是开放的"；"艺术没有终结，正如哲学和人类历史没有终结一样"。本次大会的第一个主题发言就是马戈利斯所做的《艺术的状态》，他力图重新审视审美的本质，强调这种对本质的探索在不同时代是持续变动的，与此同时，他对于艺术的未来仍是充满信心的。

我的发言还有另外一个重心，就是关于艺术终结之后美学的命运。试想，假如艺术真的终结了自身，那么，将会出现什么样的状态呢？我认为，恐怕会是"生活美学"逐渐占据主导地位。我倡导的这种美学是建基于中国传统美学的根基之上的，并且主要是受到了胡塞尔晚年的"生活世界"观念的影响，当然还有海德格尔的作为"存在真理"的艺术观、维特根斯坦的"生活形式"的艺术观、杜威的"作为经验的艺术"的艺术观的影响。

对于这个问题，舒斯特曼也曾撰写过一本名为《活生生的生活：艺术终结之后的选择》（*Performing Live: Aesthetic Alternatives for the Ends of Art*）的专著，有趣的是，竟然与我的基本想法不谋而合。在我与他的交流当中，他充分肯定了这种想法，并认为这就是他从分析美学转向"新实用主义"之后的核心想法。他还肯定了中国文化里面的"阴"的一面（包括女性）给予他的启迪。我对他说，"的确，对于西方学者来说，西方是阳，东方是阴，分析哲学是阳，生活美学是阴……我很高兴能看到在您身上那种哲学的转向。"

当时，还有一位韩国岭南大学的教授要翻译这本书，能读懂汉语的他看到我一篇论文中将"performing live"翻译为"活生生的生活"，就来问到底翻译成"表演生活"还是"活生生的生活"。我的回答是，表演在中文里面有特定的含义，如果译成"表演生活"就好像是说擎着面具一般去生活一样，所以是应该注重生活的活动的、行为的、述行的、活生生的特质。

尽管这种亲近东方智慧的生活美学主张并没有得到大多数西方学者的赞同，不过，目前无论是新实用主义美学还是所谓的"日常生活美学"，都在往这条新路上前行。我相信自己的想法，也是朝着同一方向挺进的。

深谙分析传统的欧美美学家自然对生活美学采取了拒斥的态度，而且就连不完全在这种传统之内的美学家也对生活美学采取了怀疑的态度。在我发言之后，著名的环境美学家伯林特追上了我，追问我发言究竟是什么意思，其所包孕的努力究竟是什么。当时我就继续向他做解释，可是当我说到"生活审美化"的时候，他立即提出自己的反驳意见，他明确地说："我们一直在使生活审美化呀！"然而，仔细一琢磨，他的这种取向还是有"个人审美主义"之嫌。

为什么这样说呢？在本次大会上，伯林特还进行了一场钢琴独奏音乐会。国内的许多人都不知道，作为美学家的伯林特同时还是一位钢琴演奏家，时常在各地进行演出，这种现象的确非常鲜见。当我和他说这种复合型"人才"并不多的时候，他竟毫不谦虚地说学者兼音乐家这在美国也是寥寥。当然，他对于音乐具有一种哲学层面上的独特理解，在其演奏几十个音乐片段的时候，穿插着他对于标题和音乐关系的理论阐释。或许，当这位音乐家兼美学家沉浸于音乐的时候，的确对他自己而言生活审美化是"一直"持续的。然而，对于大众来说，并非人人都是艺术家，或许生活美学应该是指一种建基于大众生活而非少数精英文化基础上的新的美学。

在为期四天的会议上，老朋友佩茨沃德一见到我就揶揄地说"The end of art is coming"（艺术终结来了）！我的回应会根据语境说"bad end of art"（坏的艺术终结）或"good end of art"（好的艺术终结）。这种区分是他的观点，前者是指艺术的过度商业化，后者则是我所使用的艺术终结的含义。佩茨沃德曾在接待会上邀请我共进咖啡，并介绍与其一同进行"都市美学"研究的德国朋友给我。后来在共同观看了一部悲惨的伊朗电影之后，我们在校园的室外餐厅喝茶直到深夜，共同探讨了许多问题。他对于艺术终结是基本持赞同态度的，但是，对于生活美学的诉求却提出了异议。一个是他不同意这种思想内部深藏的个人主义，另一个则是他所指责的其"缺乏生活的悲剧意识"。看来，他更多是从德意志的悠久哲学传统来看待这个问题的。

总之，无论是关于"艺术终结"还是关于"生活美学"，在东西文化之间、在西方文化内部、在东方文化内部都有着不同的理解。这里的关键不在于对错与否，而在于哪种艺术理论和美学更具有阐释力，更匹配于自己所置身的那种"自本生根"的文化和"与时谐行"的时代。

（原载《文艺争鸣》2008 年第 7 期）

第二辑

# 中国艺术观：当代性转换

# 走向"新的中国性"艺术观

当代中国艺术界要树立起自身的"文化自觉",就亟须建构一种与当代中国艺术实践相匹配的"新的中国性"的艺术观。当代中国艺术需要重建"中国性",恰恰是由于"中国性"曾经的丧失。当代中国艺术在越来越与全球艺术同步发展的同时,愈加感受到了"新的中国性"建构的本土价值。

## 一、重树当代艺术界的"文化自觉"

当代中国艺术这三十多年的整体发展趋势,可以用从"去中国性"到"再中国性"来加以概括。这是由于,随着西方艺术与文化的涌入与牵引,当代中国艺术曾经逐步丧失了自身的语境,如今则在一种"文化自觉"意识的积极引导之下,逐渐回到自身的文化语境当中。这也是世界文化对于中国艺术的基本要求。当代中国艺术既不能成为西方文化的简单模仿,也不能成为对于传统文化的简单重复,而真正需要的是一种对各种文化资源的"创造性的转化"。

在"民族化、大众化、中国化"作为艺术准则的时代,中国性问题本身根本不成其为问题,而是无论从民族形式还是文化内蕴来说,都具有一种文化自觉意识。然而,随着当代中国艺术圈开始向欧美世界开放,欧美的前卫艺术成了"八五美术运动"模仿的唯一范本。特别是到了中国文化逐步融入全球化的时代,具有讽刺意义的是,当代中国艺术的"原创精神"反倒被削弱了,与此同时,当代中国前卫艺术的形象在国际上竟然被"妖魔化"了。从当代中国艺术发展的不同阶段来看,从最初的倡导"民族形式"到开始"走向西方",从彻底迷失了民族身份到逐渐恢复自我意识，当代中国艺术始终是围绕着"中国性"的去留问题展开的。

所以说，在当代中国艺术创作实践充分展开的基础上，"当代艺术观念"也需要一种深度转化，而这种转化既要"解构"西方的传统观念，又要"建基"在本土传统之上。这是由于，一方面，"艺术观"是历史上的欧洲舶来品；另一方面，"中国艺术观"也是在与其他文化的"相对"中形成自我的民族认同。我们既无法深入拒绝已经浸渍入我们机体内的"外来艺术观"，又不能彻彻底底地回到"本土传统观"当中，但却必须要创造出具有"中国特质"的艺术观念，这就亟待其实现一种艺术观上的"文化革新"。

## 二、以"生活美学"实现艺术观革新

当代"新的中国性"的艺术观的建构，首先就是要恢复艺术与生活之间的紧密关联，从而倡导一种本土化的"生活美学"。

这种中国形态的"生活美学"的出现，需要对两个西方基本观念进行解构：一个就是"艺术自律观"，另一个则是"审美非功利观"，因为这两种来自西欧的观念都割断了艺术与生活之间的本然关联，这恰恰是与中国本土传统相悖的。自从车尔尼雪夫斯基倡导"美是生活"的观念并被中国艺术界广为接受之后，如今当代"生活美学"出场。其产生的背景就是源于"当代审美泛化"的双向过程：一方面是"生活审美化"的滋生和蔓延，这是当代文化的不同层级在逐渐走向"审美泛化"；另一方面是"审美生活化"，这关系到当代艺术摘掉头上的"光晕"逐渐向生活靠近的趋势。所以说，"生活美学"的兴起，折射出来的正是当代文化的"生活艺术化"与当代艺术的"艺术生活化"的双重变奏，"生活美学"可谓是中国新时代的"新美学"。

21世纪过去十年了，随着对外来文化的成熟涵化与本土文化的辩证复兴，其实已经到了建构新的"中国艺术观"的时候了。"当代中国艺术观"之所以要新构的现实理由，就在于当代中国艺术在悄然发生着深刻的变化，然而，当代中国艺术观却尚未大变，而对艺术本身——美术建筑、音乐影视、诗歌小说、舞蹈戏剧、设计工艺——的理解却发生了重大的转变。当然，艺术观的变动并不是独立发生的，它还关系到两种根本性的转换："审美观"的改变与"生活观"的流变。

首先，"艺术观"转变了。艺术这个西方概念舶来中国业已百年，"美的艺术"理念曾经统领了我们的艺术世界。然而，"艺术自律观"恰恰是西方文化的封闭产物，它强调了艺术面对生活的异质与否定性，但中国传统之"艺"恰恰是深深植根于生活的。我们的绘画不只是卷轴画的架上传统，不能忽视了作为民间"艺术生活化"传统的民艺；我们的视觉文化也不只是非文字化的艺术对象，还有作为文化人"生活艺术化"传统的书法。更重要的当下转变则在于，"当代主义"的诸门类艺术逐渐走向了相互之间的综合与融合，进入了所谓"后历史化"的多元共生状态。

其次，"审美观"变化了。审美是"非功利的"与"无目的的"，这种古典式的审美观已经禁锢我们的头脑太久了，已失去了合法性。过去总是说，艺术之为艺术恰恰因为它是审美的，这就好像规定雪山之为"雪山"是因为"审美之雪"的降临。然而，当代艺术理论早已不从"再现""表现""抽象""境界"来"自上而下"地规定艺术，而是趋于"自下而上"地框定艺术：关键是要看有雪山的雪与无雪之地所形成的"雪线"究竟是什么，也就是转而聚焦于艺术与非艺术区分的标准到底是什么，转而聚焦于艺术与生活之间的关系到底是什么。

再次，"生活观"变动了。当代中国文化的"生活审美化"与艺术的"审美生活化"共同左右了当代中国生活的嬗变，这就更需要将当代艺术回归到现实的"生活世界"来加以创作、欣赏与理解。在"政治生活美学"主宰的年代，我们倡导过"美是生活"但却遮蔽了食色的基本生活；在"精英生活美学"兴起的年代，我们倡导过"审美乌托邦"但却远离了大众的此在生活；只有到了"日常生活美学"普泛的年代，我们才有权利吁求：有什么样的生活，才有什么样的审美，就有什么样的艺术，而这种艺术必定是一种生活化的艺术形态，能够享受艺术已经抑或必将成为中国大众的一种"文化福利"。

## 三、反对民族主义、传统主义与自动主义

"新的中国性"的提出,既得到了普遍的关注,又引发了相当大的争议。第 18 届世界美学大会 2010 年在北京隆重落下帷幕,笔者参与了两场专题会议的发言,一个是由国际美学协会新任主席柯提斯·卡特所主持的"当代中国艺术"英文会场,主题强调了当代中国艺术建构的"新的中国性"问题,另一个则是"传统与当代:生活美学复兴"的中文会场,这两个会场都成了本次世界大会上的亮点。

实际上,"生活美学"可以被视为建构"新的中国性"艺术观念的最切近之途。然而,在西方美学家阿瑟·丹托与笔者的对话当中,仍显露出欧美中心主义者的理论自信和盲区——"如果在东方与西方艺术之间存着何种差异,那么,这种差异都不能成为艺术本质的组成部分"——这类观点是我们所完全不能苟同的。因为中国不仅需要自身的艺术实践继续发展,而且更需要在中国艺术观上得以积极拓展,并且这两方面恰恰是要相互配合的。

现在,也到了为"新的中国性"做积极辩护的时候了,它目前的理论障碍主要表现为三种消极的文化观。

第一,"新的中国性"拒绝"民族主义"。中外批评家告诫我们要警惕这一点,国外艺术批评家格莱斯顿就曾指出,强调"中国性"无疑就是在中西之间筑墙,而且这种特定性在全球混糅中其实是不存在的。中国性的倡导与作为国家形象工程的"国家主义"的确有点共谋的关系,但我们应该看到,美国本土的抽象表现主义艺术获得全球认同时,美国政府所推销的"美国主义"岂不更甚?主流艺术界打造"中国化气派"、学院艺术群提出"中国艺术观"、前卫艺术圈关注"当代的中国性",应该说都是有价值的,目前当代中国艺术界三分天下与各归本位的格局仍是非常健康的。

第二,"新的中国性"绝非"传统主义"。当代中国的理论家们已看到中国性内在的"本土化"吁求,因为"中国艺术观"始终是中西比较与融合的产物。"中国"之所以在其中成为关键词,恰恰源于一种在比较中对"本土根源"文化价值的自觉意识。所谓"艺术当随时代",中国性的新构并不是回到"土里土气"的状态。失去了"时代眼光"的本土性只会丧失当代的方向,摒弃了"本土内蕴"的时代性只能走向空洞无物,从而丧失

本土文化的积淀并成为西方艺术的简单模拟者，而这恰恰是当代中国艺术所最应摒弃的。

第三，"新的中国性"反对"自动主义"。当代中国的艺术家们总是说：我们根本无须"中国化"，只要是我们中国人创造的艺术，那都无疑是"中国的"艺术，关键是艺术质量好坏而非有无本土特质。但在这个全球文化一体化的独特时代，你的艺术拿到跨文化语境之内，本土化的必要价值就出现了。哪怕中国艺术仍是西方大餐中的一盘春卷，我们也要给出特色的佳肴，并在理论上说明其西式的构成与中式的色香味，更何况中国艺术的国际化已经引领了世界艺术的前沿，我们需要给予当代中国艺术一种更准确的理论表述。当代中国艺术缺乏的不是创作的激情，而是理论上的冷静思考与辩证综合。

总而言之，以非常重要的"文化自觉"作为动力，我们所要建构的"新的中国性"的艺术观，其中的"新"是创造，"中国性"是传承；"新"是时代性，"中国性"是本土性。在此可以用两句箴言来概括——无时代性的"本土性"则"盲"，无本土性的"时代性"为"空"！

（原载《文艺报》，2011年9月5日）

# 建构"新的中国性"美术观

"中国美术观"本是历史形成的,它历经了从美术"在中国"到"中国的"美术的落叶生根过程,现今回眸不过百年而已。这也是东亚艺术圈所遭遇的共同命运,如同从日本之"美术"到"日本"之美术的发展历程。

为何这样说呢?一方面,"美术观"是欧洲舶来品,"美术"一语也是日本造,但在日本,"美术"最初的意蕴相当于"大艺术",后来才日渐缩小其外延。这便近似于"美术观"在本土传统文化中"圈地"的包围圈逐步收缩一样。另一方面,"中国的"也是在与其他文化的"相对"中所形成的"民族身份认同"问题。如今假若仍要回到古典"中国的"语境,那早就不太可能了,我们不得不重新面对当代中国艺术之"新的中国性"身份的重构问题。

## 上篇 从"去中国性"到"再中国性"

"新的中国性"(Neo-Chineseness)是笔者在为2009年《国际美学年刊》所撰的专文《当代中国艺术:从去中国性到再中国性》中提出的理论诉求。[①] 从"去中国"到"再中国"的重构过程,恰恰展现出"中国美术观"所面临的两难困境:我们既无法深入拒绝已经浸渍入我们机体内的"外来美术观",又不能彻彻底底地回到"本土传统观"当中,但却必须要创造出具有"中国特质"的艺术实践及其观念。

---

① Liu Yuedi, "Chinese Contemporary Art: From De-Chineseness to Re-Chineseness," in *International Yearbook of Aesthetics*, Volume 13, 2009, pp. 39-55.

从社会主义现实主义至今的半世纪美术史为例,"文革"美术就已非"纯中国"艺术了。根植于民间版画传统的农村公社"集体艺术"与苏联领袖"肖像画传统"得到了奇异的结合,"红、光、亮"的形式感与民艺的强烈色彩诉求又是何等的异曲同工?在"文革"之后"社会主义的现实主义"逐渐丧失主导地位的阶段,"民族化、大众化、中国化"的艺术方针仍在起作用,艺术家们在创作过程中还在自觉运用一种"民族化形式"。在"巡回画派"所形成的时代震荡和历史脉络当中,马克西莫夫训练班继续强化和普及了这种艺术倾向,但无论从意蕴还是笔触,中国油画家都尽量做到了民族化。所以,"文化大革命"及其后的一段时期,"中国性"对于中国美术而言根本不成问题。

从"八五美术运动"开始,走向开放的中国艺术圈开始向作为模仿的唯一范本的欧美艺术看齐,这种乌托邦化的追求呈现出一种激进颠覆传统的姿态。20世纪80年代"主体性"思想主潮也激发了艺术家们对艺术自律与审美自觉的双重追求,从而使得艺术摆脱了"社会决定论"的桎梏。然而,对于庸俗社会学影响的积极摆脱,也是以渐渐失去民族特色为代价的。在1989年的"中国现代艺术展"后,中国前卫艺术家在历史变幻中纷纷出场,但他们毕竟与八五一代创造"理性绘画"秉承社会责任感不同,他们清理人文精神、解构宏大叙事,将政治意识形态与波普风格结合起来而一时成为亮点。当这批艺术家放弃启蒙精英角色,从曾经的社会"立法者"转而变成生活的"阐释者"时,带有中国性标志的图像亦被创造性地制造了出来。这是由于,无论是建构"理性"、讽刺"政治"还是阐释"生活",中国性始终都是在场的,因为他们所努力面对的仍是"中国问题"。

的确,欧美艺术作为"他者"形象的出场是非常必要的,不仅中国前卫艺术从此得以开场,而且其他艺术风格都受到了这种外来的深刻影响。在"中国现代艺术展"之后的中国艺术之所以成就了一段黄金时期,一方面由于政治压力持续存在,另一方面此时的艺术圈还很少受到市场牵动。然而,恰恰是到了中国艺术走向全球化时代、政治逐渐被"市场意识形态"所取代的时候,中国性的创造却成了问题,原创精神反倒被这个全球时代与热闹市场削弱了。总之,从"文革"之后继续倡导"民族形式"到开始"走向西方",从逐步迷失了"民族身份"到恢复"自我意识",中国性的去留问题始终是当代中国艺术的核心。现在,真到了建构"新的中国性"美术观的历史隘口了。

## 下篇 "新的中国性":本土重构,解构西方

建构"新的中国性"的资源何在?答案是在中国,而非西方。其具体策略就是用中国去"解构"西方,而非一如既往那样只用西方来"阐释"中国。这就要对两个西方基本观念进行"解构":一个是"艺术自律观"(the Autonomy of Art),另一个是"审美非功利观"(Aesthetic disinterestness),二者几乎成就了"现代美术观"的内在定性。然而,阿瑟·丹托在与笔者的对话当中,却仍显露出欧美中心主义者的理论自信和盲区:"如果在东方与西方艺术之间存着何种差异,那么,这种差异都不能成为艺术本质的组成部分"——这是我们所完全不能苟同的。

如果要打个有趣的比方,西方的艺术文化呈现出"沙漏结构",也就是中间细、两端呈双漏斗的结构。在欧洲文化史上,从"美的艺术"(beaux arts)的形成直到当代艺术之前的阶段,就是这沙漏的中间部分。在这个中间部分之前,"前艺术"阶段的人造物逐渐被规约到美的艺术体系当中,比如对原始时代物品的"博物馆化"与对非洲地区物品的"现代艺术化"。从东方的视角看,艺术的产生只是现代性的产物,而在欧美现代性(时间性的)之前与(空间性的)之外,都没有凸现出现代意义上的艺术问题。在此,时间性的"在先",指的是欧洲文化中美的艺术观念产生之前的时段;空间性的"在外",则指的是在欧洲文化之外那些"后发"地获得艺术视角的文化空间。更具体地说,在以欧洲为主导的现代性这段历史展开"之前"与"之外",现代性意义上的艺术都没有"产生"出来,自律的艺术观念只是欧洲文化的产物而后才得以全球播撒。

在"沙漏结构"的后半部,当代艺术又出现了突破艺术边界的倾向,极力在艺术与非艺术的边缘地带进行创造,从而使得艺术走向了更加开放的空间。这也是"艺术终结"(the end of art)论产生的深层动因,当艺术这个"筐"无所不包的时候,它终有被涨破的那一天,原本被称为艺术的

东西也许就会换一种"后历史"的形式存在。在《艺术终结之后》(2006)中，笔者试图展望艺术的未来终结之路，观念艺术、行为艺术和大地艺术分别代表了艺术终结的三种理路，即艺术终结在"观念"、艺术回归到"身体"、艺术回复到"自然"。在此种意义上，观念主义美学、身体（过程）美学和自然（环境）美学便理应出现，而且这三种新的美学与本土禅宗的"观念主义"美学、儒家的"综合美学"和道家的"自然美学"思想分别相系。以本土文化为参照来审视艺术终结的难题，可以发现更多的亲和之处，因为中国美学传统就是一种"生活化"的美学传统。

"审美非功利"是指一种面对对象的放弃功利的知觉方式，正如"非功利"源自18世纪的伦理学观念一样，该原则其实也难以祛除掉其本有的实践色彩。在康德的"审美契机"理论当中，审美非功利观念最终获得了哲学定性，然而，在康德虚构出"快感与美感孰先孰后"这个假问题时，他恰恰忽视了美感本身就内孕着快感的事实。在审美契机的"主观的非功利性""无目的的合目的"之规定中，美和艺术成为独立自存的"自为存在"而把真理和道德排除在外，更与关乎利害的目的根本绝缘。同时，艺术之所以获得"自律"的规定，也恰恰是由于审美获得了无利害的特性，审美非功利进而规定了艺术的基本属性。

当然，在康德所处的"文化神圣化"的时代，建构起以非功利为首要契机的审美判断力体系自有其合法性。那种雅俗分赏的传统等级社会，使得艺术为少数人所垄断而不可能得到撒播。由此所造成的后果便是，艺术和审美不再与日常生活发生直接的关联，而在当代社会和文化当中，这些传统的历史条件都被新的语境刷新了，从而出现了三种观念的交锋：一是（"日常生活审美化"所带来的）"生活实用的审美化"对"审美非功利性"；二是（艺术和文化的"产业化"所带来的）"有目的的无目的性"对"无目的的合目的性"；三是（"审美日常生活化"所带来的）"日常生活经验的连续体"对"审美经验的孤立主义"后者均已形成压倒性的优势，当代审美所面临的历史境域居然具有了某种"反审美"的性质，审美理论在"后康德时代"必须进行重新审视。

自20世纪初叶始，"审美纯化"与"自律艺术"的观念就在中国得以播撒。尽管在总体上，20世纪的中国艺术走的是偏重社会关怀的道路，但这种观念在某种反作用力之下仍可能成为主导。更为重要的是，古典东方文化内"准艺术"的东西,皆具有一种"泛律性"和"综合性",在现代化之前从来没有成为欧洲式的自律艺术。或者说,根据东方的古老经验,准艺术从未被纯化为一种美的艺术,而是融化在其他诸如技艺之类的生活形式之中,甚至许多东方国度根本就没有类似艺术一类的东西出现。曾任亚洲艺术学会会长的神林恒道曾当面向我描述过艺术、美术这类术语的日本形成史,他认为雕塑之类的词都是日本人根据欧洲的意思用汉字另外造出来的,而今这些观念无疑都被全盘接受了。如今美术学院建制的"国、油、版、雕"之分科,就难以接纳更新的艺术类型在其中。于是乎,在最初策划北京国际美术双年展之时,就只能采取折中的方案,诸如以雕塑来整合装置艺术之类的新形式。

然而,在这种"现代美术观"的视野之外,仍有许多东方的"余留物"存在,它们往往显现出东方人的"生活美学"观念,而这种观念恰恰是笔者在《生活美学》(2005)、《生活美学与艺术经验:审美即生活,艺术即经验》(2007)系列专著中所力倡的新论。笔者只想举出两个例证,一个是"民艺",另一个是"书法"。民艺是日本学者柳宗悦发明的,全称是"民众的工艺",他最初是通过阐释古朝鲜工艺而产生相应的观念。日本很早就有《泰东巧艺史》这一创始之作。有趣的是,从18世纪开始,在欧洲审美趣味观念的引导下,美的艺术之所以得以独立出来,恰恰是由于它是与实用艺术(包括民艺)相对而出的。同样,作为"图识"与"图形"统一的书法,也是一种"生活化的艺术",因为在古代社会,它是每一个文人都必须为之的基础技艺,只不过现如今形成书法艺术界后才成为美术之一种。君不见,历史上的许多伟大作品,反倒是一些信札(如王羲之《快雪时晴帖》)、便札(如王献之《鸭头丸帖》)和祭文(如颜真卿《祭侄文稿》)。书法始终保持了一种与日常生活的"不即不离"状态,而并未演化成超越于生活、在生活之外的纯艺术。

质言之,在当代中国美术实践的充分展开的基础上,"现代美术观"也需要一种深度转化,这种转化既要"解构"西方的传统观念,又要"建基"在本土传统之上。这种"新的中国性"美术观的重构,不仅是真实明确的,而且也并不会陷入"民族主义",尽管这种担忧已经出现了。正如2007年保尔·格莱斯顿(Paul Gladston)评论关于"中国性"的两个策展(即指高名潞的《墙》与陆蓉之的《入境》)所指出的那样,"中国性"在全球杂糅过程中其实并不存在，而且这种做法也是在中西交通之间筑墙。①但事实却是，中国已非"中国的"中国，它正在成为"世界的"中国，所以，在这个你我交融的时代，"新的中国性"也并不仅仅是"为了中国"而存在的！

（原载《美术观察》2010年第1期）

---

① Paul Gladston, "Writing On The Wall (and Entry Gate): A Critical Response to Recent Curatorial Meditations on the 'Chineseness' of Contemporary Chinese Visual Art," in *Journal of Contemporary Chinese Art*, Vol. 6, No. 2, 2007.

# 生活美学：建树中国美术观的切近之途

中国美术观要具有"中国性"，这不仅仅在中国正在形成某种共识，就连美国美术史家、专治中国美术史的艾瑞慈（Richard Edwards）都意识到了："当代中国艺术的'问题'在中国既已成了问题，它也是对包括传统在内的遏制策略之挑战。作为中国的中国极需一段时期来重建自身……但是，现代世界的绘画笔触却是相当'非中国'的。中国始终在寻求一种整合感和秩序感……在百年的失序之后，中国需要的是有序！"[1]

然而，在新的历史语境下建树"新的中国性"（Neo-Chineseness）的美术观，必定有各种各样的路径，回到"生活美学"就是其中最为切近的一条。有趣的是，半个多世纪前的美术观也是从"美是生活"开始的。

## 一、前现代的积淀：现实主义与"美是生活"

中国的艺术曾经皆为现实主义，更准确地说是"社会主义的现实主义"。"艺术源于生活，高于生活"这句口头禅，几乎成为符合唯物主义的唯一艺术信条。毛泽东的"延安讲话"一方面强调了源于生活的艺术并不是生活的"翻版和备份"，而是"生活与艺术的完美融合"；另一方面认定艺术作品较之"普通的生活""更具有集中性，更典型，更理想"。如今观之，这也是一种中西合璧式的艺术观，它既直接采纳了车尔尼雪夫斯基的艺术论，又间接具有本土生活化美学的底蕴。车氏的美学经过周扬的妙笔转译，在相当长的一段时间被奉为圭臬，它包含两个著名的递进命题："美

---

[1] Jason C. Kuo ed., *Discovering Chinese Painting: Dialogues with American Art Historians*, Kendall/Hunt Publishing Company, 2000, pp. 25-26.

是生活"并且是"应当如此的生活"。中国的现实主义艺术绝对符合这两条,"美是生活"是基本要求,它规约艺术去反映现实生活;"美是应当如此生活"则是更高层在面的,它解决的问题是"要反映的是何种生活"。

正因如此,车氏在努力说明生活要做艺术之"教科书"的同时,更强调要"对生活现象下判断"。如此看来,现实主义所呈现的生活是有选择的生活,它背后深藏的是一种"现象—本质"的深度结构,透过经艺术处理的社会现实来揭示隐匿在其背后的深度本质。社会主义的现实主义艺术因而具有了政治意识形态性,这在"文革"美术当中登峰造极,所谓"领袖形象"的历史叙事、"幸福生活"的质朴描画与"红亮造型"的极端呈现,都使得某种"先在"的观念既介入了生活、又介入了艺术。这种艺术观沿袭了自模仿论以来欧洲式的"艺术再现世界"理论,并坚持了一种"艺术家中心论"传统,只是从创作的角度来审视的艺术本质。而将"美是生活"与现实主义联系在一起的内在逻辑,却仍是康德式的理路,即艺术必定是以审美的形式来呈现的。

## 二、现代性的启蒙:现代主义与"审美主义"

20世纪80年代,"现代性启蒙"事业在中国得以复兴。五四时期"美育代宗教"的著名论断就已显现出"中国现代性"建构的独有特色,它始终没有像欧洲那样需要直面强大的宗教问题,而且"审美现代性"问题出现在"社会现代性"问题之先。中国的现代性结构也始终没有形成(从韦伯到哈贝马斯所专论的)科学、道德、艺术三个领域的绝对分化,从而能分别对应"真理""规范性的正当""本真性或美"之三个方面,现代性的任务至今尚未完成。① 在这种现代性诸多方面相杂糅的局面下,中国艺术延续了其历史传统,从而被要求承担"世俗的拯救功能"。80年代的现代主义者们最初就将自身定位为"社会的立法者",艺术界也开始形成一种特殊的"自律文化领域和体制"。这些都促使"审美主义"(Aestheticism)

---

① Jürgen Habermas, "Modernity: An Incomplete Project," in Hal Forster ed., *The Anti-Aesthetics: Essays on Postmodern Culture*, Bay press, 1983, pp. 3-15.

观念占据了主导，"艺术的自律"与"审美非功利"观念构成了现代中国美术观的基本定性，好像是在复苏20世纪20、30年代在中国渐成的审美主义潮流。

在中国本土，正因为"审美现代性"成了"社会现代性"的先导，所以，作为"政治意识形态"的反力，审美和艺术功能在改革开放的年代才得以提升。现代主义艺术就是在这种历史境遇中出场的，它最初就与"审美现代性"紧密契合在一起（从而形成了一种微妙的接合体），前卫艺术遂又以另一种"反审美"的姿态逐步登场。正如比格尔（Peter Bürger）《前卫艺术理论》（*Theory of the Avant-Garde*, 1984）的著名论断所揭示的，前卫艺术的核心就是"反体制"，但中国前卫之所以在欧美前卫早已落潮并走向"后前代"之后才出现，恰恰在于它最初是反对政治意识形态的，而后才面临"市场意识形态"的挑战这一历史境遇。吊诡的是，欧美前卫所反击的是市场体制，中国自从政治波普以来的前卫艺术家却越来越成为市场的同谋。前卫艺术家们放弃了"立法者"的角色而成为面对自我的"生活阐释者"，这促成了艺术创作从"公域空间"到"私域空间"的内在转化（高名潞所指的"公寓艺术"恰恰是最私域化的艺术），但而今私域空间被打开后才逐步走向了某种"公私的混杂"。

## 三、后现代的语境：当代艺术与"审美泛化"

20世纪80年代所逐渐建构起来的"审美主义"观念，在90年代之后"后现代"思潮汹涌而至时又开始瓦解。从中国美术策划者的转型中就可以看到，栗宪庭从对《父亲》的超级写实主义的发掘到对政治波普的积极炒作，直到而今远离市场的喧嚣，似乎是要回头来守候人文精神；高名潞从对"八五美术运动"的亲历到对"极多主义艺术"的阐发和对星星画派的再发现，似乎正在回到对"意派论"的美学宏构。所谓"意派论"是以中国传统美学之理、事、性"三原交融"所成的"意"为核心，试图建构的一种与西方对话并阐释中国当代的视觉理论。他们都曾是《美术》杂志的编辑，这些弄潮儿在当时引领了美术史的潮流，而笔者在同一杂志当编辑的时候，老《美术》业已蜕化成"反后现代主义"的最后堡垒。这种嬗变所背靠的居然是"艺术三流并举"的格局，自从90年代初期以后，在朝的"官方艺术"、在学的"学院艺术"和在野的"前卫艺术"就已经形成了三元分流的格局。

有趣的是，目前学界更愿意用"当代艺术"来称谓当下的发展，"美术"似乎成了某种传统词汇。尽管二者都是对同一个词art（或德文kunst）的翻译，但而今美术更像是"美的艺术"（fine art）的中文缩写，艺术在大家心目中则成了一种广义的开放概念（open concept）。从社会渊源上看，当代中国艺术流变的深层动因，恐怕还得追溯到中国文化本身的巨变。从"文化整一"（政治主导一切）、"文化两分"（精英文化脱离政治而独立）再到"文化三国"（精英、主流与大众文化三分天下）局面的形成，也促成了从社会主义现实主义、现代主义与前卫艺术再到当代艺术的丰富形态的嬗变和杂陈，这是一种既"三足鼎立"又"复调共生"的局势。

更有崭新意义的是，当代文化和艺术迎来了"审美泛化"（Aestheticization）的深刻质变，对这一趋势的探讨已成为当代国际美学的新生长点。笔者认为，这种质变基本包括两种逆向的过程，一个是"日常生活审美化"，另一个则是"审美日常生活化"。前者是就当代文化的大众化而言的（"生活艺术化"的传统自古就有），后者则是就当代艺术的形态转变来说的（"艺术生活化"的转变对本土文化更不陌生）。当代艺术试图突破传统的体系，立足于艺术与非艺术的边界上，从而更关注去恢复艺术与生活之间的崭新关联，难怪当代艺术的"不确定公理"会得出这样的极端推论："艺术家与非艺术家之间的区别就在于：艺术家创造艺术，非艺术家不创造艺术。可是，不确定公理告诉我们：艺术与非艺术之间并没有区别，所以，艺术家与非艺术家之间就不存在区别。换句话说，就是创造艺术的人与不创作艺术的人之间并无区别。"①

---

① Richard Hertz, "Philosophical Foundations of Modern Art," in *British Journal of Aesthetics*, Vol. 18, No. 5, pp. 237-248.

## 四、全球化的契机:"新的中国性"艺术与"生活美学"

当我们用"前现代—现代—后现代"的历史构架来阐释当代中国艺术史的时候,我们不免发觉,这种阐释是在既定的欧美语境里进行的。当然,这三个历史时段的历时性"积淀",都共时性地在当代中国文化中得以现身。"积淀"一词的创造者、笔者的同事李泽厚先生曾对笔者说,该词所指的是一种近似于荣格心理学意义上的"集体无意识的认同",实际上,前三种艺术观念都可以在当下的语境中寻觅到大量认同者。上面的论述始终在试图把握住两条基本线索:"艺术"的流变与"审美"的嬗变,并关注到二者之间形成的历史性的互动与关联。然而,仅仅依照西方的观念,正如阿瑟·丹托(Arthur C. Danto)在《艺术过去的形态:东方与西方》中所认为的那样,中国现代主义与西方现代主义势必就会变成"同质"的,但事实果真如此吗?[①] 当我们用这些外来语阐释中国艺术的时候,更像是在给中国艺术贴标签。更为关键的是,中国艺术的"中国特色"并不在于被贴了哪种标签,而更在于标签之下被贴的东西究竟有何特色,我们该如何来用自己的话语来言说它们?西方理论不能成为我们自设的圈套,而只是我们"得鱼忘筌"的"筌"而已。

千禧年之后的全球化时代,当代中国艺术的民族身份(ethnic identity)与文化身份(cultural identity)问题皆被凸显出来。当代中国艺术成为"当代的"艺术毫无疑义,但如何成为"中国的"艺术反倒成了问题。在旧的千年,身份认同问题始终没有如此重要,这究竟是为什么?这意味着,对"民族与文化"(中国/非中国)的双重身份认同,皆已压倒了对"时代性"(当代/前当代)的认同。与此同时,我们更要追问,在寻求去创造"新的中国性"的艺术的同时,如何探索到一种与之相匹配的新的艺术观呢?在过去的百余年间,似乎只有西方才能出产从罗杰·弗莱(Roger Fry)到德里达(Derrida)的流派纷呈的"视觉理论"。更悲观地看,所谓"西方出理论,东方出实践"亦被广泛认同,而却鲜见一种切近于中国实际的视觉

---

① Arthur C. Danto, "The Shape of Artistic Pasts: East and West," in Mary B. Wiseman and Liu Yuedi eds., *Subversive Strategies in Contemporary Chinese Art*, Brill Academic Publishers, 2011, pp. 353-367.

艺术理论的出场。

"生活美学"（Living Aesthetics）倒可以成为走向这种理论目标中的一种路数，它既可以用来反击"艺术自律化"与"审美纯粹化"的传统观念，也可以将中国艺术奠基在本土的深厚根基之上。这是由于，在中国本土传统当中，历来就有"生活美学化"与"审美生活化"的传统。在中国古典文化看来，审美与艺术、艺术与生活、审美与生活、创造与欣赏、欣赏与批评，都是内在融通的，从而构成了一种没有隔膜的亲密关系。中国古典美学就是一种"活生生"的"生活美学"，中国古典审美者的人生就是一种"有情的人生"。从远处着眼，当今的中国古典美术史的研究范式似乎也在出现某种"文化学转向"，传统的那种"风格史"式的经典研究似乎在走向衰微，美术史与社会景深、文化语境之间的关联得到了更为切近的关注，这似乎与欧美方兴未艾的"新艺术史学"（New Art History）具有某种异曲同工之妙。从近处来看，如今的中国艺术从来没有营造出一种"审美乌托邦"，就像当下的东欧艺术在柏林墙倒塌之后选择的道路那样，而始终在更切实地走一条具有社会关怀且逐渐回归到"生活世界"之路。当代国际美学的主流之一，也从近半个世纪以来美学基本上等同于"艺术哲学"研究，而今开始转向"日常生活美学"（Everyday Life Aesthetics），这恰恰是由于，"当我们在观照艺术的时候，至少部分地是依赖日常生活美学；在我们在看待日常生活美学的时候，至少部分地是依赖于艺术。"

从这种"生活美学"出发，中国艺术更要回到所谓的"中国经验"（Chinese experience），中国艺术家要创造出具有"新的中国性"的中国艺术，从中能够看到的是自己的文化和民族的本根精神。"全球化"就是这样的一种历史契机，全球化在带来"同质化"同时也造成了"异质化"，英国艺术史家爱德华·露西-史密斯（Edward Lucie-Smith）就曾深刻地追问过"谁的全球化？"的问题：到底是后殖民意义上的欧美的全球化，还是非洲和拉美、中国和伊朗所需求的本土的全球化？在这种新的语境当中，这位艺术史家也敏锐地把握到了当代中国艺术的自主化的取向，认为自1976年"文革"结束以来，一直存在着一种重新肯定中国文化延续性的努力，而同时也产生了一些明显属于当代的尖锐的、先锋的艺术；这些努力的核心是强烈的文化民族主义。①但无论怎样评价"民族主义"暂且不论,起码当代中国艺术的观念与实践都试图在把握全球化的脉动,这是由于,全球化既在"同中求异"又在"异中趋同",而这两方面对于"新的中国性"的艺术实践及其艺术观念的建构而言都无疑是必不可少的。

(原载《美术观察》2010 年第 4 期)

---

① [英]爱德华·露西-史密斯:《谁的全球化?》,载《全球化的美学和艺术》,[斯洛文尼亚]阿莱斯·艾尔雅维茨主编,刘悦笛、许中云译,四川人民出版社 2010 年版,第 107—121 页。

# 当代需要何种"中国性视觉理论"

2007年始,高名潞提出了"意派"美学,用来阐释当代中国艺术的共时形态与历史嬗变,引发了诸多争议。笔者非常赞同高名潞凝结在《意派论:一种颠覆再现的理论》[①]及其他著述中的这种理论新构的努力,特别是高先生对于当代艺术的总体把握值得称道:他对于当代艺术语境的转换的描述,实际上指出了当代中国艺术所面临的"政治意识形态"与"市场意识形态"的双重压力;他对于"现代性"观点的阐明,实际上也是在重申当代中国艺术所直面的"混杂的现代性"的历史境遇;他对于启蒙与救亡的关注,实际上也是承认中国的"现代性计划"尚未完成,启蒙与救亡的"双重变奏"在许多中国艺术家那里至今仍在回响。

过去一百多年来,我们援用西方的理论似乎成为定律,杰姆逊(Fredric Jameson)所说的"西方出理论,东方出实践"似乎成了定论。现在终于可以翻过来,不用再一如既往地只用西方来"阐释"中国,我们可以用中国的理论或者中国化的理论来"解构"西方与"阐释"自己了。"意派论"就是这种转换中的一个成功尝试,我们必须要重构自己的艺术话语、艺术观念和艺术理论。尽管在阐释艺术史的时候,"意派"美学显得高屋建瓴,但所谓"成也萧何,败也萧何",理论建构上的成功未必能增强理论对于艺术创造的阐释力。

仅从理论的视角来看,"意派论"恐怕不能简单地归属于视觉艺术理论,它更是一种思维方式,同时也呈现为一种生活形式,而且是中国的"思维方式"、中国的"生活形式"。这只是笔者给出的一个简单的判断,下面从美学理论的角度(而非该理论是否适合于更贴切地阐释当代中国艺

---

[①] 高名潞:《意派论:一种颠覆再现的理论》,广西师范大学出版社2009年版; Gao Minglu, *Total Modernity in Chinese Art*, Duke University, 2007.

术的角度,这也是目前出现了诸多论争的地方)来看看,"意派论"的新"意"主要表现在哪些方面。

首先,"意派论"是本土式的"象论",也是中国化的"心学",换句话说,"意派论"既是一种中国的"图像理论",也倾向于一种本土化的"哲学思想"。

"意派论"当然首先是关于视觉的,它将"卦象"(religious symbol)、"字象"(calligraphy)和"形象"(painting)的《易传》原则,在新的历史语境当中再度融会起来,打造成从"理(principle)—识(concept)—形(likeness)"到"人(man)—物(thing)—场(environment)"的三维结构,将"意"及其"物游"(dialogue between man and thing)作为理论的内核。高名潞只是将"物游"翻译成"人与物之间的对话",但笔者认为,如果称之为"游物"似乎更能凸现那种互动的动态和能动性,这种互动不仅是"人"与"物"之间,"场"也理应参与其间,这才符合他的三原论逻辑。

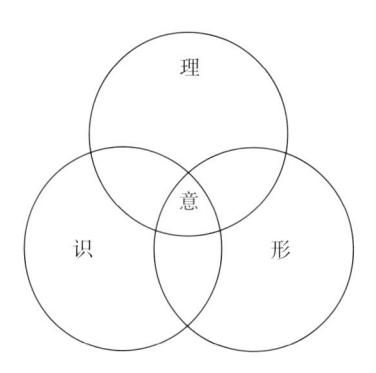

从"字学"上来看,正如"意"这个字是由"立""日""心"三部分组成,"意"的字学结构本身就是"意象",所以,"意派论"更是一种"意象"之学。在对"意派论"的评论当中,艺术家肖录就曾指出"日"居于中,这恰恰说明意派论是以日常经验为内核的,高名潞本人也深表赞同。但实际上,它更多说明的是"意派论"的生活基石。笔者觉得,除了生活经验,"意派论"还有"心"(mind)的基础,而且其较之生活经验是更为本根性的。"意"主要是属于"心"的,在高名潞看来,"意"就

是"心源"或者"意"就来自"心源"（Xin yuan or creative inspiration）。如此说来，从哲学上看，意派论是一种"中得心源"之论，是一种中国化的"心学"，更准确地说，是奠基在日常生活且面对了生活的"心灵哲学"。所以，"意派论"才能成为重构当代精英文化的重要资源。

其次，"意派论"是"三元交融"之论，也注重"边缘交叉的生成"，从而将整个"意派"美学建基在中国传统思维的基础之上。

当高名潞给出我们一个个类似于"三原色"的图示时，其实，笔者觉得非常重要的是"三元"之间的交叉部分——三元的"三交叉"部分乃是"意"，三元中的两者彼此交叉（两交叉）的部分乃是"造化"。如果我们去除掉非交叉的部分，恰好形成了一种花瓣的样式，当然这些花瓣的边缘是模糊的，因为高名潞所注重的恰恰是三元之间的契合、互动和错位。而这种交叉和交融地带，恰恰是最具有中国思维特色的，高名潞称之为"似是而非"的思维，也就是中国古典美学所谓的"似花还似非花"的境界。换句话说，只有在"三交叉"的地带，才能真正体现"理非理""识非识""形非形"的特色；在"两交叉"的地带，则体现出"理非形、形非理"（理与形之间）、"理非识、识非理"（理与识之间）、"形非识、识非形"（形与识）之间的融合交通。

在这种交融地带不仅最能体现中国美学和艺术的特色，更重要的是，这种融合交通产生了新质的东西，所谓"和而不同，同则不继"。高名潞已经用一些中国古典艺术的例子证明了这种交融性，实际上，中国当代艺术何尝不是如此呢？"意派论"的阐释力更在于指出了各种当代艺术，如观念艺术和身体艺术，之所以具有某种"中国性"（Chineseness）的表征，恰恰是这种交融性和交叉性使然，恰恰在于这种相"交"之后所产生的新的东西。说到底，这恰恰是中国人独特的思维方式造成的，如何"想"（thinking）、如何"创意"（creative thing）或者"创造性的思"，构成了中西艺术之间的差异的最重要的"心源"差异。从精神气质上说，中国的"心意"（心灵之意），是自本生根的，是最难以、也根本无法模仿的，所以"意派"美学从一开始就试图与西方理论保持了必要的张力。特别是高名潞将"意派论"作为颠覆整个西方再现传统的新的理论，可谓是追随了诺曼·布列逊（Norman Bryson）对于贡布里希的深刻批判，并把这种批判的思想源泉拉回到本土传统当中，可以说颇具新意。

再次，"意派论"实乃开放之论，它试图向中西古今都开放，但在开放的同时确实也将许多本原思想"去语境化"（拔离了原本的语境）与"再语境化了"（赋予了新的阐发）。

在此，我们不禁感叹于高名潞构筑"宏大叙事"的努力和胸襟。他的"三维整合之学"（即图识、图理、图形之融合）试图立足于中国本土，并吸纳了视觉转向之后的"新艺术史"和"视觉理论"的成果，一方面用来阐释从现代到后现代的西方艺术"写实—抽象—观念"的三维系统（特别是关于"极少主义"精神的把握非常精到），另一方面用来阐释从古至今的中国艺术。当然，这种中西交通之论、跨时代之论（横亘在古典、现代主义与后现代主义之上），真的需要一种创造性的解读或者创造性的转化（creative transformation），但这同时也就是一种误读（misunderstanding）。

张彦远的《历代名画记·叙画之源流》开头部分讨论"书画同体而未分"时，引用了北齐文人颜之推（颜光禄）的名言："图载之意有三：一曰图理，卦象是也。二曰图识，字学是也。三曰图形，绘画是也。"[①] 这自有其本身的含义，但高名潞更注重现代性的阐释，有趣的是他更倾向于将"形"翻译为"likeness"，而非像英语或者法语那样将"图形"翻译成representation of forms（如艺术史家方闻就是如此翻译的），但关于图识之识的ideas或者concept译法之间的区分并不大。更关键的是，将"图形"拉向"写实"的维度，将"图识"（representation of ideas）拉向"观念"的维度，都基本可以成立，但是，将"图理"（representation of principles）拉向"抽象"的维度却显得有点牵强，因为"卦象"自有其本身的意蕴（欧洲文化当中并没有对应物），恐怕难以解说清楚。再进一步看，在海德格尔的意义上，将"理"拉向此在，将"识"拉向世界，将"形"拉向器具可能问题就更大了，特别是"识"作为语言与"世界"的存在之间似乎难以关联起来。但是，这并不影响这种大胆的"创造性"叙事，对于视觉语言的这套叙事还是基本自洽的、是可以通过误读式阐发而推演出来的。

---

[①] 张彦远：《历代名画记》，载《中国书画全书》第一册，上海书画出版社1993年版，第120页。

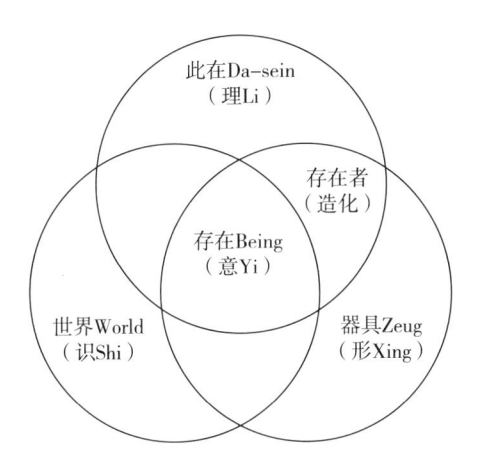

```
        此在Da-sein
         （理Li）
      ╱         ╲
     ╱    存在者  ╲
    ╱    （造化）  ╲
   ╱   存在Being    ╲
  ╱    （意Yi）      ╲
 世界World      器具Zeug
 （识Shi）      （形Xing）
```

简单地说，"意派论"构建了一种关于"中国性"的视觉理论。当然，最令笔者"心动"的是高名潞以中国思想来建构"中国性"理论的勇气和气派，最令笔者钦佩的则是他把握到了中国思维方式的"精气神"。笔者也曾经在《艺术终结之后》（2006）中，试图以禅宗美学来阐释观念艺术、以道家美学来阐释大地艺术，当然，还没有走到高名潞这般中西融通的境界。在为2009年（国际美学学会IAA主办）《国际美学年刊》所撰的专文《当代中国艺术：从去中国性到再中国性》，以及笔者与美国艺术理论家魏斯曼（Mary B. Wiseman）主编的英文专著《当代中国艺术激进策略》中，笔者也提出了"新的中国性"（Neo-Chineseness）的理论诉求。无论怎样说，当代中国艺术不仅仅需要带有"新的中国性"的艺术实践和创造，而且亦需继续具有"新的中国性"的视觉理论探讨，这两方面恰恰是需要互动的，就像日本当年的"物派"走向世界一样，单单有艺术的创新而没有理论的阐发是难以形成整体的中国艺术思潮的。

当然，将"意派论"应用于阐释当代中国艺术的时候，的确面临着更多的理论问题需要仔细梳理。所谓"所得即所失"，艺术理论建构的自洽，往往会在一定程度上偏离对本身的艺术史阐释。因为"意派"的确并不像"物派"那样方向一致和理念明晰（就像极多主义的纷繁面对极少主义的简捷一样），而且用"派别"的方式涵盖当代中国艺术的潮流，似乎会遮蔽掉当代中国艺术本有的丰富性与异质性。更何况，当代中国艺术的特色并不完全是由"中国思维方式"所带来的,尽管"意派"式的思维在其中是"最中国"的,还有许许多多是由于其所面对的社会和文化内容带来的,这就需要一种更为切近中国实际的视觉文化的分析理论。

(原载《美苑》2011 年第 4 期)

# 过去需"西体中用",现在要"中体西用"

近十年来,中国艺术圈的"乱象纷呈"有目共睹,艺术圈内人士的身份转变就凸显了这一点。笔者将其称为艺术圈的"下拉现象":原来做艺术理论的人,现在开始做艺术批评了;原来做艺术批评的人,现在开始做艺术策展了;原来做艺术策展的人,现在直接成为画廊老板或者艺术机构的总监了。特别是最后一个倾向非常明显,许多策展人直接入主画廊或者成为国外画廊在大陆的"代理商"了。

从表象上看,市场"这只看不见的手"把整个艺术圈往下拉,那种各归其位的传统现象不存在了。但更深层观之,这恰恰折射出当代艺术评价体系所存在的混乱格局,各方的艺术标准都在各自为政、参差发展,不同的艺术力量也在明争暗斗。按照西方分析美学的意见,艺术批评的基本功能无非三种:"描述"(descriptive)、"解释"(interpretative)、"评价"(evaluative)。这三种功能是环环相扣的,艺术描述是解释的基础,艺术解释是评价的基础,但无论描述还是解释却都内在包孕着评价,评价无疑居于最高的地位。

然而,中国艺术圈在描述、解释与评价上似乎都出了问题。传统水墨批评的问题,主要出现在"描述传统"上,而今仍在使用"气韵生动"之类的古典话语而难有翻新,好在这一整套话语体系还是土生土长的。当代前卫批评的问题,主要出现在"解释过度"上,欧美后现代与文化研究的术语满天飞,不仅形式因与图像学的分析变得少了,而且出现了"汉话胡说"的怪现象。当代艺术史的写作也是如此,本应是最趋于客观与公正的艺术史,却在描述与解释中过多地引入了主观的评价。实际上,最终的问题都出现在艺术评价上,也就是出现在价值观的构建层面。我们恰恰缺乏的是,为当今独具中国性的艺术,提供出一套本土化的艺术评价体系。

"五四"新文化运动虽然被胡适赞为"中国的文艺复兴",但是,却以与自身传统断裂作为代价,以引进西方艺术传统作为主导浪潮;西方的文艺复兴则是通过自我的返本(古希腊罗马文化)而开新的。"美术革命"甚至还要早于新文化革命,因为康有为、梁启超在实施康梁版本的政治改良的同时,都提出了革新文人画之命的激进呼声。康有为在1917年的《万木草堂藏画目序》里便惊呼,尚写意、轻写实的"中国近世之画衰败极矣",如守旧不变则中国画学应绝,理应"合中西而为画学新纪元"!①

所以说,"美术革命"之后的近现代中国艺术,走的基本上是"西体中用"之路,在总体价值观上更是倡导"西学为体,中学为用",或者叫"西艺为体,中艺为用"。

这种体用之间的转换,就是在科学与民主的西方精神引导之下,要求中国美术大胆地抛弃旧有的笔墨形式,写生实物而非抒发胸臆,师法真正的自然而非胸中丘壑,从而试图阻断与取代那种"中体中用"的旧美术,从而走上现代美术的康庄大道。1949年随着中华人民共和国的建立,"苏化"的整体取向仍延续了"西体中用"的路数——俄罗斯美术也是欧洲艺术发展的独特分支,该美术传统使得师从法兰西诸国的中国画家们转而向俄罗斯学习。在"文化大革命"的荒野之上,中国艺术的重建之路则再度走上了"西化"之途,"八五美术运动"可谓是面对西方艺术浪潮冲击的一次"条件反射",此后则在以西艺为主导的主路上驰骋,中国元素只能被当成对西方进行模仿的附属品、装饰物或者某种无意识的表达。

20世纪80年代,来自西方的审美主义混杂着本土元素占据了主导,但在现代美术入主本土之后,现代主义的艺术评价体系却并未完整地被建构起来。转向90年代之后,当代主义艺术实践虽然风起云涌,从审美主义走出来的艺术评价体系也开始转型,却尚未来得及构建后现代化的话语体系就已汇入了市场的洪流。正是在市场的压力之下,艺术理论、艺术批评、艺术策展与艺术商业各个领域被挤压与压缩在一起,艺术创造的跨界与越界无疑是值得扩展的,但艺术圈内部结构如今却难以"各就其位",这就破坏了艺术圈应有的生态格局。从20世纪80年代的西化主潮直到21世纪的国际化,"西体中用"之风越刮越盛,难怪中国文化在当代艺术那

---

① 康有为:《万木草堂藏画目序》,载《二十世纪中国国画文选》,上海书画出版社1999年版,第25页。

里皆被符号化，从而成了抽空内涵而独留形式的空洞符号。

这一百多年来，中国艺术界始终走的是"中西融合"之路。一方面，传统艺术的"中体中用"难以为继，那是由于其所拥有的既定的"中国画学"之评价体系，在西艺东渐的浪潮中被无情地解构了。从历史来看，当时的中国美术界又缺少如日本冈仓天心那样的画坛领袖，卓然开拓出一条回归传统的必由之路。另一方面，西方艺术的"西体西用"亦无法实施，那是由于"全盘西化"无论从理论上与践行上都不可能适用于我们这个文明古国，中国艺术也从未成为模仿西方艺术的影子。其实，胡适论说"全盘西化"的原意就是说，中国文化只管尽情西化好了，本土的传统总会将之拉回到"调和持中"的地方。

从走出古典、走上现代到融入当代，中国艺术一直在"西体中用"。这已是历史的事实，曾经也是必须如此。从"全球艺术史"的角度来看，自从19世纪末以来，很少有民族国家的艺术可以独立自主地发展。除了人类学意义上地域封闭的"部族艺术"（Tribe Art）之外，亚非拉的艺术都被纳入整个西化的艺术系统中。在这种西化文化的强势压迫之下，中国艺术将"中体中用"迅速转化为"西体中用"，仍是由于本土传统文化积淀深厚的缘由而走向融合，同时，在艺术评价体系上也逐渐走出了一条"中西杂语"的新路。

在当代中国艺术走向世界的时候，其背后的推手仍是中国文化的国际化。美国抽象表现主义之所以成为国际艺术浪潮，也有美国文化在1945年之后雄霸全球的推手在后。问题在于，随着西方艺术史被置于跨文化的视野中，尽管我们的艺术家与艺术品，无论是古典美术还是当代行动，都被西方主流的美术史纳入其中，但亟须的仍是中国化的艺术评价体系。中国古典美术与传统评价体系是相匹配的，中国文化自有其一套完整的造型体系；然而，当代中国艺术却缺乏自身的评价体系，这的确非常令人遗憾，也是未来的理论工作者应致力于此的事业。

由此说来，从"西体中用"转向"中体西用"，就成为历史的必然选择。我们所说的"中体西用"，也就是"中学为体，西学为用"，或者叫"中艺为体，西艺为用"。"中体西用"是"西体中用"的反题：过去是西方为体，现在是中国为体；过去是中国为用，现在是西方为用。

无论中西，体是实体，用是功用。以西方为"用"非常好理解，那是西方艺术的材料媒介、造型技巧、样式风格是也，这是我们沿袭了百余年并业已了然于心的东西。新媒体也成为我们的新艺术语言了，中国艺术对于西方技术与观念的吸纳性是相当强的。更重要的是，究竟何为中国之"体"？

笔者认为，这种"体"，就是我们中国人的生活本身，不是在"学"的意义上所论的那种虚体，而是活生生的实体。"中体西用"是张之洞的洞见，但是，他说的还是国学为主、西学为辅，体与用只是主次的关系。提出"西体中用"的李泽厚，则明确表示他说的"体"是大众的日常现实生活，正是在他近期给笔者的电话里面，与他共同讨论了中西体用的关系，使我获得了本文标题的灵感。

当代中国艺术无论使用何种艺术手段，水墨也好、油彩亦可，装置也罢、爆破亦行，都要最终呈现的是中国人自身的生活与文化。假如中国人所创造出来的艺术与西方艺术家毫无二致，那么，中国艺术的"中国性"到底何在？尽管这个假定实际上并不成立，中国文化的表达者也并不是内心彻底被西化的黄面孔。既然"体"就是生活本身，那么，我们由此倡导一种"生活美学"（Living Aesthetics）作为当代中国的艺术观的主导，无疑也是一种更适合的文化选择——生活是本土化的生活，美学是中国化的审美。

当代中国艺术评价体系的建构，起码要具有如下的四点特质才是令人心悦诚服的：（1）"本土性"，艺术评价是以中国文化为载体的，是以中国生活为载体的，是以中国话语为本体的，那种"以西释中"的方法要回归到中西合璧的理路；（2）"生活性"，西方古典与现代的艺术观念和实践脱离了生活，而中国艺术的知与行恰恰要回到生活，强调艺术与生活的本然关联；（3）"公正性"，任何艺术评价体系都应是相对客观的，各类的艺术评价之间要有"公约性"，而不应是如今这种自说自话的分裂状态；（4）"多元性"，"文革"时代的政治一统天下与新时期的审美统领一切都是不足取的，我们理应重建一种多元共生而非大一统的原则，以取代目前毫无标准的混乱局面。中国艺术评价体系无论还具有哪些特质，最终都是中国化的。当然，这种自本生根的诉求并不仅是"为中国而中国"，很可能同时也是"为世界而中国"。

这就是我们为何要在当代中国艺术里倡导"新的中国性"（neo-Chineseness），从创作、策展、批评到理论都是如此——因为尽管我们过去需要"西体中用"，但是，现在我们则更要"中体西用"！

（原载《美术观察》2013年第5期）

# 走向生活美学的"新的中国性"艺术

第 18 届世界美学大会在北京隆重落下帷幕。如果说,20 世纪 80 年代前期的"美学热"还是与全球绝缘的"内烧"的话,那么,21 世纪初叶的美学盛会则让世界见证了真正的"中国的"美学热。笔者参与了两场专题会议的发言,一个是由国际美学协会(IAA)新任主席柯提斯·卡特(Curtis L. Carter)所主持的"当代中国艺术"英文会场,该会场的四位发言者都是美国著名美学家玛丽·魏斯曼(Mary B. Wiseman)与笔者主编的英文版新著《当代中国艺术激进策略》的作者,另一个则是"传统与当代:生活美学复兴"的中文会场——这两个会场都成为本次世界美学大会的亮点。实际上,在笔者看来,"生活美学"与当代中国艺术的发展恰恰是深有交集的,这正是本届世界美学大会给我们的独特启示。

"生活美学"可以被视为建构"新的中国性"(Neo-Chineseness)的当代中国艺术观念的最切近之途。所谓"新的中国性"是笔者在为 2009 年《国际美学年刊》所撰的专文当中率先提出的,它理应被视为当代中国艺术发展的内在基本目标之一。①

## 一、当代艺术:为何亟须"新的中国性"?

当代中国艺术需要重建"中国性",恰恰是由于"中国性"的丧失。当代中国艺术从 1978 年至今的这三十年间的整体趋势,可以用从"去中国性"(De-Chineseness)到"再中国性"(Re-Chineseness)来加以概括。

---

① Liu Yuedi, "Chinese Contemporary Art: From De-Chineseness to Re-Chineseness," in *International Yearbook of Aesthetics*, Volume 13, 2009, pp. 39-55.

这也是当代艺术从"去语境化"到"再语境化"的历史更替进程。这是因为，在当代欧美艺术的牵引之下，当代中国艺术曾经逐步丧失了自身的语境，如今又在自我意识的引导之下，正逐渐回到自身的语境中。有趣的是，这种"再中国性"抑或"再语境化"居然是在全球化的背景下展开的。当代中国艺术在越来越与全球艺术同步发展的同时，愈加感受到了"中国性"建构的本土价值，成为真正的"中国的艺术"已是当下展开的中国艺术的某种基本诉求。

从历史的角度来看，在社会主义现实主义占据主导的艺术阶段，中国性问题本身根本不成其为问题，"民族化、大众化、中国化"成为不折不扣的艺术准则。以油画为例，20世纪80年代初期的中国油画尽管在形式上更多地受到了俄罗斯巡回画派风格的影响，又经由马克西莫夫培训班的洗礼，但却更加倡导在创作中自觉运用一种民族形式。这意味着，当时的中国油画并不是俄罗斯的油画形式拼接上中国的社会内容，而无论从内容到形式都已经中国化了。然而，从1985年开始，当代中国艺术圈开始向欧美世界开放，欧美的前卫艺术成为"八五美术运动"模仿的唯一范本，而且，这种追求在一定意义上被乌托邦化了，从而表现出一种激进的颠覆传统的姿态。的确，对于封闭国门太久的当代中国艺术圈来说，欧美艺术作为他者形象的出场是非常重要和必要的，不仅中国前卫艺术从此得以开场，而且前卫艺术之外的其他传统的艺术类型都受到了这种外来的深刻影响。于是，在这个阶段的开拓所形成的累积之上，从90年代初期开始，当代中国前卫艺术获得了其最高的艺术成就。这种成就的获得，是有赖于相应的社会情境的：一方面有政治意识形态的压力持续存在，另一方面此时的艺术圈还很少受到市场的牵动。然而，到了全球化的时代，具有讽刺意义的是，当代中国艺术的原创精神反倒被削弱了，与此同时，当代中国前卫艺术的形象在国际上也越来越被妖魔化了。

从当代中国艺术发展的几个阶段来看，从继续倡导"民族形式"到开始"走向西方"，从彻底迷失了身份到恢复自我意识，当代中国艺术始终是围绕着"中国性"的去留问题展开的。所以说，在当代中国美术实践充分展开的基础上，当代艺术观念也需要一种深度转化，而这种转化既要解构西方的传统观念，又要建基在本土传统之上。这是由于，我们既无法深入拒绝已经浸渍入我们机体内的"外来艺术观"，又不能彻彻底底地回到"本土传统观"中,但却必须创造出具有"中国特质"的艺术实践及其观念。

当代"新的中国性"的艺术观的建构,首先就要对两个西方基本观念进行解构:一个是"艺术自律观"(the Autonomy of Art),另一个则是"审美非功利观"(Aesthetic disinterestness)。然而,在阿瑟·丹托与笔者的对话中,却仍显露出欧美中心主义者的理论自信和盲区:"如果在东方与西方艺术之间存着何种差异,那么,这种差异都不能成为艺术本质的组成部分。"① 这种类似的观点是我们所完全不能苟同的,因为中国需要自身的艺术实践与艺术观念。

西方的艺术文化呈现出沙漏结构,也就是中间细、两端呈双漏斗的结构。在欧洲文化史上,从"美的艺术"(beaux arts)的形成直到当代艺术之前的阶段,就是这沙漏的中间部分。在这个中间部分之前,"前艺术"阶段的人造物逐渐被规约到美的艺术体系中,比如对原始时代物品的"博物馆化"与对非洲地区物品的"现代艺术化"。

在这个沙漏结构的后半部,当代艺术又出现了突破艺术边界的倾向,极力在艺术与非艺术的边缘地带进行创造,从而使得艺术走向了更加开放的空间。这也是"艺术终结"(End of Art)论产生的深层动因。当艺术这个"筐"无所不包的时候,它终有被涨破的那一天,原本被称为艺术的东西也许就会换一种"后历史"的形式存在。在汉语学界第一部关于艺术终结的专著《艺术终结之后》中,笔者试图展望艺术的未来终结之路,观念艺术、行为艺术和大地艺术分别代表了艺术终结的三种理路,即艺术终结在"观念"、艺术回归到"身体"、艺术回复到"自然"。② 在此种意义上,观念主义美学、身体(过程)美学和自然(环境)美学便理应出现,而且这三种新的美学与本土禅宗的"观念主义"美学、儒家的"综合美学"和道家的"自然美学"思想分别相系。以本土文化为参照来审视艺术终结的难题,可以发现东西美学的互通之处,因为中国美学传统就是一种"生活化"的美学传统。

---

① [美]阿瑟·丹托、刘悦笛:《从分析哲学、历史叙事到分析美学——关于哲学、美学前沿问题的对话》,《学术月刊》2008年11期。

② 刘悦笛:《艺术终结之后》,南京出版社2006年版,第371页。

## 二、"生活美学":缘何在中国本土兴起?

在新的历史语境下,建树"新的中国性"艺术必定有各种各样的路径,回到生活美学就是其中最为切近的一条路径。有趣的是,半个多世纪前的美术观也是从"美是生活"开始的;"艺术源于生活,高于生活"这句口头禅,几乎成了符合唯物主义的唯一艺术信条。车尔尼雪夫斯基的美学话语曾被奉为圭臬,它包含两个著名的递进命题:"美是生活"并且是"应当如此的生活"。中国化的现实主义艺术绝对符合这两个方面的要求,"美是生活"是基本要求,它规约艺术去反映现实生活;"美是应当如此生活"则是更高层面的要求,它解决的问题是"要反映的是何种生活"。从"艺术"的流变与"审美"的嬗变来看,如果说,前现代阶段的中国艺术的两个关键词还是"现实主义"与"美是生活"的话,那么,现代性启蒙时期的关键词则转化为"现代主义"与"审美主义",直至遭遇后现代新潮之后则彻底转化成为"当代艺术"与"审美泛化"。

20世纪80年代,"现代性启蒙"事业在中国得以复兴。80年代的现代主义者们最初就将自身定位为"社会的立法者",艺术界也开始形成一种特殊的"自律文化领域和体制"。这些都促使"审美主义"(Aestheticism)的观念占据了主导,"艺术的自律"与"审美非功利"观念都构成了现代中国美术观的基本定性。在中国本土,正因为"审美现代性"成为"社会现代性"的先导,所以,作为"政治意识形态"的反力,审美和艺术功能的地位在改革开放的年代才得以被提升。现代主义艺术就是在这种历史境遇中出场的,它最初就同"审美现代性"紧密契合在一起从而形成了一种微妙的接合体,前卫艺术遂又以另一种"反审美"的姿态逐步登场。在80年代所日益建构的"审美主义"观念,在90年代之后"后现代"思潮汹涌而至的年代又开始瓦解,"艺术三流并举"的格局终于形成,即在朝的"官方艺术"、在学的"学院艺术"和在野的"前卫艺术"三元分流的格局。更有崭新意义的是,当代文化和艺术迎来了"审美泛化"的深刻质变,对这一趋势的探讨已成为当代国际美学的新生长点。

在新的千年后,在本土的兴起的生活美学,它既可以用来反击"艺术自律化"与"审美纯粹化"的传统观念,也可以将中国艺术奠基在本土的深厚根基之上。这是由于，在中国本土传统中，历来就有"生活美学化"与"审美生活化"的传统。中国古典美学就是一种活生生的生活美学，中国古典审美者的人生就是一种"有情的人生"。从先秦、魏晋、明清到当代形成了生活美学的四次高潮。这是不同于欧洲美学传统的最深层的差异，也是我们重新阐释中国从古典美学到当代美学的最新路径。

从远处着眼，当今的中国美术史研究范式似乎也在出现某种"文化学转向"，传统的那种"风格史"式的经典研究似乎在走向衰微。美术史与社会景深、文化语境之间的关联得到了更为切近的关注，这似乎与欧美方兴的"新艺术史学"（New Art History）具有某种异曲同工之妙。从近处来看，当代中国艺术从来没有营造出一种"审美乌托邦"，就像当下的东欧艺术在柏林墙倒塌之后选择的道路那样，而始终在更切实地走一条具有社会关怀且逐渐回归到"生活世界"之路。近半个世纪以来欧美美学的主潮，从仅仅囿于艺术哲学的藩篱中解脱出来，当代国际美学的主流之一如今也开始转向生活美学。在第17届世界美学大会上，笔者之所以与积极倡导审美泛化的德国著名美学家沃尔夫冈·韦尔施（Wolfgang Welsch）被票选为国际美学协会新任的总执委，这也部分说明了，国内外学者对于生活美学问题的关注尤甚。生活美学，正是未来美学的重要发展方向之一，但这种发展并不是囿于中国本土的独创，而是已经成为世界美学界的共同发展趋向。

同在2005年，哥伦比亚大学出版社出版的《日常生活美学》（*The Aesthetics of Everyday Life*）文集与笔者独立撰写的《生活美学》相映成趣。日裔美籍学者齐藤百合子在她2007年的新著《日常美学》（*Everyday Aesthetics*）中也借用了日本传统美学智慧，揭示了生活美学的品位与判断如何对世界现状与生活质量产生强有力的影响。不过有所不同的是，中国本土出现生活美学是为了摆脱实践美学的传统，而欧美大陆出现生活美学则是为了超出分析美学的窠臼，但是，在他们开始转向生活的时候，却皆强调了我们要依靠生活美学来观照艺术，与此同时，我们又要依赖于艺术来看待生活的美学。

## 三、艺术标准：从生活美学看中国性"新"在何处？

从本土的生活美学观之，中国艺术更要回到所谓的中国经验（Chinese experience），中国艺术家要创造出具有"新的中国性"的中国艺术，从中能够看到的是自己的文化和民族的本根精神；中国美学家和艺术理论家也要建构出"新的中国性"的艺术观念，从而可以对于当代艺术与文化进行合适的阐释。由这种生活美学出发，我们可以得到创造"新的中国性"艺术的双重"新的"标准。

我们由此可以追问：究竟什么是"好的"当代中国艺术？评价作品好坏的标准究竟是什么？这是当代中国艺术理论和批评必须直面的问题。笔者认为，对当代中国艺术的评价起码要具有两重标准，那就是"本根的创造性"与"意义的复合性"。

这都可以在丹托的艺术定义中找到启示的源头，或者说，这种标准来自对丹托艺术定义的某种误读。按照丹托的极简主义的艺术定义，就会认定为某物成为艺术品设定了两个必要条件：一个是这个对象是关于某物的，另一条件是它必定表达了一定的意义。前者就是所谓的"相关性"（aboutness），后者则关乎"意义"（meaning），二者结合起来就将某物塑造成为艺术品。"如果 x 代表了一种意义，它就是件艺术品。"（x is an art work if it embodies a meaning）[1] 如果某物没有"相关性"，那么它可能只能成为装饰图案之类的趋于抽象的简单物；如果某物丧失了"意义"，那么它恐怕就会退缩为无意义的日常物。因此，既要"相关"又有"意义"，才成为"艺术之为艺术"的本质规定。

一方面，艺术一定是"关于"某物的，这呈现在当代中国艺术中，就是说艺术一定是要有所"指向"的。中国艺术之为"中国艺术"就需要指向某种本土文化结构，并将某种本土文化意味深深地蕴涵在其中。这就需要一种"本根的创造性"，亦即"自本生根"的本土化创意。所以，正如当代艺术家徐冰总结自己的《我的艺术方法》中所说的，我自己的工作需要满足的几点中，最首要的就是"必须要有创造性"，比如当前好的科技发明适用于艺术就有三个条件，"首先对人的思维有启示；第二要有原创

---

[1] Arthur C. Danto, *The Abuse of Beauty: Aesthetics and the Concept of Art,* Open Court, 2003, p. 25.

性，就是过去没有过的，这也是艺术的最高要求；第三要有实用性。但我觉得艺术有没有实用性并没有多大关系"。① 由此可见，最核心的规定还在于当代艺术的创造性，源自本土的创意才是当代中国艺术得以长久发展的深远之源。

另一方面，艺术必将是"呈现意义"的。丹托本人似乎更为关注的是"意义"的方面，这在他的另一部文集的标题《呈现的意义》（*Embodied Meanings*, 1994）② 上也可以得见。意义在呈现的时候必定有"所指"，"相关性"其实就隐含在"意义呈现"之中。但是，对于当代中国艺术的独特性而言，从文化间性的角度来看，我们的艺术还必须呈现出"意义的复合性"。其所呈现的意义在观者或接受者那里越是复合的、多彩的、多元的与丰富的，就越是有意思的作品。反过来，如果越趋于"单一"，则甚至会由于"单一"而丧失了意义。许多声言"没有意义"或者"不想说什么"的作品，如果批评家或理论家确实看出了意义，那么，或许是艺术家本人没有意识到他自己的创造物的意义，抑或说，他的作品实际上在呈现一种"无意义的意义"。

总而言之，当代中国艺术的最真实的目标，都是要指向一种对"新的中国性"的新构。这种"新构"并不仅仅是有赖于艺术创作自身的，还需要艺术理论和批评的鼎力相助。这就涉及当代中国艺术在"去语境化"之后要获得成功的另一个必经的环节，亦即"再语境化"。这意味着，要将当代艺术重置于自身本土的文化中进行重新创造和阐发。这种再创造和再阐发的关键，都是要把握住本土文化和美学的那种"神韵"。从另一种意义上来看，从"去语境化"到"再语境化"，实际上也就是从"非中国化"到"再中国化"，而实现这种转换才是当代中国艺术走向"新的中国性"的必经之路。

（原载《艺术评论》2010 年第 10 期）

---

① 徐冰：《我的艺术方法》，《饰》2008 年第 4 期。
② Arthur C.Danto, *Embodied Meanings: Critical Essays& Aesthetic Meditations*, Farrar Straus Giroux, 1994.

# 以"生活美学"革新当代艺术观

当代中国艺术观,如要成为真正具有"中国性"的艺术观,则亟待加以重建,原因就在于我们的当代艺术实践已经并且正在发生着急遽的转变。但是,尚未得到转化的艺术观却难以与之匹配起来,因而就形成了两种错位现象:一个就是艺术实践与艺术观念的错位,另一个则是艺术观念与艺术理论的错位。

无论是美术建筑、音乐影视、诗歌小说、舞蹈戏剧还是设计工艺,当代艺术发生的深刻变革毋庸置疑,它直接作用于创造者与接受者对于艺术的基本理解,进而又间接影响到了艺术理论家们的建设工作。不同时代的艺术观要得以确定,往往借助于两方面的资源。一方面是某个时代的艺术理论家们为艺术所制定的特定理论,诸如再现观、表现观与抽象观;另一方面,则依赖于同一时代的艺术家们与欣赏者们对于艺术的基本看法,这种界定常常在每个时代是更占据主导的。然而,对于当代中国而言,不仅艺术家的创作与人们脑海中的艺术界定之间出现了错位,而且人们关于艺术的基本看法也与超前的理论家之间产生了错位。这些都是需要解决的问题。

必须承认的是,一个时代的艺术变化了,艺术观必定随之而变,艺术理论也由此得以重新定位。现在就到了寻求这种实践、观念与理论的重新匹配的时候了,这是由于,当代艺术实践要与当代艺术观念协调起来,当代艺术理论也要与艺术观念保持一致,由此才能推动三者的互动发展。

当代中国艺术的深刻变革,深深植根于当代社会与文化的变化中。其中,最为根本性的转换就在于"审美观"的改变与"生活观"的流变。这种转变已经被人们共同感受到了,如果将审美观与生活观统和起来加以考量与阐释,那么可以说,我们所身处的这个时代就是"审美泛化"的时代,就是"日常生活审美化"与"审美日常生活化"双向互动的时代,艺术观念在这个时代需要转换乃大势所趋。

"日常生活审美化"的滋生和蔓延，已经成为一种全球文化景观，它带来的是当代文化的审美广度与审美深度的变化，衣、食、住、行、用的不同文化层级都在趋于此种审美化。随着拟像时代的来临，视觉文化也在打造着一个又一个如《阿凡达》那般的媒介奇观，真实与虚拟的边界在逐渐内爆。仅就当代中国审美风尚史而言，也经历了美发、美容、美体到美甲这种从局部走向全面、再从全身走向细节的历史变革。正是身处在这种大时代之中，当代艺术也必定要摘掉头上的"光晕"而逐渐向生活靠拢，这实际上是在实现着另一种历史过程，那就是"审美日常生活化"。"日常生活审美化"是社会背景与文化语境的量变，而"审美日常生活化"则关系到审美与艺术的质变。

无论对于当代文化还是当代艺术而言，应该而且必须看到，传统的"审美观"都已经不适用了，但仍在大家的脑海中因袭与传承，并不时与艺术实践之间产生摩擦与矛盾。更清醒地观之，这种传统审美观是来自于西方的，在中国落地生根也只有一百多年的历史。德国哲学家和美学家康德的"审美非功利"的规定，成为这种审美观的首要契机，也成为关于审美活动的金科玉律。然而，问题就在于，审美活动中一定要祛除功利要素吗？还是审美本身就具有一种潜在功用的"无为而无不为"的性质？审美活动一定就是"无目的的非目的"的吗？还是审美本身在实现着一种"有目的的无目的性"？中西美学界之所以都喊出"走出康德"的口号，就在于康德式的非功利美学已经不能顺应时代转向了。

实际上，这种在中国还占据主导的非功利审美观，不仅仅是来自20世纪前半叶的中国审美主义主潮，而且更直接建基于那个风起云涌的以西化为导向的80年代。在这个转换的时代，再度的"审美化"成为反戈"文革"时代政治化的基本工具，遂形成了一种审美化的主流思潮，乃至建构起一种审美的现实乌托邦。然而，90年代市场经济时代的来临，大众文化的勃兴，却在直接质疑这种审美观的合法性与合理性。那么，可以追问，非功利的审美观究竟错在哪里？究其实质，就在于将超验的审美脱离并超绝于现实生活。破除"审美非功利"之迷雾的关键，也就在于恢复审美与生活之间的本然关联，这就需要一种崭新的"生活美学"的出现。

生活美学，可谓是当代中国新世纪的"新美学"。但是，这种美学却又是深入地植根于本土传统中的，不像"审美非功利"与"艺术自律化"这两种观念都是来自西方的舶来品。在中国传统文化语境中，生活美学的传统始终强调审美与生活、艺术与生活之间的不即不离的紧密关联。在这种关联中，美与生、美与活的脐带一直没有斩断，其中既有文人的传统也有民间的传统。文人生活美学传统在作为日用的"书法"中传承下来，民众生活美学传统则在作为实用的"民艺"中流传下来。所以说，当代中国的生活美学建构，尽管与现今欧美最新的"日常生活美学"浪潮遥相呼应，但却在气质与精神上迥异，生活美学本身就是一种"中国化"的美学形态。

即使在政治化主导的年代，我们对于生活美学也并不陌生。这是由于，20世纪的中叶，在中国本土最占据主宰的艺术观，就是由俄国民主主义者车尔尼雪夫斯基提供的，那就是"美是生活"的信条。在当时的艺术理论与创作界，可以说唯一被广泛接受的艺术观就是美在于"应当如此"的生活。这说明，生活化美学的传统在中国至今从未断裂过。正是在那个"政治生活美学"主宰的年代，我们倡导过"美是生活"，但却遮蔽了食色的基本生活；而在"精英生活美学"兴起的年代，我们倡导过"审美乌托邦"但却远离了大众的此在生活；只有到了"日常生活美学"普泛的年代，我们才有权利吁求：有什么样的生活，才有什么样的审美，就有什么样的艺术，而这种艺术必定是一种生活化的艺术形态。

质言之，中国本土生活美学的新构，是与国际美学颉颃发展起来的、深植于本土传统之中的、并与当代中国艺术观相匹配的一种最新的中国美学形态。当代美学的"生活论转向"，恰恰是中国美学20世纪80年代经过"实践论转向"、90年代经历了"生存论转向"之后的又一次重要的本体思想转向。当代中国艺术观也需要在此基础上得到"中国化"的重建。

目前，所谓"生活美学"或"生活论转向"，被大多数的学者理解为一种探讨将生活世界与审美活动沟通起来的努力，以日常生活审美化"启其端"，而生活美学"承其绪"并终其大成。从当代中国"美学本体论"的历史嬗变来看，从"实践论""生存论"到"生活论"的哲学基础正在实现着根本的转换。如果说，李泽厚所奠定的是实践美学的"人类学历史本体"而大多数论者则直接持"实践本体论"的话，那么，后实践美学论者所执着建构的就是一种"生存论本体"，而最新出现的生活美学实际上走向了一种"生活本体论"。总而言之,从"实践美学""生存美学"走向"生活美学",恰恰构成了当代中国美学的"本体之变",这已构成了是当代中国美学的发展大势。

然而,生活美学并不能仅仅被当作阐释大众生活的"日常生活美学"。日常生活美学作为一种新兴的文化思潮,它将重点放在大众文化转向的"视觉图像"与回归感性愉悦的"本能释放"方面,从而引发了极大的争议。然而,生活美学尽管与生活美化是直接相关的,但当代"审美泛化"的语境转化对于生活美学而言仅仅是背景而已。生活美学更是一种作为"哲学本体"的美学新构,而非仅仅是文化研究与社会学意义上的话语构建。

这意味着,生活美学尽管是"民生"的美学,即"为民而生"的美学,但却并非只是大众文化的通俗美学或者实用美学。目前对此的误解还是存在的。日常生活美学已成为只为大众生活审美化的"合法性"作论证的美学:在理论上,它往往将美感等同于快感,从而流于粗鄙的"日常经验主义";在实践上,又常常成为中产阶层文化趣味的代理人,从而易被诘问"究竟是谁的生活审美化"——究竟它本质上是"食利者"的美学,还是表征了审美"民主化"的趋向?更何况,生活美学具有更广阔的文化历史语境。随着当代中国文化的"三分天下"格局的出场,"政治生活美学""精英生活美学"与"日常生活美学"都应该成为生活美学中的应有之义。这三种由历史流变而来的独特的生活美学形态,恰恰也说明了"本土化"的生活美学在中国本土始终占据着主导。

与此同时,生活美学的兴起就会驱逐"艺术美学"的存在。生活化与艺术论的美学,并不是势不两立,而是相互交融的。但是,在欧美主流美学界看来,分析美学的主流传统曾经只聚焦于艺术本身,环境与生活则是超出了艺术哲学之外的两个主要对象,而且关于艺术与关于生活的美学是彼此绝缘的两个分立领域。然而,中国"生活美学"却试图更开放性地看待艺术。生活美学之所以包容"艺术美学",就是因为,它将艺术本身视为一种"生活的形式"。对于艺术的理解与反思,恰恰是应该"在生活之中"而非超出生活之外的,如此才能将艺术与生活更深层地关联起来。

所以,生活美学有一个"互看"的基本原则。一方面,我们是从生活美学来"观照"艺术的;另一方面,我们也是从艺术来"看待"美学生活的。

此外，还要看到，"艺术观"只是西学东渐的产物，"美的艺术"也只是欧洲现代性的产物。"艺术自律论"仅仅囿于西方中心主义的视角，西方人用这个视角审视了文艺复兴以前的"前艺术"文化，从而形成了艺术史的基本脉络；还将这种视角拉伸到非西方的文化中，从而将东方艺术纳入其中。这突出表现在，在时间上旧石器时代物品的艺术化，在空间上撒哈拉沙漠以南的非洲物品的被艺术化。

当欧洲"艺术观"向中国舶来的时候，必然实现"中国化"的创造性转化。诸如"美术"这个新造词移植到本土之时就逐渐缩小了疆界，从原本所指的"大艺术"聚焦于以绘画为主的造型艺术，这也说明了西方艺术观对中国文化的塑造作用。然而，从中国古典文化的角度来看，值得庆幸的是，生活美学的深厚传统却从未中断，"艺"与"术"的传统也是深深地植根于本土生活中。这都使我们回到艺术与生活的基本关联，来重新定位当代中国的艺术观。

身处这个巨变的审美化时代，我们还要不停地去追问，艺术究竟是离生活越来越远了，还是愈来愈近了？当艺术本身得到了多元而充分发展的时候，相应的艺术观如何得到根本的转换？当艺术观调整到位的时候，高蹈的生活美学如何得以本体化地重建？

或许，追问的方式可以翻过来，有何种"生活美学"的新构，就会带来相应的"艺术观念"，进而就可以影响到"艺术实践"本身。现在的问题在于，当代中国艺术实践的繁荣，难以促进艺术观的革新，生活美学在此就肩负着这种转化性创造的重任。但有一点毕竟是共同的，无论是创作、观念还是理论，都理应是具有"中国性"特质的，这也是当代中国艺术立足于世界之林的民族基石。

（原载《中国艺术报》，2012年2月20日）

# 第三辑

# 美学与艺术：中国化历程

# 何谓美学"中国化"

美学,对中国而言,是19世纪末20世纪初西学东渐的产物,又是中西文化和学术交融的结果。当依据西方学科规范建构而成的美学作为一门西学进入中国时,必然会被烙上本土化的"民族身份",也就产生了美学"中国化"的问题。其实,从美学在我国落地生根开始,美学就开始了"中国化"的历程,即经历从美学"在中国"到"中国的"美学的发展进程。

在西学东渐之前,美学在我国文化原生态中只是一种潜存形态,中国古典美学智慧是舶来西方美学视角之后"返身自观"的产物。一方面,我国古典美学智慧缺乏系统理论表述,又不自觉地牵涉许多审美和艺术的内容;另一方面,由于泛化式的审美与文化物态、生活经验互渗融通,我国古典美学文本或附属于宗教、哲学、伦理等论著,或依附于文论、画论、乐论等论述,成为融入其他思想的潜层存在。尽管我国古典美学范畴在不同时期、不同应用中有相当大的变化,但仍自成一种前后承续的审美范畴演变体系。如审美创造与体验鉴赏的混糅就构成中国美学的一个基本特色。

西方美学的东渐,对近代中国美学产生了形成性与构成性的影响,促进了中国美学的现代转换。由此,美学的"中国化"始终处于"西方化"与"本土化"的相互作用中。

一方面,由于西方美学的框定作用,迄今为止我国美学的建构,基本依照了西方物我分立的思维,表现在人与自然、心灵与外物、主体与客体、理论与实践等诸多分殊上,在此意义上的"中国化"包含着"西方化"。另一方面,本土思想的积淀要求美学构建在"中国化"的坚实基础上,在此意义上的"中国化"更是"本土化"。美学"中国化"的过程,是"西方化"与"本土化"的统一,或者说,当代中国美学研究始终是中西方"视界融合"的产物。不仅"在中国"的美学研究如此,它是从本土视角出发、使用现代汉语加以思考研究;而且"中国的"美学思想的历史与原理的研究也是如此,"中国美学史"研究是有了西方美学视野之后形成的。

美学要"中国化"必然具有特殊的规定性。从哲学的角度来看,美学"中国化"至少包含三个层级。一是"从外语到中文"。就像笛卡尔让哲学用法语说话那样,如何用"中国话"言说美学是一个基础性问题。这里的"中国化"意味着"汉语化",更确切地说,是"现代汉语化"。二是"从语言到思想"。中国古典美学向来讲究"得意忘言""得鱼而忘筌",那么究竟如何用"筌"去逮住美学理论这条"鱼",始终是中国美学的重要课题。三是"从思想到实际"。虽然中国美学主要以"审美非功利"为基本前提,但又强调审美"无用之用"的实用性功能。这种功用具体表现在,美学在中国总是与外在的理想社会和内在的理想生命境界相互关联起来。

总而言之,美学"中国化"所探寻的是,从美学"在中国"到"中国的"美学的历史进程;所追问的是,美学是如何"本土化"的。

(原载《人民日报》,2012年1月12日)

# 走上美学研究的"中国化"之路

美学进入中国已有一百多年的历史。1949年之后，美学作为一门正式学科得以真正建立和发展，并受到广泛关注，引发了数次美学研究热潮。特别是改革开放以来，中国美学取得长足发展，对经济社会发展产生了重要影响。总结这一时期的美学研究，具有重要的现实意义和学术价值。

## 一、基础研究成就显著

基础研究是美学研究的核心和支撑。改革开放以来，中国美学的基础研究取得重大成就，主要体现在西方美学史与中国美学史两个领域。

西方美学史研究范围不断扩展。在我国，西方美学史常常被看作是进入美学的基本路径，也是改革开放以来最早取得成就的美学领域。西方美学史研究在20世纪80年代初就打开了局面，确立了通史与断代史同时研究的格局，而且研究内容不再局限于西方古典美学，20世纪的西方美学也被纳入研究范围。随着研究的深入，不少学者开始编撰具有阶段性意义的西方美学通史。有学者根据西方哲学和美学发展基本同步的情况，将西方美学的历史演进划分为"本体论""认识论"和"语言学"三个阶段，力图揭示其发展规律。还有学者将美学历史作为一个整体发展着的美学思想史，把由哲学理念、艺术元理论和审美风尚三者结合而建构的"美学思想"置于历史的框架中，形成了完整的美学思想发展史。

中国美学史研究多角度深入。随着西方美学史研究的深入，中国美学史的研究也陆续展开。其研究范式主要有两种：一种是狭义上的美学研究范式，基本原则是参照中国传统哲学史，研究中国古典美学史。具体而言，有两种类型。一类是以"思想史"为依照，认为中国古典美学以儒家美学、道家美学、楚骚美学思想为三大主干；另一类则以"范畴史"为依照，抓住各个时代最有代表性的美学思想和美学著作，把握美学范畴和美学命题的演变，呈现中国古典美学范畴的发展。另一种则是广义上的"大美学"或"泛文化"研究范式。它以审美哲学为基础，结合文化史、艺术史、审美意识史，关注中国历史上各个时代审美趣味、艺术风貌的流变。这种研究范式既区别于逻辑思辨类型的审美思想史，也不同于现象描述类型的审美物态史，而是一种介于归纳、演绎之间的描述形态和介于理论、实践之间的解释形态。

## 二、学术热点不断变更

三十多年来，美学热点的嬗变不仅受美学自身"冷热"的影响，而且随着经济社会的转型发生了历史性变化。我们可以从历史发展的角度，对这些年的美学热点问题进行梳理。

手稿热。从1980年开始，美学界兴起了一股对马克思青年时代的著作《1844年经济学哲学手稿》的解读热潮。不同研究者对这部手稿有着不同的理解和认识。就阐释方式而言，主要分为两种。一种注重将手稿的思想观点吸纳到个人的美学主张中，另一种则注重对马克思思想本身的研究。这股热潮引出许多重要的美学命题，对美学的发展产生了重要影响。如用"自然人化"来界定美的本质的思想，成为后来研究实践美学的重要维度；美是"人的本质力量的对象化"的观点，则在20世纪80年代前期的美学基本原理中占据了主导地位。

"主体性"问题。有学者从马克思主义哲学的视角阐发康德的"三大批判"的总体思想，提出了"主体性"问题。随后引发的"主体性"问题讨论，在整个20世纪80年代思潮中占据了重要地位。由于实践主体性的观点契合了当时解放思想的进程，从而影响了这一时期的美学研究。从实质上说，实践主体性既包含了联通主客体物质实践活动的主体基本规定性，又吸纳了受康德思想影响的自由主体性，是从审美自由出发调和二者的产物。这种主体性思想还在文学领域转化为"文学主体性"思想，引起强烈反响。

实践美学。实践美学发端于20世纪五六十年代的美学大讨论，主要表现为强调美在客观事物本身的客观派与强调美是客观性与社会性统一的社会派之间的争论。进入20世纪80年代，美学界基本接受了主客观统一的主张，并以此作为美学理论的立足点。随着越来越多的人倾向于主客观统一于实践，实践美学成为80年代美学的主流理论，至今仍发挥着重要作用。

后实践美学。进入20世纪90年代，美学研究的重点问题和中心问题出现多元化趋势。后实践美学试图超越实践美学，提出了与实践美学不同的研究重点、不同的研究方法。有学者认为，实践美学强调了美和审美对实践的依赖而忽视了它们自身的本质特征及与实践的内在区别。还有学者针对实践美学的理性主义倾向，强调要对个人的存在与活动的丰富性给予足够重视。这种思潮拓展了美学的研究视野，使美学的学科体系框架研究呈现开放态势，从一元结构向多元结构转换，理论方法也更加多元开放。但从宏观上看，后实践美学仍未真正超越实践美学。

"审美文化"与"大众文化"。20世纪90年代初期，审美与文化之合的"审美文化"研究逐渐被学者们所关注。在内在层面上，审美主义的"生命艺术化"成为生命美学的价值取向；在外在层面上，审美主义"艺术化生存方式"成为"审美文化"的主体核心，"审美文化"成为艺术与生活融为一体的文化。"审美文化"研究反对将美学看作是一门"玄学"，提倡美学要"走下去""沉下去"，关注现实的文化现象。同时，一些中国学者开始关注西方马克思主义理论，并以此对"大众文化"进行批判。随着社会主义市场经济的发展，这种立场又逐渐淡化，"大众文化"批判被更广义的文化研究所取代。

生态美学。生态美学研究是近几年美学界的热点之一。生态美学将生态学与美学有机结合，从生态学的角度研究美学问题，将生态学的观点吸收到美学之中，从而形成一种崭新的美学理论形态。从广义上说，它包括人与自然、社会及人自身的生态审美关系，是一种符合生态规律的当代存在论美学。这种新的美学思路是20世纪80年代以后生态学取得长足发展并渗透到其他学科的结果。

"生活美学"。21世纪以来，美学界论争的一个焦点是"日常生活审美化"问题。所谓"日常生活审美化"，就是直接将审美的态度引进现实生活，使大众的日常生活充满越来越多的艺术品质。在中国美学界，争论的焦点是"究竟是谁的审美化"。由此出发，又形成了一种趋向于"日常生活美学"的新的发展方向。

## 三、应对新趋势新挑战

进入 21 世纪，经济全球化的浪潮冲击着社会的各个方面，产生了一系列新的现实问题。这向美学提出了新课题和新挑战，探讨中国美学的走向成为美学界普遍关注的话题。具体说来，中国美学主要面临以下几个趋势和挑战。

突破传统研究范式。对于当代中国美学思想最重要的挑战是，如何超越原有的"实践美学—后实践美学"格局，走出一条"中国化"的美学新路。目前，实践美学面临多方面挑战，但还没有新的美学思想模式出现。实践美学仍在美学研究中发挥重要作用。除了实践美学与后实践美学，当代中国美学还在三个新的领域取得了突破，即"审美文化""生态美学"和"日常生活美学"研究。这些新领域的研究都试图突破传统的美学研究范式，在研究对象和研究方法上推进中国美学的发展。

开拓新的研究领域。随着三十多年的改革开放，中国美学界对于西方美学思想的借鉴和研究逐步走上正轨，但对西方美学的整体研究还存在一定的偏差。一些学者注重借鉴具有人文主义传统的美学，但对具有科学精神的西方美学传统、对在英美等国占据主导地位的"分析美学"传统鲜有研究。其中，语言学问题最为关键，但当代中国美学还没有经历"语言学转向"。如何在语言哲学的基础上研究中国美学，将成为新的美学生长点。

推动美学史研究。对于中国美学史的研究，无论是通史研究还是微观研究，都得到了大力推动和发展。但也有一些问题值得注意，特别是如何突破传统中国美学的"写作范式"。不少学者意识到仅仅通过思想和范畴来把握中国美学是难以体悟到"真精神"的，所以从审美文化、审美风尚等新的角度来重写美学史的诉求越来越强。也有学者从跨学科的角度来看待这个问题，认为艺术史、人类学、考古学、心理学等各个学科都能为美学史提供养料，各种新旧方法论亦可提供新的视角。

（原载《人民日报》，2010 年 4 月 9 日）

# 融入"全球对话主义"的中国美学

2010年,是中国美学的新纪元。这一年,第18届世界美学大会在北京召开,这也是世界美学大会第一次在中国、第二次在亚洲召开。这次以"美学的多样性"(Aesthetics in Diversity)为主题的大会提升了中国美学的整体实力。

2011年的当代中国美学界依凭这股力量继续突飞猛进,与全球美学的前沿发展趋于同步、共振与互动。一方面,当代全球美学发展顺应了国际学界正在倡导的"文化间性转向"(the intercultural turn)运动①,不同文化间的复调杂语纷呈"由外而内"地为当代中国美学的兴起提供了历史空间;另一方面,当代中国美学更在逐步融入"全球对话主义"的世界主潮之中,这也为当代中国美学"由内而外"地参与国际前沿创造了历史契机。

## 一、当代美学的"生活论转向":以"生活美学"作为本体论

"新世纪中国文艺学美学范式的生活论转向"是由《文艺争鸣》发起的,《艺术评论》《光明日报》《中国文化报》等多家杂志与媒体参与其中。目前,已经发表了百余篇重要论文,从生活论转向的本体论建构、西方美学的生活论转向、中国美学的生活论转向,以及其与生态美学的关系、与文化研究的关系等各个角度,共同推动了当代中国美学在21世纪的"本体论转向"。

从国际美学的整体走势来看,艺术哲学、环境美学与生活美学依然成

---

① [德]佩茨沃德:《当代全球美学的"文化间性"转向》,载《美学国际:当代国际美学家访谈录》,刘悦笛主编,中国社会科学出版社2010年版,第2页。

为国内外美学家所集中关注的新生长点。中国本土"生活美学"的新构，恰恰是与国际美学颉颃发展起来的、深植于本土传统之中的一种中国美学新形态。当代美学的生活论转向，恰恰是中国美学20世纪80年代经过"实践论转向"、90年代经过"生存论转向"之后的又一次重要的本体思想转向。

所谓"生活美学"或"生活论转向"，被大多数的学者理解为一种探讨把生活世界与审美活动沟通起来的努力。21世纪以来，生活论转向开始成为文艺学美学的重要话题，以"日常生活审美化"启其端，而"生活美学"承其绪，如今开始得到全面的推展。从当代中国"美学本体论"的历史嬗变来看，从实践论、生存论到生活论的哲学基础正在实现根本转换。

如果说，李泽厚所奠定的是实践美学的"人类学历史本体"而大多数论者则直接持"实践本体论"的话，那么，后实践美学论者所执着建构的就是一种"生存论本体"，而最新出现的"生活美学"则实际上走向了一种"生活本体论"。总而言之，从实践美学、生存美学走向生活美学，恰恰构成了当代中国美学的"本体之变"，这已是当代中国美学发展的大势所趋。

## 二、当代艺术的"全球互动"：以"中国当代"为考察对象

在2010年世界美学大会上，当代中国艺术就已经成为亮点，由国际美学协会新任主席柯提斯·卡特（Curtis L. Carter）所主持的"当代中国艺术"专场得到了广泛关注，其中包括四个主题发言：卡特的《都市化与全球化的挑战》、玛丽·魏斯曼（Mary Wiseman）的《水与石：论中国艺术的表现角色》、王春辰的《当代艺术的公共性的审美价值》和拙作《书法性表现与当代中国艺术》。

这四篇最新发表的论文，都出自魏斯曼与笔者所共同主编的英文版新著《当代中国艺术的激进策略》（*Subversive Strategies in Contemporary Chinese Art*）。2011年，该书由欧洲著名的布里尔学术出版社出版。这部文集通过中西美学家和艺术批评家之间的积极对话，试图从美学的角度把当代中国艺术的理论与实践展现给世界。整部文集以魏斯曼的《当代中国

艺术的激进策略》为开篇，终结于刘悦笛的《观念、身体与自然：艺术终结之后与中国美学新生》，从而将当代中国艺术的"新世界"与"新理论"全方位呈现了出来。

这部文集邀请了世界最著名的美学家阿瑟·丹托（Arthur C. Danto）撰写了《艺术过去的形态：东方与西方》、美学家诺埃尔·卡罗尔（Carroll）撰写了《艺术与全球化：过去与现在》、艺术史家大卫·卡里尔（David Carrier）撰写了《如何误读中国艺术：七个例证》。与此同时，一方面邀请了国际学者来主笔，外在地考察中国艺术，主要有劳里·亚当斯（Laurie Adams）的《当代艺术在中国》、亚伯拉罕·卡普兰（Abraham Kaplan）的《中国艺术中的形而上学》等，另一方面邀请本土学者内在地探讨中国艺术，主要有易英的《政治波普艺术与原创性的危机》、文洁华的《殖民香港的经验绘画与绘画理论（1940—1980）》、潘幡的《后殖民与台湾当代艺术趋势》等。

该书是从美学角度深入观照当代中国艺术的首部成果，有幸被列为布里尔"历史与文化的哲学"系列丛书的第31本，由波士顿与莱顿做全球发行。这套著名丛书的主编迈克尔·克劳兹（Michael Krausz）认为，这本共集中了15位作者（8位美国人与7位中国人）23篇力作的长达四百多页的文集，的确是"对于当代中国文化的重要贡献，对于当代中国文化的跨文化影响的重要贡献，对于中国文化意义的哲学理解的重要贡献。作者既包括中国也包括美国的哲学家与艺术史家们，这是他们关于当代中国前卫艺术研究的第一次合作"①。

2011年，另一个关于当代中国艺术的重要事件是由美国匹斯堡大学高名潞教授发起的，即11月18日至19日在天津美术学院召开的"当代艺术史的书写"国际学术研讨会。这次重要的研讨会聚焦于当代艺术史特别是当代中国艺术史的撰写问题，"当代人如何撰写当代艺术史"的难题成为会议的焦点。会议邀请了唐纳德·普雷齐奥西（Donald Preziosi）、詹姆斯·梅尔（James Meyer）、帕梅拉·李（Pamala Lee）等西方著名的艺术史学者与中国学者，共同探讨当代艺术史撰写的理论转向问题。当代中国的"艺术生态"在国内外大变局下发生了急遽转变，文化身份性和艺术

---

① Michael Krausz, "Volume Foreword," in Mary B. Wiseman and Liu Yuedi eds., *Subversive Strategies in Contemporary Chinese Art*, Leiden: Brill Academic Publishers, 2011, p. XI.

前卫性变得日趋复杂。对中国艺术史的当代书写而言，如何确立书写者的立场与方法、如何寻求新的历史叙事模式都亟待反思。所以，本次会议的召开对于当代中国艺术史书写而言意义重大，它同时也取得了丰厚的学术成果。

2011年11月25日至27日，在台湾政治大学主办的"东亚学术现代化"国际研讨会上，潘幡提出了"台湾美术史学的主体与认同"这一问题，日本学者冈林洋考察了"日本近代美学的构想"，笔者提交了《近代东亚艺术观源流考辨》的论文，因为近代以来的中国美学研究也需要在东亚美学的内部互动中加以历史的勘察。

### 三、中美双方对话"美善关联"：以"伦理美学"为交融前沿

当代国际美学界还有一个持续已久的热点话题，即美学与伦理学的关联问题，西方近期的许多美学文集都将该问题置于核心位置上。在2010年出版的《今日美学》文选中，伦理、美学与艺术价值问题得到了专章探讨。其中，"艺术的道德本性""伦理与艺术价值的关系""艺术的伦理批判"乃至"美学作为伦理学的先导"的问题，都得到了深入的探讨。[1]实际上，从更深层的融合来说，这也就是美学与伦理学交融而成的"伦理美学"与"审美伦理学"的问题。

2011年10月12日至14日在美国密尔沃基召开了"未设置的边界：哲学、艺术与伦理学（东方与西方）"国际学术研讨会，本次会议由柯提斯·卡特发起并主持。这是在美国本土第一次举办中美双方学者直接进行"美学对话"的会议。会议的宗旨就是为了以美学与伦理、艺术与道德的关联作为共同话题，提升东西方美学之间的交往与理解，不仅由此建构一种共通的全球性对话基础，而且力求找到不同文化解决同一问题的不同路径。

所以，这次会议邀请了人数基本相等的美国与中国学者进行对话。美

---

[1] Robert Stecker and Ted Gracyk eds., *Aesthetics Today*, Rowman & Littlefield Publishers, pp. 343-379.

方出席的八位学者有诺埃尔·卡罗尔、斯蒂芬·戴维斯（Stephen Davies）、伊万·盖斯凯尔（Lvan Gaskell）、盖里·哈伯格（Gary Hagberg）、约翰·莱萨克（John Lysaker）、理查德·舒斯特曼（Richard Schusterman）、杰森·沃斯（Jason Wirth）和玛丽·魏斯曼，中方出席的七位学者有高建平、刘悦笛、彭锋、王春辰、文洁华、刘成纪和程相占。

正如《国际美学通讯》所报道的："目前，当代中国学者致力于将传统中国理念整合到指向未来的当代中国思想中。在这个过程中，也致力于使西方美学与伦理学获得重要地位从而来发展他们自身的理论。同样，西方学者也意识到，他们要通过向有关哲学、艺术与伦理学的中国传统与当代理论加以拓展，来更多地习得东方的思想。"[①] 这次中美互动的国际会议取得了预期的成果，以往的中外美学对话会总是在中国本土召开并邀请国外学者访华，而这次会议则是到美国大陆去寻求更深入的对话，其交流的象征意义无疑是深远的。

总而言之，当代中国美学已经逐渐融入了"全球对话主义"中，未来的美学之路就在所有中国美学工作者的脚下。

（原载《艺术评论》2012年第1期）

---

① 《国际美学协会通讯》总第39期，2011年12月，参见国际美学协会网站，http://iaaesthetics.org/。

# "美学译文丛书"的复出

20世纪80年代至90年代，中国学界出版了由李泽厚先生主编的"美学译文丛书"。这套丛书既是"西学东渐"的又一次开拓性的学术工程，也积极推动了当时的"美学热"与"文化热"的充分展开。

这套大型丛书先后共出版了49本（中国社会科学出版社18本、辽宁人民出版社12本、光明日报出版社11本、中国文联出版公司8本），但遗憾的是，由于各种历史的原因，该丛书已停止出版长达二十年之久。

从2010年开始，中国社会科学出版社社长赵剑英与笔者共同推动了这套丛书的复出，在得到李泽厚先生的应允之后，"美学译文丛书"更名为"美学艺术学译文丛书"，并且计划由中国社会科学出版社全权出版。

之所以在"美学"后面加上艺术学，这是由于原本的译丛就已遵循了"美学与一般艺术科学"的分野，如今艺术学在中国的发展更是方兴未艾，因而对此需要加以积极拓展。这套丛书身处的历史语境，显然已经不同于20世纪80年代的启蒙阶段，那个"放眼看世界"的年代确实"有胜于无"。如今的学术的整体发展，却需要我们在重印经典的同时，关注当代学界发展的最近动向，更应提升出版的学术质量，争取出版更多的精品力作。

"美学艺术学译文丛书"邀请国际美学界的重要美学家共同组成学术委员会，编委不仅来自欧美，也来自东亚学界。其主要成员包括国际美学协会荣誉主席约瑟夫·马戈利斯（Joseph Margolis），现任主席柯提斯·卡特，四位前主席诺埃尔·卡罗尔、阿诺德·伯林特（Arnold Berleant）、海因斯·佩茨沃德（Heinz Paetzold）和约斯·穆尔（Jos de Mul），国际美学学会总执委沃尔夫冈·韦尔施与美国执委玛丽·魏斯曼，《英国美学杂志》前主编彼得·拉玛克（Peter Lamarque），《美学与艺术批评》主编苏珊·费根（Susan L. Feagin）、亚洲艺术学会会长神林恒道、韩国美学学会秘书长朴骆圭等。这个阵容强大的编委会协同中国编者共同商定新译的书目，共同规划这套走国际路线的丛书的发展。

目前，"美学艺术学译文丛书"规划了两个系列，即"经典系列"与"当代系列"，前者以古典学术的经典性作为标准，后者以当代学术的前沿性作为标准。

从"美学之父"鲍姆加通、"艺术史之父"温克尔曼、"艺术学之父"费德勒之具有学科建设意义的基础著作开始译起，最先出版的就有鲍姆加通（最早提出"美学"）《诗的哲学默想录》一书的中文、拉丁文双语版和温克尔曼《希腊美术摹仿论》一书的中文、德文双语版，古典系列还将出版更具学术价值的"笺注版"。

第一批即将出版的古典系列书目，具体包括鲍姆加通《诗的哲学默想录》（1735）、鲍姆加通《美学》（1750）、温克尔曼《希腊美术摹仿论》（1755）、温克尔曼《古代艺术史》（1764）、费德勒《艺术活动的根源》（1887）、德索阿尔《美学与一般艺术学》（1906）、杜威《作为经验的艺术》（1934）、塔塔科维兹《美学史》三卷本（1962）、乔治·迪基《艺术圈》（1997）、神林恒道《艺术学手册》（1989）、潘襎（编）《东方美学史料选编：日本卷》、刘悦笛（编）《东方美学史料选编：朝鲜卷》；目前纳入当代系列的暂时有马戈利斯《美学：从古典到当代》（2008）、柯提斯·卡特《艺术与社会变革：国际美学年刊》（2009）、魏斯曼和刘悦笛《当代中国艺术激进策略》（2011）。这套丛书将继续致力于推动中国美学、艺术与文化的当代发展。

# "分析美学"在中国

20世纪90年代之后，随着曾占据中国美学主流的实践美学话语的衰落，对美学理论的"元哲学"沉思也日渐冷落。美学界或是拒斥形而上学，转向诸如"审美文化"之类的实证研究；或是囿于传统的思维模式，以生命本体置换实践根基，从而倡导"生命美学"的各种形态。然而，美学基本理论要获得真正的推进，最终仍在于哲学思维范式的根本转换。曹俊峰的《元美学导论》就是这一转换的初步成果。这本专著依托于英美分析哲学背景而试图将语言分析纳入美学研究之中，无疑是90年代以来最有创造性的美学原理著作之一。

与分析哲学的理路如出一辙，作者在批判传统和当代美学缺陷的基础上，发现它们共同的病因在于语义含混和概念不清、对于美学陈述的性质认识不够准确以及在讨论美学问题时缺乏自觉的逻辑意识。由此，他提出以语言分析作为对美学痼疾的"较好的诊疗术"。可见，在作者的眼中，所谓的"元美学"（metaaesthetics）其实就是语言分析美学，"它以一般的美学陈述为对象，以更高层次的语言对美学陈述作语义和逻辑分析"。[①]

根据作者所提出的总体诊治方案，首先要从审美和美的分析转变为美学用语的分析，从而把美学陈述或语句作为解析对象加以研究，进而还要考虑美学陈述的内在逻辑问题。显然，这一方法论来自从弗雷格、罗素到维特根斯坦的分析哲学，特别是早期维特根斯坦的《逻辑哲学论》。但是，同样在此影响下产生的欧美"后分析美学"（以乔治·迪基、捷纳·布洛克等为代表）却只关注艺术陈述和概念的语义分析问题。与这种美学流派转向艺术哲学领域而发展分析美学不同，《元美学导论》径直地聚焦在美学理论陈述的逻辑问题上，这更为接近于英美分析哲学的传统形态。同

---

[①] 曹俊峰：《元美学导论》，上海人民出版社2001年版，第27页。

时，这种取向使作者的研究更加迫近美学理论的元哲学层面，从而体现出将分析哲学的思维范式落实到美学并对之加以本土化设计的努力。

在建构"元美学"体系的具体操作中，作者先是从美学概念的分层（分为对象描述层、心理描述层、艺术技巧的评价层、审美评价层和美学原理层）入手，考察了这种鉴赏性概念在语义上的模糊性多义性、不可定义性，以及随审美心理而不断创新的开放性。接着，通过大量的实例解析，对不同的审美命题分别进行语义分析，从而推导出一系列的结论。比如，所有审美对象描述句都带有主观情感性，都非客观准确描述，越是不可证实就越有审美特性；审美心理描述句不能把个人的内省经验的描述普遍化；审美判断句深层的非主谓关系意味着："x 是美的"应理解为"存在着某个 x，当某人 A 看到 x 时，心理产生了谓词美所表示的情感"；审美定义句的主词和谓词都是抽象概念，几乎失去了具体对象，如此等等。

显而易见，作者对美学概念和命题的语言分析是颇为详尽和精到的，不仅对美学概念的结构性解析达到了一定的高度，而且对美学命题的阐释也达到了一定的深度。他所得出的结论大多是基本符合事实的，其层层分析就好似在剥洋葱皮一般，将原本依赖于感性而得出的美学概念和命题解析得层次分明和逻辑严谨。虽然作者对美学理论的语言分析有很多精彩的地方（如对中国美学界广泛接受的"对象化理论"的分析），但其论述往往给人以只破不立之感，对美学命题之间的内部关联问题的研究也略显薄弱。然而，这种理论尝试为我们提供了一种美学研究的思维范式转换的新方向，或许某些结论值得进一步商榷、有些论点尚待进一步展开，但其通过语言分析来解读美学的视角却开辟了中国美学发展的新路径。

在一般的美学研究中，美学与逻辑往往被对立起来，而没有看到二者之间的辩证关系。实际上，美学命题之间的关系必然涉及逻辑问题，《元美学导论》也重点考察了美学命题推理中的逻辑问题。作者首先看到美学中各个层次的陈述是不可相互推导的，美学理论体系也不能由初始概念借助于公理、规则再经演绎和归纳而建立起来。虽然一般逻辑原则在美学中是失效的，但依据现代逻辑的诸多原则，作者又通过对否定、析取、蕴含、等值等符号的某些真值函项的考察，论证了逻辑运用于美学的有效性，并从中得出美学概念具有模糊性、判断的个体情感性、逻辑值非标准性等特征的结论。逻辑与美学的联姻看似是不可能的，其实二者存在着深层的关联。正如阿多诺《美学理论》的初稿导言所指出的,"美学最深层的二难抉择困境似乎如此：既不能从形而上（即借助概念）、也不能从形而下（既借助纯经验）的角度将其凝结为一体"[①]。正是基于美学的这种两难性质，作者并未简单地将逻辑的方法生搬硬套进美学理论研究，而是将感性经验与逻辑研究恰当地结合起来，他更为关注的其实还是美学的元话语中的逻辑性问题。

此外，作者还从语言批判的角度对中西美学陈述进行了初步的比较，为比较美学的发展提供了一种崭新的语言分析的视角。其中，他特别指出了解读汉语（象形文字）与西文（符号文字）的心理过程的差异。对汉语的解读心理是由汉字而意象，由意象而声音，由声音而图式，由图式而概念，由概念而指称、含义、命题意义；对西文的解读则是由文字符号而声音，由声音而词汇，由词汇而概念，由概念而图式，由图式而指称，由指称而含义、命题意义。在此，可以发现中西美学在运思方式上具有巨大差距的语言根源。在这种心理语言学的基础上理解中西美学的文化精神的差异，可谓是探寻到了更为本源的层面。但同样可以理解的是，以这种西化的语言分析来对中国美学范畴概念进行解读，必定存在着许多"误读"的地方，这显然在文化相互涵化中是不可避免的。

毋庸置疑，《元美学导论》深受现代欧美哲学的语言学转向的总体影响。它突破了以往本土美学原理研究（深受黑格尔主义浸渍的）仅囿于人文主义一脉相承的传统，力图在语言分析哲学的基础上构建出"元美学"的理论轮廓。这一根基扎实的理论著作试图在基本理论层面使美学研究得到拓展，它不仅为诊治以往美学研究的痼疾提供了语言分析的处方，而且为元美学的进一步完善和充实奠定了基础。这就为中国美学的多元发展指出了一条全新的思路。应当看到，在中国尚未植根的分析美学恰恰在西方美学中是主流之一，这很可能是由于中国文化崇尚人文传统所致。

然而，基于对哲学方法论的独特选择，作者并未吸取当代欧美"后分析美学"的有益成分，特别是在人文传统与语言分析的有机融合这一方面更是如此。而这种融合正是"后分析美学"的近期理论贡献所在。虽然

---

[①] T. W. Adorno, *Aesthetic Theory*, London: Routledge & Kengan Paul, 1984, p. 471.

作者对美学概念、命题及内在逻辑的分析甚为独到，但在一些具体的论述中仍然是驳论多于建树，在很多方面只是指明了理论创新的方向而并未建构起完善的理论体系。当然，这并不能抹杀《元美学导论》作为中国分析美学的开拓性著作所具有的重大意义。可以预见，在这部专著之后，会有更多的学者投入到分析美学这一在中国亟待发展的研究领域中，"元美学"理论体系的进一步完善也指日可待。

（原载《中华读书报》，2002 年 7 月 3 日）

# "哲学"与"美学"的汉语创生

"哲学"这个范畴，原本是日本学者根据西文的内涵创造出来的。一般认为是明治维新时期的著名思想家西周（1829—1897）确定了这个译名，最早是被黄遵宪引入中国。

致力于"范畴形成史"研究的大阪大学神林恒道教授，曾当面为笔者讲解过"哲学"一词形成的细节。日本人最初翻译 philosopia，将其中的意为"爱"的 philo 译为"希求"，意为"智慧"的 sopia 译为"哲智"，于是合译为"希求哲智学"，但后来又舍"智"求"哲"，最终简称为"哲学"。正如神林恒道在此关注的是从日本的"美学"到"日本的"美学的形成史一样，从哲学"在中国"到"中国化"哲学的转化问题也在国内学界被广泛关注。

哲学并不是中国的"土特产"，它来自作为欧洲文化家园的古希腊文明，而在近两千五百年之后又借道"日本桥"来到中国，并最终得以"中国化"。大众哲学家艾思奇（英文转写为 Sheng Hsuen）的这个笔名，除了来自哲学家本人看过的电影《因纽特人》（又译作《爱斯基摩人》）之"爱斯基"的谐音说法之外，还有一种说法是此名乃是由于热爱马克思、伊里奇（即"列宁"的旧译）之意，但另一种更哲学的说法，则是来自"爱好思考奇异事物"之意，这来自哲学源于对万物的"惊异"的亚里士多德的古论。

"哲学"这个词是日本造的，但是，"美学"这个词却未必如此。当代日本美学家今道有信认为，中江肇民 1882 年所翻译的《维氏美学》是"汉字文化圈"中使用"美学"一词的最早记录。自明治十五年（1882）开始，以森欧外（日本著名作家）、高山樗牛（日本美学学者）等为主的教师在东京大学就以"审美学"的名称来教授美学，就使用过"美学"这个词。

在"美学"一词被固定化之前，汉语文化圈的知识分子试图用各种译名来翻译 Aesthetica 及其德语、英语和法语的各种变化。在中江肇民之前的日本，著名启蒙思想家兼翻译家西周就曾尝试以"善美学""佳趣论""美妙学"来翻译。

根据今道有信的考证，西周"善美学"的译法出现在庆应三年（1867）的《百一新论》中，"佳趣学"的译法出现在明治三年（1870），而"美妙学"的译法则出现在明治五年（1872年）；《美妙学》一文是后来被发现的，它是给日本皇室搞讲座的手稿。①

"善美学"的译法植根于中国古典文化，也就是《论语·八佾》中所说的"尽善尽美"。西周自己也强调"善就是美""和就是美""节度与中庸就是美"。这种译法就来自美善合一，但这里的善却有了伦理内涵，比较接近于"完美"的意思，这种译法由此易造成歧义。"佳趣论"则是比较欧化的译法，因为美学在欧洲古典文化那里也是"趣味之学"的意思，"佳趣"强调的正是趣味的纯化和高雅，近似于 fine art（美的艺术）中"fine"的意味。"美妙学"显然也受到汉文化的影响，因为在中国古典美学体系中"妙"比"美"更为高妙。其实，依笔者所见，"美妙学"这个译法还是可取的，尤其对中国古典美学而言似乎更为贴切。

然而，根据黄兴涛《"美学"一词及西方美学在中国的最早传播》的考证，花之安（Ernst Faber，德国来华著名传教士）1873年以中文著《大德国学校论略》（重版又称《泰西学校论略》或《西国学校》）一书，在介绍西方所谓的"智学"课程时，曾经简略地谈到过西方心理学和美学的有关内容。他称西方美学课讲求的是"如何入妙之法"或"课论美形"，"即释美之所在：一论山海之美，乃统飞潜动物而言；二论各国宫室之美，何法鼎建；三论雕琢之美；四论绘事之美；五论乐奏之美；六论词赋之美；七论曲文之美，此非俗院本也，乃指文韵和悠、令人心惬神怡之谓。"② 就笔者所见，这大概是近代中国介绍西方美学的最早文字。1875年，花之安复著《教化议》一书。书中认为："救时之用者，在于六端，一、经学，二、文字，三、格物，四、历算，五、地舆，六、丹青音乐。"在"丹青

---

① ［日］今道有信（编）：《讲座美学》第一卷《美学的历史》，东京大学出版会1984年版，第7页。

② 黄兴涛：《"美学"一词及西方美学在中国的最早传播》，《文史知识》2000年第1期。

音乐"四字之后,他特以括弧作注写道:"二者皆美学,故相属。"

如果此论确定的话,那么,中国人最早触摸到美学这门学科的时间尽管比日本人晚,但"美学"一词可能并非日本人所首创,而是花之安"在中国"率先创用了"美学"一词。出于向中国介绍西学的目的,这位深谙中文的德国人花之安在1875年首度译创了"美学"一词,比中江肇民还要早八年,也比森欧外等人授课创用这个词要早七年。

由此,可以推断出两种可能。其一,"美学"一词(根据目前所掌握的资料)是花之安最早用汉语创造的,这种译法传到了日本为中江肇民所用,再从日本传回了中国,从而形成了一种术语的"出口转内销";其二,即使"美学"一词是花之安首创的,但中江肇民根本没有受到过影响,而是在日本"异曲同工"般地创造出这个词。现在看来,后一种可能性似乎更大一些。

在"美学"一词成为共识之前,中国知识分子也提出了许多关于译名的方案。"审美学"就是其中之一。与日本一样,"审美学"作为备选方案也曾同"美学"颉颃并行了一段时间。比如,1902年,王国维在一篇题为《哲学小辞典》的译文中,就把英文的 Aesthetics 译为并用的"美学"和"审美学",但更倾向于用"美学",因为据他的介绍:"美学者,论事物之美之原理也。"甚至更早一些,"审美""美感""审美的感情"这些术语在他1901年翻译的《教育学》一书中就已经出现了,其中还出现了"审美哲学"这种学科性的崭新译法。

总之,考察"美学"的汉语辞源,留下了许多值得思考的问题。"美学"一词究竟是如何酝酿产生的?"审美""美感"等这些术语究竟是如何创造出来的?这些知识考古学的问题,或许有的答案只存在于创造者的脑子中,但不可否认,美学术语是以欧洲美学为参照系生发出来的,经历了一个外源式的、后发的、转译的酝酿过程,并不像欧洲古典美学术语那样是内源式地、自然而然地、自发地生成的。

(原载《哲学动态》2010年第8期、《文艺研究》2006年第2期,现合并为本文)

# "美术"与"艺术"的汉语源流考

从日本到中国的"美术"(びじゅつ)概念的最初意蕴,大致相当于今天的"艺术"概念,后来才日渐缩小其外延。随着美术概念的包围圈逐步收缩到位,艺术概念成为包括美术在内的广义范畴。

按照日本学界公认的说法,明治5年(1872)正月,即日本应邀参加1873年维也纳万国博览会的前夕,曾向全国颁布"太政官布告",并根据维也纳万国博览会规约由富田淳久翻译并释文出《澳国维纳府博览会出品心得(抄)》。在这份展览公告的第二条里,罗列了博览会共计26区的陈列品分类,其所附的出品规定里出现了"美术"这个用语多达五次。这也被视为"美术"概念的接受与形成的历史起点。它应该是日本人用汉语对德文Schönen Künste的创译,而非普遍认为的那样只是对英文Fine Art的翻译。

最重要的就是第22区的规定,即"为了美术(将西洋的音乐、画学、制像术、诗学等称之为美术)使用的博览场工作之故"[①]。显然,这种美术观既已接受了西洋语的影响,即美术不同于工艺,所以第21区便独立列出家居内用的饰物、瓷器、织物和家具;但又有日本文化的意蕴,将这些民用器物视为"风雅"之物,而日本的工艺品恰恰在这次博览会上获得了好评。与此同时,这种"美术"概念业已涵盖古今,不仅第24区展出"古美术品"及爱好者的藏品,而且第25区还展出了"今世美术品"。这充分说明,美术观的视野已延伸到日本本土历史中,这也是"日本古美术"概念得以出场的某种预演。

有趣的是,正如"美学"概念较之中江肇民要早八年一样,按照目

---

[①]《澳国维纳府博览会出品心得(抄)解题》,载《日本近代思想大系17 美术》,[日]青木茂、酒井忠康编,岩波书店1989年版,第404页。

前所掌握的史实，"美术"用语出现在中国也要早于日本八年。这是由于，在1872年日本使用"美术"概念之前的1864年，上海教会开设在上海徐家汇的土山湾印书馆附设了"山湾美术工艺所"。这个被俗称为"土山湾画馆"的工场，内设图画间、雕塑间、照相间等，集美术教育、创作与出版于一体。这可能是汉语学界最早使用"美术"的可查资料，同时正如这座教会工艺学堂的名字所示，美术与工艺之分也是明确的。

"美术"这个新语，究竟出于徐家汇天主教堂辅理修士、工场最早主持者西班牙人范廷佐（Joannes Ferrer，1817—1856），还是他的继任者、同样精于画艺的中国人陆伯都（1836—1880）修士，目前还不得而知。但可以肯定，后来中国学术界、教育界所使用的"美术"概念更多的是通过所谓的"日本桥"舶来的。19世纪末"美术"从日本转译到中国时，目前可查证的最早译文是1897年11月5日上海出版的《实学报》旬刊第八册上发表的《美术育英会之计划》。该文原载于日本《东京日报》同一年的9月16日，但研究者认为该"美术"更多的与"工艺"画等号，而非普遍意义上的"美的艺术"。

同样，博览会也对中国本土"美术"概念的出场起到了相应的促动作用。宣统二年（1910）6月5日至11月29日在南京举办的"南洋劝业会"，除了设置实用如农业、卫生、武备、机械、通运诸馆之外，还专门设立了美术馆、工艺馆和教育馆。美术馆的东隅还设置了"书画研究室"。从《书画研究室简章》里可以得见美术的基本分类："美术一道，其类有五，曰墨绘，曰刺绣，曰雕刻，曰工艺，曰铸塑。五门之中，无不以书画为嚆矢。凡精于书画者，其意境必高，而以之制物，自有精深远道之思。"[①]

尽管将书法当作美术的翘首是对来自西方的美术概念的扩充，但以书画为中心的考量的确显露出文人传统的支配地位，而刺绣由于在当时居于显要地位也独立于工艺而存在。其中的"雕刻"与"铸塑"之分，恰好就是雕塑之（做减法的）"雕"与（做加法的）"塑"的差异。早在1876年，日本就成立了以教西方艺术为主的"工部美术学校"，并开设了油画与雕刻两种专业。如果说，"绘画"一词尚可以找到更早的中国渊源的话，那

---

[①] 转引自李秀雪：《博览会与美术展览：以南洋劝业会为例》，载《关山月美术馆年鉴2009》，关山月美术馆2010年版。

么,"雕塑"一语则绝对就是日本造,它是由"减少的雕刻"与"捏成的塑造"共同组合而成的。1894年,大村西崖在《京都美术协会杂志》第29期(明治二十七年10月号)上最早提出了"雕与塑"两种方法的区分。①

无论是德文Schönen Künste还是英文Fine Art,都被翻译成"美术"。德文的前缀直接就是审美含义上的"美"的意思,它从本义上更接近于"优美"之"美";英文的前缀则倾向于更为泛化的"精美"的含义,更接近于"美学"这一术语更早的日本译名"佳趣学"之"佳"。但无疑,它们是与实用艺术(德文的Kunstgewerbe与英文的Applied Art)相对而出的,那么,究竟是什么使得"美的艺术"不同于实用艺术呢?更有趣的是,从辞源上都缘起于beaux-arts的Schönen Künste抑或Fine Art,在西欧是作为"具有明确价值取向"的"阶段性的术语"而存在,但是,为何来到东亚就成了中性的学科概念?

原因就在于,关于"美术"之"美",东亚学界更需要用fine来明确规定art,这恰恰是土文化所亟须舶来的审美观念。在广义的汉语学术圈,这种对美术的最早的厘定,就来自日本启蒙思想家西周明治十年前后的皇家讲座《美妙学说》,所以"美妙学"也是西周除了"善美学""佳趣学"之外对于美学的更为成熟的译法。这本被称为"日本最早的独立的美学书"的西周授课笔记开宗明义:"哲学当中有一门叫做美妙学的学问。它是与所谓美术相通而穷美术的原理的学问。"②

这就一方面将(分辨美丑的)美学、(分辨善恶的)伦理学与(分辨公正与否的)法律区分开来,另一方面确定了美妙学的内部要素就是"人情"与助长此情的"想象力"。但是,与西欧传统的知、意、情对应于真、善、美的三分不同,在西周看来,东亚文化中(特别是从儒家思想来看)的道德本身也是含"情"的,而"道德上的情"与"美妙学上的情"之所以是不同的,就在于后者的情是"无意之中发出的",这些情并不是"因有喜怒哀乐爱恶欲这七情与本人的利害得失有关"而发生的。七情所言的就是儒家经典《礼记·礼运》所说的道德情感,它们主要属于道德直觉范

---

① [日]神林恒道:《东亚美学前史:重寻日本近代审美意识》,龚诗文译,台湾典藏艺术家庭股份有限公司2007年版,第185页。
② [日]西周:《美妙学说》,载《日本近代思想大系17 美术》,[日]青木茂、酒井忠康编,岩波书店1989年版,第3页。

畴，从而不同于审美情感。

作为日本明治时代美术运动的早期指导者，美国学者费诺罗萨（Ernest Francesco Fenollosa，1853—1908）在1882年5月14日东京倡导国粹的龙池会所做的系列演讲，后来以《美术真说》(The True Meaning of Fine Art)为题结集且影响深广。这个演讲是试图通过对"美术"概念的厘定，为日本画所代表的东方艺术张目，同时排斥洋风美术的影响。面对以"写实"能力优于东方的西方艺术传统，费诺罗萨当然反对以模拟天然实物为美术要诀的"自然模仿说"。他认定："美术的性质无疑地存在于事物的本体当中。而美术的性质，就在于静坐澄心而对之加以熟视之际，宛如神驰而魂飞，爽然并失去自我。"[1] 美术之为美术，或者说，凡是美术的物品，必定是有"妙想"或者是一定依赖于"妙想"的。

"妙想"这个具有东方翻译味的范畴，实际上是源自德国唯心主义哲学的"idea"（理念）的转译，但却非常接近于中国画论的"迁想妙得"之义。费诺罗萨则是进一步确定"妙想"的主要构成要素就是主观的"旨趣"与客观的"形状"，而这二者恰恰都是来自审美，前者即属审美的心理，后者则属审美的形式。

由此可见，日本最早确立的"美术"之"美"的属性，就来自康德所确立的"非功利"的审美观。无论是西周确立道德之情与审美之情的基本差异，还是费诺罗萨确立美术的"妙想"本质，实际上都是言说审美非利害的属性。

（原载《文艺研究》2011年第11期）

---

[1] ［美］费诺罗萨:《美术真说》，载《日本近代思想大系17 美术》，［日］青木茂、酒井忠康编，岩波书店1989年版，第41页。

# 从中国"美学"到"中国"美学

美学，对中国而言，是 19 世纪末 20 世纪初西学东渐的产物，又是中西文化和学术会冲与交融的成果。它最初是依据近代欧洲的学科分化和学术规范建构而成，而又必然被宿命般地烙印上本土化的民族身份。

这种中西互动造成了如下的悖论：中国美学最初就以康德意义上的"审美非功利"为基本理论预设，但又强调审美之"无用之用"的实用性功能。这种功用具体体现为，美学"在中国"总是与（外在的）社会理想和（内在的）理想生命境界相互关联起来。实质上，审美人生与社会理想就犹如同一张纸的两面，前者往往为后者提供着内在依据和个体根基，后者则是前者的外在实现和社会显现。

因而，在整个20世纪的20、30年代、50年代和80、90年代，中国美学都获得了空前的发展，并且成了社会变革和思想启蒙的急先锋。这便是美学在中国的"超前性"或"前导性"，它如幽灵般在汉语学界游荡和隐现，不仅跨越哲学与艺术等学科边界，而且在中国社会的发展进程中扮演了重要的历史角色。这在世界诸文明中都是鲜见的，美学与中国的关联居然是如此的紧密！

既然美学如此之深地嵌入中国的社会结构当中，那么，美学与中国之间究竟构成了何种关系？"中国视界"里的美学（既包括外来美学，又包括中国传统、现代的美学）究竟是什么样子？"外来视界"里的中国美学又是何种形态呢？

美学既然是西学东渐的产物，那么，这必然说明，美学于中国的发生必定具有一个以欧洲美学为参照系而生发出来的过程，经历了一个外源式的、后发的建构过程，而并不像欧洲美学那样是内源式、自然而然地、自发地生成的。

那么，以欧洲为源发的美学，究竟是否具有"普世性"呢？这个问题在如今面临"全球化"境遇的时代，被再度凸显了出来。对于美学"在中国"与"中国的"美学的基本区分，起码有下述两种看法。

一种看法认为，肇源于欧洲的美学这门学术并不具有普遍性的价值，在欧洲与在中国的美学一样，都是所谓的"地方性的知识"。如此说来，美学"在中国"其实就等同于外来美学（主要指以欧洲为主的西方美学）"在中国"，而"中国的"美学则是与外来美学根本异质的一种美学建构。

另一看法则认为，美学的诞生虽然在欧洲，但随着历史发展已经成为具有"全球性"的知识系统。如此推论，似乎一种"全球美学"（Global Aesthetics）就是可能的了。美学"在中国"就意味着一种普遍性的美学于中国"在场"，而"中国的"美学则意味着这种普遍性的美学的"特殊化"。这里的美学"在中国"的"美学"，并非意指西方美学，而是就某种现在预设的"全球美学"而言的。

但无论怎样，美学于本土的落地、生根和发芽，必定具有一个"西学东渐"的移植与"本土建构"的创生过程，这两个过程是相互勾连在一起的。没有前者，美学"在中国"就成为无源之水；缺少后者，"中国的"美学的建设就好似缘木求鱼。正是"西学东渐"与"本土建构"的交互推动和交融，成为整个20世纪中国美学发展的内在"张力"和"动力"。

实质上，从美学"在中国"到"中国的"美学，在实现着某种重心的转换，正如日本学者也在千禧年之后区分出日本"美学"与"日本"美学一样，对于非欧洲的国家共同体来说，美学都具有从"无"到"有"抑或从"潜美学"到"显美学"的历史转化过程。

从美学"到中国"到"中国化"的美学，我们就能看到一种宏大的历史进程。但更重要的是，从"美学在中国"（Aesthetics in China）到"中国的美学"（Chinese Aesthetics）究竟发生了哪些"创造性的转化"与"转化的创造性"？其实，这种源发性探求的价值并不仅仅在于历史叙述本身，其发生学的研究往往指向了未来，那个并不明朗清晰、但却必然展开的中国美学的未来。

（原载《文艺研究》2006年第2期）

# 比较美学、跨文化和文化间美学

当代全球美学正面临着所谓的"文化间性转向"（Intercultural Turn）。这个观点是国际美学协会（IAA）前任主席海因斯·佩茨沃德（Heitz Paetzold）率先在美学领域提出的。"文化间性"更多的是来自德语学界的说法，而英语学界更多使用诸如"比较哲学"或"比较美学"之类的说法。这两种不同的说法是处于不同层级中的。随着全球化时代的来临，在不同的文化传统之间，哲学和美学的沟通与对话越来越频繁，全球哲学和美学中的"文化间性"（interculturality）被凸显了出来。

如果说，比较哲学或美学（Comparative Philosophy or Aesthetics）还只是犹如在两条"平行线"之间进行比照、跨文化哲学或美学（Cross-cultural Philosophy or Aesthetics）更像是从一座"桥"的两端出发来彼此交通的话，那么，文化间哲学或美学（Intercultural Philosophy or Aesthetics）则更为关注不同哲学传统之间的融会和交融。笔者曾认为，"分殊""互动"和"整合"将分别成为"比较""跨文化"和"文化间"哲学或美学理应承担的不同层级的任务。

正如海因斯·佩茨沃德在中国举办的"美学与多元文化对话"国际学术研讨会开幕式上的讲话所言，这种文化间性转向首先反对的就是拉姆·阿达尔·莫尔（Ram Adhar Mall）的"永恒哲学"公式。哲学或美学并不能为任何单一的文化所拥有，而是一种在全球各个地方的鲜活的存在。"在哲学上的'文化间性'的转向并不意味着弱化哲学与理论的思考。相反，它意味着加强全球不同文化间的联系。有些人，像奥地利哲学家弗兰茨·马丁·维默尔（Franz Martin Wimmer）所说的那样，赞同一种文化间的'杂语'（polylogue）而不是'对话'（dialogue）。来自不同文化的不同的声音,应该被听到,变得可听到,而不是使之沉默。"①国际美学协会这个组织所赞同的是"在文化间架起桥梁",2007年在土耳其安卡拉举行的第17届国际美学大会所确定的就是这个主题,2010年在中国北京举办的第18届国际美学大会的主题"多样性中的美学"(Aesthetics in Diversity)则延续了既定的文化思路。

  国际美学的战略性目标,就是将这种哲学上的"文化间性转向"运用于美学中。"我们应该继续研究用不同的方式来说明像美、崇高、丑这样一些美学上的核心概念,这是一个特定的文化中的哲学风格的独特特征。我们要讨论美学与伦理学的关系,在从一个文化向另一个文化转移时,是怎样改变的。我们必须将不同的造园艺术的模式理论化,并且去改变联系或分离美学与哲学的方式。这种范式的改变,就我们从一种城市设计文化转向另一个城市设计文化而言,使我们很感兴趣。"②所以说,美学的跨文化间研究的基点,就不仅仅在于与属于某种特定背景的作为"他者"的文化相遇与相知,而且同时也要意识到,无论是审美还是艺术的话语并不是对所有文化都适用的,要从各个不同文化的体验出发来共同造就全球美学发展的新格局。

  中国美学、艺术和文化,正在直面着这种全球化的语境,从而融入了笔者所说的"全球对话主义"(global dialogicalism)中。这意味着,在"文化相对"的基础上,一种"全球对话主义"理应得到倡导。在全球化的历史背景下,无论东西美学、艺术和文化(中国理应作为东方的重要代表),都应该在价值观上倡导更为健康的全球化的理念。依据社会学家罗兰·罗伯逊(Roland Robertson)所见,全球化应该包括两个双向的过程,亦即"特殊主义的普遍化"和"普遍主义的特殊化"。一种健康的全球化就应该在这种互动中展开。

  一方面,这种全球化不应是为某一文化帝国"单向牵引"的全球化,从而也不同于文化的"同质化"。就目前的情况而言,全球化不等于欧洲化抑或美国化,进而,全球化也并不等于文化一体化。由此,健康的"文

---

① [荷]海因斯·佩茨沃德:《序言Ⅰ·当代全球美学的"文化间性"转向》,载《美学国际:当代国际美学家访谈录》,刘悦笛主编,中国社会科学出版社2010年版。

② [荷]海因斯·佩茨沃德:《序言Ⅰ·当代全球美学的"文化间性"转向》,载《美学国际:当代国际美学家访谈录》,刘悦笛主编,中国社会科学出版社2010年版。

化全球化"其实是与文化绝对一体化相对峙的，它既反对欧洲中心主义造成的对"世界文化"的统摄和抹平，又不同意仅从某一种或某几种文化出发来弥合具有个性差异的"全球性"的文化整体。这样，它就冲破了后殖民主义者所洞见的"神奇的东方"式的类似幻象，在总体上弘扬了不同文化之间的类似性和互通性。

另一方面，这种全球化亦没有走向绝对的"相对主义"，没有使得整个世界的文化和艺术走向零散化和碎裂化，以至于无法进行对话和交往；同时，也强调在这种对话中确保"民族身份"的实存。健康的全球化，理应不否认世界内各种"异质文化"的本己价值，而在全球性文化的涵摄下，鼓励各个"文化子系统"的良性发展，从而以非确定的文化"异"态充实了不同文化的间隙。更为重要的是，这种文化全球化倡导多元文化间"对话"的健康态势和语境。它力图从根本上消解文化强权带来的"不等价"基础，在承认不同文化的外部、内部差异之上提倡相互尊重、相互理解，并彼此进行积极的文化涵化和整合，最终达到多元和谐共处。

全球化进程的加速，提高了民族国家、民族社会的自我意识，巩固了各民族对自身的认同感，"民族身份"的问题随之凸显出来。这是由于全球化不仅造成本族与他族、他族与他族之间的频繁交往，而且本族自身、他族自身的内部沟通也继续深化了，这些都使民族国家、民族社会愈加认识到自我与他者的不同。实质上，这是一种在全球化之"同"的基础上再认识到的"异"，它不同于全球化之前的那种"自为的差异"，而是一种在全球化氛围内自觉的求"同"存"异"。这种更高层次的"民族身份"已成为全球化进程中的伴生现象，它是各个民族国家、民族社会在新的历史语境中重新认识自我的产物。

如此说来，作为"全球化"的美学、艺术和文化，也要遵循这些"全球对话主义"的基本原则来加以建构，一面要融入全球化巨潮的怀抱，一面还要标举出自己的民族身份。处于"全球化"与"民族性"之间，将始终成为当下与未来的美学、艺术和文化建设的"内在张力结构"。

# 当代全球美学的"文化间性"转向

2006年6月26日至28日，由中华美学学会、中国社会科学院哲学所和四川师范大学共同主办的"美学与多元文化对话"国际学术研讨会于四川成都召开。来自国际美学协会的二十余位理事和国内四十余位学者参加了本次会议，围绕着"美学与多元文化对话"主题，展开了充分的讨论和交流。本次会议形成了这样的共识：今日的全球美学面临着"文化间性"转向的问题。过去的理论家是从东往西看、从南往北看，如今则要改变观念，要在世界的舞台上展现东方和南方在过去和现在是怎样看西方的。

国际美学协会主席海因斯·佩茨沃德指出，当代全球美学的三种主流分别是作为"艺术哲学"的美学、"自然环境美学"和"日常生活美学"，但是，文化之间的美学对话和交往，势必在今后的美学建构中愈来愈重要。在致辞里面，他开宗明义地提出了"文化间性"的主张，强调了起源于印度、中国、非洲，以及拉丁美洲的哲学的同等价值，强调了不能预设一个源自雅典和罗马的西方哲学模式，"永恒哲学"的公式理应是一种在全球各个地方的鲜活的存在。因而，"语境普遍主义"就成为一个有价值的立场，必须将"普遍性"与"语境性"结合起来。从这样的模式出发，才能真正看到美学的核心概念在特定文化中的哲学风格的独特性，看到美学与伦理学的关系在不同文化之间是如何转移变化的。中国美学学会会长汝信先生的致辞，同样将"文化多样性"提高到方法论的高度，认为中国美学、印度美学、伊斯兰美学具有各自的特殊性和不同于他者的差别性，它们同源自希腊罗马和基督教文化的西方美学具有异质性，开展不同文化之间的对话和交流无疑是维护和发展文化多样性的正确途径。本次会议的目标和构架，就这样被共同确立了下来。东西方学者共建全球美学的事实，可以呈现如下。

## 一、从东方看西方:传统对当代的启示

传统东方文化对于当代美学的建构,无疑是曾被忽略的重要美学资源,特别是中国儒、道、禅三家的美学在当代视野里焕发了青春的光彩。香港的文洁华从儒家的本心仁体的"心性之学"出发,认定美感经验可见内在而超越之理,从而反驳了"审美经验终结"的理论;认定美感经验其实具有内在的正面价值,它是一种现象学意义上的活泼经验。韩国的金明焕从道家美学的角度探讨了当代"戏剧空间"的问题,指出戏剧内部的诸种角色是要以"在"与"无"的方式来构成的,需要从道家的"有无相生"的观点来重新阐释。刘悦笛从后现代艺术流派"大地艺术"的自然审美取向中,找到了其与中国原始道家的"道法自然"思想的内在相通之处。从这种"天地有大美"的美学取向,可以来探求"艺术的终结"与"景观的终结"的双重难题。荷兰的德默尔先生,近年来致力于当代信息技术的美学研究,他让禅宗思想与当代电子文化之间撞击出火花。

## 二、从西方看东方:传统的现代化

**1. 西方文化中的东方美学**。欧洲的审美文化也并不是与东方文化绝缘的,在历史上也曾受到东方风格的影响。德国的格尔德-黑尔格·弗格尔就以大量的图片描述了18世纪欧洲艺术中的"土耳其风"。"中国风"和"日本风"也曾在欧洲文化中产生了类似的激荡,不过,他更多地指出土耳其也曾是西方想象的对象。美国的科提斯·卡特通过美国摄影家沃斯沃绘画主义拍摄所见的印度,揭示出该摄影一部分是以浪漫主义为基础,一部分植根于后现代主义,亦具有某种"文化干涉"的成分。

**2. 非西方美学的现代化进程**。传统的非西方美学究竟是以什么样的方式被现代化的?这样的现代化具有什么样的意义?这些问题也是学者们的聚焦点。土耳其的约尔·艾尔桢直接面对的是"土耳其文化中的美学现代化"的问题,以土耳其视觉艺术的历史直至19世纪后期缓慢的西方化过程为例证,论述传统的土耳其美学性质究竟是如何部分地留存在现代语境之中,而又部分地逐渐消失的。波兰的皮特洛·让·普雷兹比斯认为,与

全球化在文化和在消费者社会中的显示相伴随的，一方面是艺术的去审美化，另一方面是日常生活的审美化。

## 三、东西方互看：比较美学的视野

1. **文化间性的美学比较**。如何呈现在历史中形成的不同文化之间的美学的整体性差异，是比较美学的重要课题之一。俄罗斯的康士坦丁·多果夫认为，印度文化以祭祀传统为基础，寻求隐藏的意义以达到涅槃，中国文化从本质上是超自然、超宇宙的，日本文化则规定了人类与自然的结合及其神性性格。高建平认为，中国绘画所需要的是笔墨意味中体现出的书法式的勾画线条的能力，而欧洲绘画所需要的是一种实用几何学，这种区别反映出中西绘画的总体精神的差异。

2. **由美学出发的文化互动**。日本的小田部胤久对鼓常良这位用欧洲语言阐发日本美学的先驱进行了个案研究，论述日本艺术被赋予的"无框性"特质，从而将之作为文化相互作用的一个有贡献的例证。曾繁仁强调，要通过中西古今交流对话的途径，建设发展新的生态审美观，使生态观、人文观与审美观得以统一。

3. **比较视野内的亚洲美学**。在文化对话的语境里，亚洲美学更多地被纳入比较视野来看待。波兰的维尔柯茨斯卡以纪贯之在为第一个日本诗歌合集《古今和歌集》的序言中所提出的表现思想为依托，得出东方表现思想的源泉不同于西方表现理论的这种不可通约的结论。北京大学的彭锋认为，中国艺术不反对模仿自然、表达情感和语言的重要性，因此具有再现、表现和符号表达的成分。钟仕伦和李天道论述了中国传统美学中的注重主体表现意识的自由精神，认为这种自由精神又集中地体现于"自得"与"得之于内"说。

## 四、美学对当代艺术和文化的应战

1. **当代艺术的哲学反思**。如何反思当代艺术的发展，是当代美学的前沿问题。斯洛文尼亚的阿列西·艾尔雅维奇认定,艺术品是作为一个"事件"得以运作的。这似乎也符合当下艺术行为的历史走向,将"事件"这一崭新的观念运用于艺术哲学。美国的泰勒斯·米勒,其研究更具前卫色彩,他研究了20世纪60年代的各式各样的作曲家的工作,探讨了新先锋派构造的标记问题。

2. **关于"艺术终结"难题**。对艺术终结的探讨,在21世纪仍然火热,已经成为一个全球性的问题。海因斯·佩茨沃德区分出"好的艺术终结"与"坏的艺术终结",前者是指艺术的成功终结,亦即日常生活变成艺术,后者则是指艺术的商业化。阿列西·艾尔雅维奇将"三个世界"的政治理论拉到了终结问题里,认定终结的只是第一世界的艺术,第二世界、第三世界的艺术仍是生长的。笔者则从审美逻辑的角度来看待这个问题,认为艺术终结在观念里、回归到身体、回复到自然是三条终结之路,此后产生的分别是观念主义美学、身体过程美学和自然环境美学。

3. **重思文与图的关系**。美国的安东尼·卡斯卡蒂以"柏拉图以后的文本与图像"为研究对象,认为对柏拉图的后现代批判可以很好地适应于对图像与文本的价值恢复。克罗地亚扎格勒布的拉德曼讨论的是"联觉"的审美综合问题,也就是"看到声音"或"闻到图像"之"通感"问题。立陶宛的马托尼斯将研究重点集中在图像、声音和语词艺术之间关系的本体论基础上。

总之,"美学与多元文化对话"国际学术研讨会取得了预期的学术成果,在东西文化之间搭建了相交通的桥梁,对于推动美学上的"文化转向"以及它的"文化间性"的运动都起到了积极的推动作用。2007年在土耳其安卡拉即将召开的第十五届大会的主题就是"美学为文化间架起桥梁"(Aesthetics Bridges Cultures),在东西方的美学学者看来,这正在成为当代美学的最新动向。

(原载《哲学动态》2006年第10期)

# 在文化间架桥的当代美学

2007年7月9日至13日,第17届国际美学大会在土耳其安卡拉召开,来自五大洲四十多个国家的四百多名学者参加了这次盛会。本次会议以"美学为文化间架起桥梁"为主题,举办得非常成功,现综述如下。

## 一、艺术与哲学:分析美学的东西视界

艺术问题一直是美学研究的重心,分析美学在20世纪为此做出的巨大而独到的贡献有目共睹,而且分析美学的研究者仍在反思这个问题。当代哲学家约瑟夫·马戈利斯在开幕式上的发言《艺术的状态》,明确反对康德"超验的转向"及其所形成的一种"普世性"追求,并认定这种普世性抽掉了历史,从而要最终回到一种"后康德主义"与黑格尔的"历史主义"那里来重新审视审美的本质和边界。理查德·舒斯特曼在《艺术与宗教》的主题发言里,首先区分了在西方语境里艺术与宗教关系的不同层级,进而提出艺术能否在被历史上的宗教所区隔和分化的文化之间架设桥梁的问题。苏珊·菲金在《艺术中的叙事》的发言里,从反对彼得·拉玛克的观点出发,认为叙事具有不同于纪事和编年史的独特魅力,恰恰是由于"叙事"的范畴是与对艺术的理解和鉴赏息息相关的。汤姆·罗克莫尔在《评论艺术终结》的发言中,认为要在"艺术与知识"的张力之间来考察终结问题,并且要关注艺术的开端和终结之间的平衡,至少有一种"感性艺术"不会终结,事实上这种艺术尚未开始。王柯平在《禅宗公案视野中丹托的艺术界理论》的发言里,辨析了阿瑟·丹托引用禅宗公案的误读之处,并从禅宗的本义出发来呈现中西思维的根本性差异。刘悦笛在《观念、身体与自然:艺术终结与中国生活美学》的发言里,将艺术终结问题

置于全球化的视野中来考察，认为艺术终结不仅仅与宏观的历史终结间接相连（如黑格尔所见），也非仅仅微观地与"艺术史终结"相系（如丹托所见），而是与"现代性历史的终结"直接相关。柯提斯·卡特在《纳尔逊·古德曼的视频与呈现》的专题展示里，为人们展示并评论了分析哲学家古德曼所导演的实验电影《曲棍球所见：三个时段和突然死亡的梦魇》，试图将古德曼著名的"艺术的语言"理论转换为视觉形象呈现出来。

## 二、都市与自然：美学拓展的两条新径

"都市美学"与"自然美学"，是当代国际美学界被普遍关注的两个新的生长点。海因斯·佩茨沃德一直引领着都市美学的研究。他从卡西尔的符号学理论出发考察都市文化，从而使得他的研究具有了哲学品格。在他所主持的"建筑与都市"专题会议里，一批学者致力于在更广阔的语境里重新考察建筑在艺术系统内的定位、建筑与文化精神的范式呈现、当代建筑的风格特征等问题。与此同时，关于自然美学与环境美学的探讨仍在持续。于尔约·塞潘麦在《如何理解自然美和文化遗产》的发言里认为，面对自然就像面对文化一样，需要观照者拥有诗意的眼光，"自然之书"在人们面前始终是开放的。唐纳卡在《东西风景中的空间理论》的发言里，从郭熙《林泉高致》"高远""深远""平远"的中国"三远"之法出发，探讨了在其影响下日本风景的空间观念及其与西方的距离。米兰尼在《作为真实景观的文学景观》的发言里面，将景观的意义和价值作为审美范畴加以理解。他通过展示景观的不同类型，从而揭示出其中的主旨在于隐喻，并由此区分出真实的景观与被呈现的景观之间的差异。

## 三、审美与政治：社会转型的前后变迁

随着欧美社会的后现代转型，"政治美学"及其相关问题也被再度凸现了出来。阿莱斯·艾尔雅维茨在《艺术与政治》的发言里，从历史的视角探讨了艺术与政治的关联。他认为，艺术的政治地位是随着现代历史

阶段的出现而产生的，特别与法国大革命和政治的艺术再现相关联。安东尼·卡斯卡迪在《浪漫政治与革命艺术：先锋艺术的宣言》的发言里，认定在20世纪欧美的现代主义艺术内部，一种浪漫欲望与激进的社会转型始终纠结在一起，这种"浪漫计划"植根于席勒的美学思想中。帕特里克·弗洛里斯在《后殖民的危险：艺术现代性与国家的不可能性》的发言里，考察了非西方世界的艺术是如何将社会状态和欲求的形象嵌置于后殖民的历史中的。苏瓦科维奇在《柏林墙倒塌后的政治和艺术》的发言里，展现后现代社会、文化和艺术的多元性是如何进入全球化时代，进而重塑了社会、政治、文化和艺术的"地域—全球"关联的。黑尼克斯在《政治与美学相联：撰写20世纪艺术哲学史的新范畴》里，试图以政治美学的视角重新审视和挑战20世纪的整个艺术哲学的撰写范式。俄罗斯著名美学家多果夫在《反抗暴力的美学》的发言中，也展现出自己对于伦理和美学关联的独立思考。

## 四、媒介与技术：电子文化的美学之思

新媒介和电子美学问题，成为当代技术美学的前沿课题。乔斯·德·穆尔在《电子复制时代的艺术作品》的发言里，凸现了电子时代艺术作品的新的美学价值，即"操纵价值"，这种艺术品是内在不稳定的并超越了时空的必要性，最终"电子艺术的政治学"和"电子政治的美学"也由此被展现了出来。热内·德·瓦尔在《互动性：解释与设定之间》中，更关注"互动电子艺术"的文化问题。他试图追问身体表演是否是电子艺术的特权，由此一种"述行的表达"的观念在某些互动电子艺术中得以发展。朱迪思·万帕克在《论德勒兹理解电子艺术的优缺点》的发言中，试图在德勒兹的"前电子"美学与电子艺术分析之间找到一条通道，并进而追问电子艺术真的是后现代展现自身的领域吗？安德内·努塞尔德在《空间探索的电子美学》的发言里，仍借助精神分析美学来阐释当代的一种宇宙探索计划，从而力图说明科技与幻象欲望是如何得以有机融合的。

## 五、美学与亚洲：多元美学的全球视野

亚洲美学在本次会议上扮演了重要的角色，它成了沟通中西美学的桥梁之一，并与其他各大洲的美学一道展现了全球美学的多样性。在"亚洲多样性"的主题会议上，作为主持人的高建平重申了在现代挑战中的亚洲美学的多样性，认为不同的亚洲美学来自不同的文化传统，其中包括儒家、佛教、印度教、伊斯兰教等，从而走出了不同的美学之路。小田部胤久在《多大程度上是日本美学：论现代日本的自我形象》的发言里，全面而细致地阐释了"亚洲"作为一个外来概念是如何从17至19世纪在中日文化中被使用的，进而确认了日本美学是建基于以儒家和佛家为根据的亚洲文明基础上的，现代日本美学的两极张力就是西化与反西化。穆克吉在《走向表演的模仿》的发言中，通过中西文化和美学的一系列范畴的比较，阐释了一种印度化的独特的模仿理论亦即"拟态"理论，从而反对一种物质化的西方与精神化的印度的二元对立。文洁华在《先秦儒家文本和女性肖像画涵义中的"阴"的概念》的发言里，试图从女性主义美学的角度来重新阐释儒家文本《诗经》和明代绘画，从而展现出"阴"概念的多样性及来自性别视野的"女性"的含义。彭锋在《呈现中的美》的发言中，试图从现象学的角度阐释中国传统美学，认为其中的审美对象是一种全面的存在。

当然，在亚洲美学之外，土耳其美学与美学在土耳其专题、地中海美学专题等也都在本次会议中得到了集中的探讨。诸如格尔德—黑尔格·弗格尔这样的德国学者，也对"土耳其的洛可可风格"问题进行了全面阐释。本次会议的许多议题都是沟通东西的。

除了以上列举的重要议题之外，比较重要的专题还有艺术哲学、康德美学、日常生活美学、伦理美学、解释学与文学批评、挑战全球化、地域与全球文化、跨越边界与他者、东方主义与西方主义、文化范式转型、新艺术与新技术、高级艺术与低级艺术、流行艺术、艺术家、性别主义与女性主义、设计与教育、色彩、音乐、建筑，等等。总之，本次会议凸现了当代美学的"文化间性转向"的基本特质，东方美学亦在其中扮演了越来越重要的角色。

（原载《哲学动态》2007年第10期）

# 艺术学：舶来品，还是本土货？

艺术学学科在中国当代可谓方兴未艾，特别是作为一级学科的推力，已形成推波助澜之势。作为多学科丛聚的交集，艺术学无疑正在成为当代中国学术的新生长点。然而，在新的学科全面建构之前，先需要明确的是，艺术学是哪里来的？这就需要从全球的视野来观照艺术学"中国化"的发展。

有趣的是，秉承着盎格鲁—撒克逊传统的英美诸国，却根本没有"艺术学"这门学科，那么，中国的艺术学究竟来自何方呢？恐怕首先可以肯定，艺术学并不是英语学界的产物。Art Studies 虽为艺术学的对应译名，但它只是艺术研究的意思而并未上升到学理的高度。英语学界似乎更倡导从"艺术理论"（art theory）到"艺术哲学"（art philosophy）的研究。

英美的"艺术理论"，更多指的是狭义的视觉艺术理论探究，如今虽有扩大到整个艺术领域的趋势，但它基本上还是与艺术史、艺术批评并列的理论学科。用英文书写的"艺术哲学"，则覆盖了所有的艺术领域，它主要是指按照分析美学原则所进行的对广义艺术的总体研究。整个 20 世纪后半叶，整个英美学界都是分析传统的哲学占据绝对主导，所以分析美学也成为美学的唯一主流，而分析美学就是以艺术的哲学探讨为基本任务。所以，就形成了这样的现象，绝大多数以"美学"导论为题的著作，主要讲述的是艺术定义、艺术本体、艺术再现、艺术表现、艺术阐释这样的艺术哲学问题，而以"艺术哲学"为题目的著作基本上就是这种分析美学探讨。

好在"美学 = 艺术哲学"的国际美学的主流趋势，在 20 世纪末期终于遭到挑战，随着美学视野向"环境美学"与"生活美学"的拓展，当今的美学疆域显然已不再囿于对艺术的普遍化研究了。然而，"艺术理论"研究的广度与深度无疑都在扩大与深化，从而成了一种积聚门类艺术研究、心理学、社会学与人类学的宽泛的综合学科领域，但却始终没有归入"艺术学"的大构架中，这是我们与英美学界的基本差异。

实际上，东亚学界（包括中国在内）所谓的"艺术学"研究，是在德语学界传统影响下的现代产物。来自德国的"艺术科学"（Kunstwissenschaft）研究，更多秉承了那种注重理论综合与思想提升的德意志理念论传统。德国人费德勒（1841—1895）之所以被称为"艺术学之父"，就是因为他在1887出版的那本名著《艺术活动的根源》。他采取了"与近代思考方式截然另类的实证主义"来统观所有的艺术，艺术学科由此得以初步确立。可惜这本书始终没有中译本，我们目前已将20世纪80年代李泽厚主编的"美学译文丛书"推展为"美学艺术学译文丛书"来继续出版，就将这本树立艺术学学科的专著纳入其中。

但使艺术学在国际上产生真正影响的，还是德国美学家和心理学家德索阿尔（1867—1947）。这位20世纪初国际美学界的领袖人物，以其1906年的主要著作《美学与一般艺术学》与创办的《美学与一般艺术科学评论》杂志，还有1913年在柏林主办的第一届国际美学大会，使得艺术学最终从美学中独立出来。假如说美学与艺术学的分界一定要有一个坐标的话，那么，《美学与一般艺术学》就可以作为界碑。日本学界的基本情况也是如此，艺术学研究后来从美学中逐渐脱离出来，从而形成了目前美学与艺术学研究颉颃发展的局面，并形成了相关的两大协会对峙的格局。

美学与艺术学分别建设的结构，在中国其实早已出现。我们现在还可以看到，中国美学家宗白华除了有写于1925—1928年的《美学》讲稿之外，还有讲于1926—1928年的《艺术学》讲稿，这些都是按照德索阿尔的分界思路构建的。宗白华在留学德国期间就曾听过德索阿尔的课，在创建自己的艺术学原理的时候，他在许多问题上都直接援引了德索阿尔的美学思想，如美感分析方法、美感范畴分类等。在很大程度上，当时中国的艺术学研究都受到了德索阿尔的影响，滕固在《艺术与科学》等文中都曾直接引用过德索阿尔的思想，并极为赞同艺术学从美学中独立出来。滕固还曾盛赞过"艺术科学热忱发达的今日"，他的《诗书画三种艺术的联带关系》原文是用德语写成，并在1932年7月20日在柏林大学哲学研究所德索阿尔的美学班上宣读过。

由此可见，艺术学"在中国"的建设，我们已经有了非常优良的传统。笔者认为，这个传统至少可以从1924年《东方杂志》杂志社编的《艺术谈概》开始算起。这之后，我们可以罗列出这样的名单：黄忏华的《美术概论》（1927）、范寿康的《艺术的本质》（1930）、徐蔚南的《艺术家及其他》，（1929）、邓以蛰的《艺术家的难关》（1928）、李朴园的《艺术论集》（1930）、倪贻德的《艺术漫谈》（1930）、林文铮的《何谓艺术》（1931年）、徐朗西的《艺术与社会》（1932）、夏炎德的《文艺通论》（1933）、洪毅然的《艺术家修养论》（1936）、丰子恺的《艺术趣味》（1934）、向培良的《艺术通论》（1940）、蔡仪的《新艺术论》（1947）、潘澹明的《艺术简说》（1948）、岑家梧的《中国艺术论集》（1949）。可惜的是，这个传统随着20世纪中叶美学占据主导地位而中断，现在则到了续接"中国的"艺术学传统的时候了。

无论怎样说，当代中国的艺术学研究，始终都是处于"中西视界融合"的张力之间。艺术学对于我们来说既是舶来品，所以才有艺术学"在中国"的引入问题；又是本土货，所以才有"中国的"艺术学的新建问题。究竟如何实现从中国"艺术学"到"中国"艺术学的转换，就成为我们艺术学界的基本治学方向。

（原载《中国社会科学报》，2012年3月14日）

第四辑

# 知人论世：对话美学家

# 当今艺术理论的"哲学化"
## ——与丹托的对话之一①

**刘悦笛：**您是当今世界上著名的分析哲学家，曾任美国哲学协会主席，那我们就从盎格鲁—撒克逊的哲学传统谈起，它始终难以在中国本土位居主流。如果从弗雷格（Gottlob Frege）原创性的思想算起，分析哲学已经横亘并穿越了整个20世纪，迄今仍是英语哲学界占据主导的哲学主潮。然而，在分析哲学的旗号之下，却囊括了太过丰富的哲学流派、哲学门类甚至是相互冲突的哲学思想，几乎难以将之统合在一起，甚至有论者认为根本就不存在"作为整体"的分析哲学。你在其中也做出了自己的贡献，比如在《行动的分析哲学》（*Analytical Philosophy of Action*, 1973）中所做的相关研究，另一位重要的哲学家唐纳德·戴维森（Donald Davidson）就曾对作为同行者的你的"行动理论"（action theory）有所评价。但是，戴维森认为采取不同描述的行动不能改变其"同一性"，而你却相反地把行动从范畴上区分为"基本行动"（basic action）与"进一步行动"（further action）。这样如此异质的思想，究竟如何被统一在分析哲学之下的呢？

**丹托：**严格地说来，分析哲学并不是一种哲学，而是能够用于解决哲学问题的一套工具。我认为，如果没有哲学问题，那么，这些工具便毫无用处。比如在我的《历史的分析哲学》（*Analytical Philosophy of History*, 1965）一书里，我便使用了这种工具去建构历史语言的显著而特定的特征，其目的就是为了解决历史知识的某些本质性的问题。

---

① 阿瑟·丹托（Arthur C. Danto, 1924—2013），生于美国密歇根州安纳保，哲学博士。当代美国著名哲学家、美学家和艺术批评家，哥伦比亚大学约翰生研究（Johnsonian）荣誉哲学教授。曾任美国哲学学会主席、美国美学协会主席、《哲学杂志》编委会主席、《国家》杂志专职艺术批评撰稿人。

**刘悦笛：** 这就进入到"历史哲学"的另一个领域了，我们等会儿还要讨论。这也是许多学者误解你的原因，他们更多的是把你看作"历史主义者"（historicist），其实你无疑仍是一位"本质主义者"（essentialist）。这从你的《历史的分析哲学》、《知识的分析哲学》（*Analytical Philosophy of Knowledge*, 1968）和《行动的分析哲学》这三本重要的哲学著作中就可以看出来。这种本质主义的思路，从你的历史、语言和行动哲学研究直到艺术哲学研究都是一以贯之的，可以说你就是一位使用了分析工具的"本质主义者"吗？

**丹托：** 的确如此。我在艺术哲学上的大部分早期作品都是本体论的，其所追问的是"什么是艺术品"，亦即追问一件艺术品与一件日常物之间的差异是什么。这也就是说，所追问的是，某物成为一件艺术品的必要条件究竟是什么。如果"$x$ 是艺术品"满足了"$x$ 是 $F$"的条件，那么，$F$ 就是一个必要条件。这就是关联所在。

**刘悦笛：** 你晚期转向了对"可见物"（visible-material）的哲学研究，这是否意味着，你的研究就与普特南（Putnam）、戴维森、库恩、罗尔斯（Rawls）这些规范的"后分析哲学"（Post-Analytic Philosophy）诸家们渐行渐远了。好像在共同的哲学道路上，只有纳尔逊·古德曼（Nelson Goodman）还与你有共同的取向。视觉化的对应物而非仅仅是诉诸语言的思想和逻辑，也被视为另一种"构建世界"（Worldmaking）的方式，你似乎也有一种在根本上建构"系统唯理论哲学"（systematic rationalist philosophy）的企图。

**丹托：** 我利用分析哲学的工具，就是为了发展出一种哲学。

**刘悦笛：** 谈谈你从分析哲学到分析美学的重要转型吧。我在北京大学出版社主编"北京大学美学与艺术丛书"的一个目的，就是想推动分析美学在中国的深入研究。我试图找到这种从哲学到美学的关联，现在看来起码有三种。其一是分析的基本方法，你自己也承认所从事研究的结构都很像分析哲学的结构；其二是由行动理论的区分可以推演到美学上的"感觉上不可分原则"；其三则是历史叙事理论直接为你的"艺术史叙事"理论所借鉴。

**丹托：** 我关于"艺术的哲学"（the philosophy of art）的最初著作是关于本体论的，也就是去寻求某物可以成为艺术品的必要条件。我最初对于美学的关心，实际上就构成了这种诉求的一部分。我得出的结论是，美学并没有成为"艺术定义"（the definition of art）的一部分。作为一条整体性的规则，当哲学家们思考美学问题的时候，他们所关心的是美。我认为，存在着数不尽的审美特性，但它们之中没有一种是具有本质属性的。

**刘悦笛**：以往美学往往成为哲学的婢女，伟大的美学家首先都是哲学家。

**丹托**：非常重要的是，我觉得要将美学从艺术的哲学中分离出来。按照这种方式，我才能够按照科学的哲学（the philosophy of science）的方式来探索艺术的哲学。

**刘悦笛**：但分析美学研究中那种"唯科学主义"（scientism）的色彩和倾向，似乎仍是那么重，这也是分析美学的整体宿命。古德曼将审美当作一种认识则走得更远，其实可以从东方智慧来纠偏，当然这里没有孰高孰低的价值判断问题。很遗憾，你没有参加这次在土耳其安卡拉举办的第十七届国际美学大会，还有一位美国哲学家汤姆·罗克莫尔（Tom Rockmore）在《评论艺术终结》的主题发言中，试图从艺术与知识的关联来看待艺术终结问题。当你反思"哲学对艺术的剥夺"的时候，如何看待这种关联呢？

**丹托**：我并没有确定我理解了这个问题。或许，你就是在问，艺术与知识究竟是什么关联？众所周知，柏拉图攻击艺术的一部分，就是否定艺术家能知道任何东西。我的观点是认为，就连科学都不是柏拉图所谈论的那种知识。所以，柏拉图关于知识的观念一定在某些方面出错了。

**刘悦笛**：这或许关系到艺术与世界的基本关联。

**丹托**：但在总体上，我觉得，一件艺术品都在按照一定的方式来呈现世界，也就是说，它呈现了一种意义，这构成了我的艺术定义的一部分。而意义则容许真理价值（truth values）的存在。所以，大概可以这么说，艺术家所传递的是一种知识，或者尽量去传达一种知识。

（原载《学术月刊》2008年第11期，《从分析哲学、历史叙事到分析美学——关于哲学、美学前沿问题的对话》一文的第一部分）

# 丹托的姗姗来迟与恰逢其时

## 一、迟到的艺术理论

对中国的艺术界和思想界来说,阿瑟·丹托的艺术终结观念真的姗姗来迟!

在丹托1984年提出艺术终结而一鸣惊人的整整二十年之后,这个观念才开始在中国产生应有的影响。这也许是理论在各个国家之间旅行的"迟到",但可喜的是,丹托的两本重量级著作《艺术终结之后》(After the End of Art, 1997)和《美的滥用》近期被译成中文,为中国读者了解丹托的艺术哲学思想和艺术批评面貌提供了非常重要的文本。

阿瑟·丹托何许人也?

他是拥有双重身份的人。如果从纯学术的角度看,这位哥伦比亚大学的荣休教授,曾担任过美国哲学学会的主席、美国美学学会的主席、美国《哲学杂志》的编辑,在分析哲学和美学领域几乎登峰造极,被视为"当代最杰出的哲学家"之一。如果问及谁是当代美国艺术界最具"影响力"的艺术批评家时,恐怕又非这位哲学家莫属。从1984年开始,丹托成为拥有一百多年历史的美国老字号《国家》杂志的艺术批评撰稿人,媒体的推介更使得他在艺术圈内外名声大噪。有趣的是,哲学家与艺术批评家,这两种看似相距甚远的角色,在丹托那里得到了"奇异的结合"。

在欧美炙手可热却在中国少有关注,类似的情况恐怕只有在当代著名"公共知识分子"乔姆斯基那里出现过,后者本为语言学家却由于其政治评论而世界闻名。另一位在国内没有得到相应地位的艺术史家,就是在1984年与丹托"异曲同工"地提出艺术终结的德国人汉斯·贝尔廷(Hans Belting),他以"艺术史终结论"同丹托的"艺术终结论"颉颃并行。21世纪才开始翻译丹托的这些书,相信定会令国内学人和艺术研究者有"相见恨晚"之感!

就是这样一位国际型的哲学家、美学家兼艺术批评家的著述,居然在中国现在才开始译介。对丹托专著的尝试性翻译,起于20世纪80年代初,起于那套由李泽厚担任主编的著名的"美学译文丛书"。李泽厚原计划要翻译一百本国外美学书籍,当时较新的一本就是丹托1981年出版的《平凡物的变形》(*Transfiguration of Commonplace*)。然而,历史的机缘却使我们错过了与丹托"邂逅"的机会。

## 二、丹托的理论三部曲

《艺术终结之后》与《美的滥用》(*The Abuse of Beauty*, 2003)是丹托艺术哲学发展到晚期的产物。丹托早期的思路,基本上是以规范的"分析美学"为主导的,他在1964年提出了"艺术界"(artworld)理论,深刻地影响了其后的分析美学的建构;在1981年提出了"普通物品的转化"说,从而彻底转向艺术哲学和艺术批评;1984年提出著名的"艺术终结"论之后,他成为全球的明星式学者。这环环相扣的"三部曲",使得丹托早期的美学得以充分地展开。

然而,早期的美学还没有将他的潜能完全释放出来,在晚年的丹托自己看来,他的艺术哲学发展至今,主要由三部著作构成:1981年出版的《平凡物的变形》、1997年出版的《艺术终结之后》和2003年出版的《美的滥用》。后两部著作与第一部相距了十多年,是因为1984年艺术终结理论的提出可以作为一个"分界点"。1984年前,属于丹托美学的早期形态;1984年后,则属于丹托艺术哲学的晚期形态,他的思想在更广阔的范围内驰骋,或者说,他的艺术哲学思想在后来才真正得到完整的总结。

到了《艺术终结之后》时期,丹托的视野更加开阔,运思更加空灵,这是因为在艺术终结论被提出并得到广泛关注之后,他似乎终于找到了使之精神振奋的新的理论生长点。但艺术与普通物的界限,仍是丹托逡巡反思的所在。丹托早已确定,他看到安迪·沃霍尔的《布里洛盒子》展的1964年,就是艺术终结之日,其聚焦点在于——波普艺术是如何赋予这些日常生活的图像以艺术价值的?这样,《布里洛盒子》被丹托当成了"哲学化"的艺术品。按照他的思路来推论，首先，在沃霍尔的《布里洛盒子》以适当的哲学形式提出"什么是艺术的本质"的问题之后，艺术就走向终结；其次，在这个问题提出之后，艺术史不能得以继续，这是由于艺术品，归因于它们的简略的和分裂的本质，甚至将不能回答这个问题，因为这种答案需要上升到一致性的观点。

《美的滥用》作为丹托最新的美学专著之一，让人感觉到经过对艺术的哲学反思之后，丹托又开始回到美的哲学问题的系统化解析上面。或者说，他又重新关注艺术与美之间的关系这个古老的问题。丹托反对一种美学狭隘化倾向，也就是将美学越来越窄地与美等同起来，同时也在"美的艺术"中将美与艺术勾连起来。

更深入地看，丹托反对的是启蒙运动对美的至高无上地位的赋予，反对的是这种话语霸权一直延续至今的状况，在这个意义上，他是"反启蒙现代性"的。按照他的理解，美不但已经从20世纪60年代的高级艺术中消失，也从那十年的高级艺术哲学领域中消失，从此以后，美如明日黄花彻底斩断了同艺术的关联。其实，这个论点并不新鲜，他无非是要展现出艺术不再"审美地"向接受者呈现，美早已不是艺术家的核心关注点，这在现代主义艺术运动之初的实践中就已经显现了。

但是，按照丹托的阐释，"难以驾驭的前卫艺术"才是艺术与美分离的真正破坏力量。这种艺术的成就"除了通过证明不具有美的东西可以成为艺术、从而把美排除在艺术定义之外"，还佐证了"艺术拥有相对多的可能性"，而这恰恰促使了"多元主义"的艺术终结时代的来临。既然美早已不是唯一具有价值的美学特性，那么，艺术创作和艺术批评也不再关注传统的视觉愉悦，反而是要呈现一种更重要的意义。更形象地说，艺术家已经成为哲学家过去做的角色，指引着我们思考他们的作品所表达的东西。这样，"真实性"成了更重要的诉求，艺术家在创造意义，批评家将作品的意义与传达意义的对象联系起来，接受者通过这些感受到了意义。所以，随着艺术时代的"哲学化"的到来，"视觉性"逐渐地散去了，艺术必然走向了终结！

## 三、艺术终结论的提出

《艺术终结之后》展现的是丹托的一整套的"艺术史哲学"观念。他自己也承认,《平凡物的变形》《艺术终结之后》和《美的滥用》放到一起就是对20世纪60年代开始而持续至今的艺术史发展的回应,他也感谢他所经历的那个现代主义时期业已结束、新的革命时期已经开启的时代。正是感受到了时代的风风雨雨,丹托可以用自己的"艺术哲学"来见证他所见的"艺术史",反过来说,他的"艺术哲学"正是从"艺术史哲学"中生发出来的。

丹托正是这样一位面对艺术史,特别是当代艺术史剧变而勇于发言的最突出的思想者。这也许是因为,现代艺术与当代艺术的差异到了20世纪70、80年代才变得清晰,丹托洞察到了这种差异的嬗变。按照丹托的理解,"艺术史"对于"艺术哲学"具有提问式的历史作用:当艺术家创造出呈现了"艺术的哲学本质"的艺术的时候,艺术本质的哲学问题的真正形式才可以被"历史性"地提出。

《艺术终结之后》通过对艺术终结之后三十年的艺术状态和理论状况的梳理,使人们看到艺术史的终结就完成在关于"艺术是什么"的哲学理解上面。换言之,既然艺术的哲学问题已经从艺术史内部澄清了,那么历史就已经结束了。这便是"艺术终结"与"艺术史终结"双璧合一的真谛。当丹托激烈批判西方艺术史上的所谓"瓦萨里情结"和"格林伯格情结"的时候,批判这两个情结背后所隐匿的"进步论"的时候,我们真的感受到他的书都是面向世界各地的艺术家的,因为他们希望对他们周围发生的艺术世界获得某种宏观的哲学画面,丹托恰恰做到了这一点,所以艺术终结所传达的观念从欧美诸国进入到全球共同体中而被广为接受。

丹托反复声明,自己和汉斯·贝尔廷提出的艺术终结论,并不等于宣称艺术已死,反而言说的是:关于艺术的某种"叙事"已经终结,但是被叙事的"主体"却没有消失。这也正是对丹托的全球性的误解:艺术终结=艺术之死。

如今,我们终于看到,丹托在中国毕竟"火"了起来,这恰恰是以本土艺术创造和艺术批判走到了这一步为历史景深的。如果没有背景、失去语境,那么任何舶来的新观念都只能成为"空穴来风"。正如丹托自己所感慨的，他有幸处于世界艺术中心纽约，感受到了艺术的急遽变化，所以才能有艺术终结的宣告。这就是为什么格林伯格对波普艺术及其后的艺术评价甚低，这恰恰是由于从传统的艺术批评观念出发难以看到当代艺术的剧变。新的艺术动向恰好被丹托以哲学家的眼光看到了，难怪王春辰曾发出"美学家，请对当代艺术发言"的吁求。

丹托从哲学、美学和艺术哲学再到艺术批评的转化，恰恰是将"哲学美学化"了、"艺术哲学历史化"了、"艺术批评哲学化"了。在中国的情况是如此，"讲坛美学"成了脱离当代艺术实践的"玄学"；其实在当初的美国的情况也是如此，丹托在求学期间就发现他所学习的美学理论对当代缺乏阐释的力量。在丹托之后，这个问题解决了，美学面对当代艺术的急速嬗变就应该从"阐释者"逐渐变成"立法者"！

从时序上看，尽管艺术终结观念来到中国晚了，但从历史的角度来看，它们的来临却是遇到了最佳的契机！为什么这样说呢？可以设想，假如将丹托艺术终结观念的引入再向前推二十年，或者就是十年，恐怕这些观念都不会对中国艺术界和思想界产生相应的影响。这是因为，20世纪80年代我们还沉溺于"现代主义"的艺术试验的时候，欧美艺术界已经向后现代阔步前进了，如果在一个"现代主义"尚未经历的国度嫁接艺术终结观念，那只会导致历史的"错位"。看来，艺术终结论在对于欧美社会也是迟到的，因为丹托将艺术终结点上溯到他1964年看到安迪·沃霍尔的展览时开始，但整整二十年后艺术终结理论才破壳而出。我们也可以说，正是由于中国艺术在90年代开始走到了后现代的"端口"，所以才让艺术终结观念最终踩到了"点"上。

照此而论，丹托的艺术终结观念，尽管"姗姗来迟"，但却"恰逢其时"！

当丹托表达艺术界的全球化意味着艺术向我们表达的是我们的人性的时候，我们看到这位耄耋老人深藏内心的乌托邦诉求。笔者也在2006年出版了与丹托同名的新著《艺术终结之后》，但副标题却定为"艺术绵延的美学之思"，这恰恰是源于与丹托一样的对艺术的期盼。的确，丹托拥有自己的信念：所终结的是艺术的叙事，而不是叙事的主题——艺术！

当艺术的故事走向终结之时，我们的生活才真正开始。

（原载《外国美学》2009年第1期）

# 素描李泽厚

看哪，李泽厚这个人！

他实在是很"特别"，以至于说他的时候，真不知从何下嘴。今年八十又一的他，曾拒绝给他搞任何庆生的仪式，但在内心，作为晚辈的我和"我们"这一代，仍在默默地向这位"尚且年轻"的老者致敬！

现在一谈到李泽厚，大家总是说他是"过去完成时"了。但他的《美的历程》居然持续热销三十载，又有哪一位敢站出来说：我的书三十年后还会大卖？李泽厚有这个自信，他宣称自己的书是写给五十年之后的读者的，西方读者真正要看懂东方那还得等一百年！每每看到《美的历程》入选"东亚学术经典""三十年30本书"的时候，就常常为他鸣不平。他的近代与古代思想史论其实分量更重，《华夏美学》也远比《美的历程》深刻，无奈这是大众的选择，他自己也并不喜欢别人总称他为"美学家"。

现在一谈到李泽厚，大家总是将他当成"批判的靶子"。但批评者却难以与他身处同等的"哲学的平台"上对话，批来又判去，反而让他的思想终于成了标杆，起码在美学领域没有后继者超越了他。李泽厚自认为他有哲学的对等对手，那就是他的老同学赵宋光，就是他们共同酝酿了实践美学的原浆。也只有在与李泽厚的当面对谈中，才可以"肆无忌惮"地享受思想海阔天空的愉悦，我想，陈明与刘东都曾感受到那种对话后的酣畅淋漓。

现在一谈到李泽厚，大家总是认定他的"实践美学终结"了。但如果将我们的美学原理翻译成英文，剔除我们深受西方思想影响的那部分，那么，最具原创性的"中国本土"美学，恐怕还是实践美学。起码，各种新的实践美学就是对它的正面发展，各种后实践美学则是对它的反面继承，可以说，当代中国艺术并没有摆脱整体的"实践"语境。

现在一谈到李泽厚，大家总是认为他"老了也不甘寂寞"。但指摘者却并不知道,凤凰卫视与中央电视台十套的编导曾通过我找过他,甚至不用访谈,只要同到南方游览让他们跟拍就成;但是,李泽厚托我带过去的原话是:韩日国家级电视台也都曾找过他,他之所以不"触电"亦不演讲,那是因为,其一"面目可憎",其二"言同嚼蜡",而吃饭加聊天,他却最欢喜了。真正使他欣慰的是,他的书面前还围绕着那么多的"静悄悄的读者"。

这就是李泽厚,一位如此"特立独行"而"性情"的人。

承蒙中国社会科学出版社赵剑英总编的好意,今年,我们将李泽厚主编的"美学译文丛书"恢复出版。我写下了"美学艺术学译文丛书"新版前言,其中提到我们这套"美学艺术学译文丛书",经过老主编的应允,就是要接续原来的学术传统,并期待这套从 21 世纪伊始重新起步的丛书,在历史上能尽其应尽的职责!

所以说,我们不仅要接着朱光潜与宗白华那一代的美学家讲,而且也要接着李泽厚这一代的美学家讲。李泽厚本人总是说,"我要走我自己的路",其实,我们这代人恰恰是要走过李泽厚已经走过的路,然后才能走我们自己的各自的路。

关于"生活美学",曾经与李泽厚做过多次的当面争论。最初,李泽厚曾讽刺说,生活美学就是姚文元的"照相馆里出美学",后来又断言,生活美学其实是从马克思退回到了费尔巴哈的水平,这些我都一一做了辩驳。在看过笔者 2005 年的《生活美学》一书之后,李泽厚又说,其实我们都是来自"生活美学"呀,意指车尔尼雪夫斯基的"美是生活"论被广为接受。李泽厚真正的突破,就在于在 60 年代用《费尔巴哈论纲》的实践观改造了车氏的"生活美学"。

后来几乎每次讨论,他都穷究这样的问题"我问你,什么是生活?""生活究竟来自哪里?"当然,他给出的备选答案就是:"生活来自实践","必定来自实践",所以生活美学还是要回到"实践"来加以看待。李泽厚总是说,实际上,实践美学并没有结束,它才刚刚开始呀! 2010 年 10 月 2 日晚上到他家对聊,临走的时候,他又对我重申:实践美学大有可为,要从实践的角度继续生活美学。

然而,李泽厚从来不强求你与他的观点一致。他会尽量说服你,但并不是"以强凌弱",而是希望你"心悦诚服"。明显的事实就是,他的诸多弟子中，居然没有一个是"实践派"。从赵汀阳的"无立场的世界观"到彭富春的"无原则批判"，更多的都属于逍遥自由派。但对于李泽厚的思想阐释得最有哲学高度的还是赵士林，难怪《华夏美学》的英译后记提到了他的相关阐发。其实，李泽厚的美学是"作为哲学的美学"，而非"作为美学的美学"，这也就是刘再复在《李泽厚美学概论》中所说的：李泽厚美学富有原创性与体系性的品格，更说明了这是拥有哲学—历史纵深度的追溯根源的"男人美学"，而非尼采所嘲讽的局限于艺术鉴赏的"女人美学"。

2010年夏天，在《读书》杂志编辑部、中国社科院哲学所美学室等多家共同主办的"李泽厚思想学术研讨会"上，与会者提出了一个非常有趣的话题——"李泽厚究竟像谁？"

有论者说，从马克思主义及其本土化的角度来看，李泽厚更像是"中国的卢卡奇"；从20世纪80年代的社会影响来看，李泽厚更像是"萨特在中国"，因为他当时在知识界也被推举为"青年导师"。还有论者说，李泽厚与中世纪思想导师阿伯拉尔（Peturs Abalard，1079—1142）一样，都属于思想暗淡时期寥落的孤星，而问题在于"为什么我们这个时代的思想家没有群星璀璨，而只有李泽厚这样的孤星？"在国外也有类似的说法，海外学者顾明栋就认为，李泽厚的哲学美学思想颇像英国文化思想家雷蒙德·威廉斯（Raymond Williams，1921—1988）和法国的著名社会思想家萨特（Jean-Paul Sartre，1905—1980）。

也是2010年，当今西方世界最权威的文艺理论选集《诺顿文学理论与批评选集》，这部从柏拉图选到当代两千五百年间的、包括全面定义理论与批评这两个文论类型的148人文选，将李泽厚的《美学四讲》的选文纳入其中。最初待选的刘勰的《原道》《神思》《体性》《风骨》、陆机的《文赋》和叶燮的《原诗》，在供编委会选择时，皆因文化差异带来的概念与观点需要详注、偏重感悟式评点且难有深入探讨而被拒绝。当选择的目光投向现代文论，将李泽厚推介给编委会时，一位西方评委认为，李泽厚的美学思想与同时期的法国社会理论家皮埃尔·布尔迪厄（Pierre Bourdieu，1930—2002）是近似的。巧合的是，两人同一年出生，在大致相同的时期成名，又都深受马克思和其他西方思想家的影响，并且在同一时期就美学的核心问题发表了看法。

但是，正如推荐人顾明栋所深入辨析的，布尔迪厄"主要用的是社会学、经济学的方法，强调审美的阶级性、社会性和意识形态的作用，得出的结论是审美趣味不可避免地受意识形态左右的结论"；而李泽厚"主要用的是人类学和历史心理学的方法，探讨的是'人类如何可能'和'人的审美意识如何可能'等问题，得出的是文化积淀的理论，强调以制造工具为核心的历史实践创造了人类自身，美的本质和审美意识是文化积淀的产物"。[①] 所以，与李泽厚交流时，我们都觉得最终选定了《美学四讲》英文版（*Four Essays on Aesthetics: Toward a Global Perspective*）的第八章"形式层与原始积淀"部分的确是慧眼独具。

李泽厚的确是"走自己的路"的思想者，恰恰是思想的原创性使他最终得以入选，并成为汉语作者入选的第一人。然而，从哲学的原创性上来看，毋宁认为，李泽厚更像是"中国的杜威"。也许国内学者并不赞同这种说法，但与汉学家安乐哲的交流中，他基本认同我的这个想法。有趣的是，杜威在中国曾因其教育的成就而被称为"孔子第二"。实际上，杜威与李泽厚的思想观点在"经验""社会""实践"和"符号"四个方面都是非常接近，但在"制造工具""积淀说"和"物自体"三方面，又存在着不可忽视的差异。

首先，在经验论上，他们都反对先验主义，前者的"自然的经验主义"与后者的"自然的人化"、前者的"经验的自然主义"与后者的"人自然化"，两相对照是何等相似？其次，在社会观上，他们都以人类的物质生存作为基础，前者强调有机体与环境互动的反射弧，后者关注"客观社会性"的集体实践的历史进程。再次，在实践观上，前者强调实践操作的"做"与"受"的统一，后者强调"实用理性"的那种合规律的普遍必然的生产实践。最后，在符号论上，前者将符号活动作为集体意识，而后者则关注动作思维与符号生成。然而，与杜威所强调的生物适应和控制环境不同，李泽厚超越杜威的地方就在于：他强调了制造工具的本源，从而使得实用理性具有了超生物性；他强调了历史的积累和文化对心理的积淀，从而走向了人类学历史本体论；他设定了准先验的"物自体"作为经验来源和信仰对象，从而与本土儒家的"天道"最终接轨。

---

① 顾明栋：《原创性是学术最高成就的体现》，《文汇报》，2010年7月7日。

从历史的命运观之，也许李泽厚也要面临杜威所遭遇的命运。杜威在生前，他的思想往往处于"两面不讨好"的境地：政治上一面是"左翼"的攻击，另一面则是"右翼"的攻击；思想上一面是罗素（Bertrand Russell，1972—1970）的"经验主义"的攻击，另一面则是布拉德雷（Francis Herbert Bradley，1846—1924）的"唯心主义"的攻击。李泽厚何尝不是如此呢？在杜威死后，他的哲学也是盛极而衰，特别是在被"分析哲学"主流趋势压倒之后，杜威的思想就由于其"论证方式的模糊""保守主义的基本倾向"及在"大学校园中不受欢迎"而销声匿迹了，甚至在美国本土被虐称为一条"死狗"。在李泽厚所谓"思想淡出，学术凸现"的时代来临之后，他自己的命运又何尝不是如此呢？

然而，无论是旧的欧陆、新的美陆还是中国大陆，我们如今都面临着"杜威的复兴"的浪潮。这个浪潮兴起于美国的"新实用主义"，它既波及了欧陆的旧有哲学，也旁及了东亚的新兴哲学。也许，李泽厚的哲学美学思想，也必然遭遇这样的命运转折与波折。他一定会被遗忘，但可能又在一个历史时段被再度关注，谁知道呢？

无论如何，我们都可以向这位"作为哲学家"的美学家，而非仅仅"为美学而美学"的美学家致敬！

（原载《文艺争鸣》2011 年第 5 期）

# 从"人化"启蒙到"情本"立命
## ——如何盘点李泽厚哲学?

到了盘点李泽厚哲学的时候了!

大家总是觉得,李泽厚的哲学思想基本成熟于20世纪80年代,甚至李泽厚就是那个时代思想界最核心的角色。但是,盘点李泽厚却并不能只限于80年代,既要追溯到60年代之初,又要延伸到90年代之后。

往前上溯,根据新近发现的《李泽厚60年代残稿》,他的思想还要向前追溯将近二十年,如果以《批判哲学的批判》"六经注我"式的哲学表述作为其思想成熟的标志的话。在这个60年代初期完成的手稿中,李泽厚认为"实践论是人类学的唯物主义",这就开启了他后来的人类学历史本体论;其中大量使用了"实践理性"这个词,这也是他后来提出"实用理性"的先河;这里第一次提出了"积淀"的新概念,但在括弧里标明了"积淀"乃积累沉淀的聚合词,这些充分证明了李泽厚思想的"早熟"。

再往后下推,90年代之后李泽厚的思想仍在积极拓展,尽管他本人自谦说,自己不过是在划着不断扩展的"同心圆"而已,然而,哲学的深度却随着思想的宽度而逐步深入。李泽厚在60年代所形成的"实践论"的思想核心基础上,延续了80年代的"启蒙救亡""主体哲学""西体中用""创造转化"与"儒学四期"的诸多说法,但是,思想境界却在此后逐步走向了本体论的层面,从而形成了"工具本体""心理本体""度本体""情本体"的多重本体论。由此可见,90年代之后的李泽厚更像是理论上的"轻骑兵",划过了中国思想界的天空,但是,也遗留下来许多尚待解决的难题,比如为何在同一思想体系中涵盖了那么多的"本体"?在这个意义上,李泽厚的哲学思想似乎又是"晚成"的。

正是在这种历史语境下,李泽厚本人辑要出版了他的《哲学纲要》

（北京大学出版社2011年版）。这部哲学的"集大成之作"，被他本人认为与《中国古代思想史论》是同重量级的最重要的专著之一。这部《哲学纲要》由"伦理学纲要""认识论纲要"与"存在论纲要"组成，从"哲学呈现"来说，本书结构为历来李氏专著中的最佳，明显高于《历史本体论》的纵线结构。李泽厚的"三纲"分别对应着善、真、美的古典哲学构架，但其内在的真正逻辑结构仍是"美—善—真—美"，从而形成了他的哲学思想内在的圜圆结构。更有趣的是，李泽厚最新的认识是把自己的哲学定位为"中国传统情本体的人类学历史本体论哲学"，从而将90年代凸显出来的"情本体"与80年代成熟表露的"人类学"最终合一，体现出李泽厚将自己思想深植于本土传统的新的努力，这也更像是对晚期康德人类学思想与中国古典思想的某种嫁接。希望这个最新的表述，能成为对李泽厚哲学思想的最终"定论"的表述。

就在同一年，青年学者钱善刚的《本体之思与人的存在——李泽厚哲学思想研究》（安徽大学出版社2011年版）出版。如果说，刘再复的《李泽厚美学概论》（生活·读书·新知三联书店2009年版）言简意赅但却非常"传神"并达意的话，那么，这本力图全面梳理李泽厚哲学的专著则走的是"写实"厚重的风格之路。《本体之思与人的存在》抓住了李泽厚哲学内部最重要的五个方面来对他进行思想深描，这几个抓手分别是主体性、工具本体、心理本体、度本体、自然人化与人化自然。更关键的是，该书还试图回应了对李泽厚哲学的内在矛盾与悖谬的某些质疑。

"本体差序论"无疑是该书提出的最闪亮的论点，作者借鉴了费孝通释人伦的"差序格局"的理念，提出了李泽厚哲学思想中"多本体论"的逻辑结构问题。按照这种理解，李泽厚并没有在西学的ontology意义上使用本体的意义，他所用的本体更多的是取其"根本"之义。因此，他的众多本体就形成了相互区分又彼此勾连的错综关联，构成了既有空间层次差别又有时间先后次序的复杂结构。从整体来看，"工具本体"与"心理本体"基本上形成了李泽厚本体思想的两个序列：属于前者的有实践本体、工具本体与度本体，属于后者的则有心理本体与情本体；前者是第一本体序列，后者则是第二本体序列。这种区分可以说是目前最有力地对李泽厚"多本体论"之合理性的辩护，凸显了第一本体序列针对第二本体序列的本源关系。但我们还可以继续追问，"度本体"是否可以归于第一类。

"度"更多的指向了"本体性",而且"度"似乎并不能作为本体存在。从实践的一元本体再到"工具—心理"双本体,"度"可以说都是作为它们的广义方法论而存在的。

《本体之思与人的存在》一书的最具特色之处,就在于关注到李泽厚哲学与中国传统思想之间的"打通"之处。李泽厚就是这样一位试图"化传统"同时又为"传统化"的当代中国思想家。其中,李泽厚最被广泛接受的"自然的人化"与"人的自然化"的观念,既被作者视为是对马克思主义关于人化学说的"自觉继承",也被看作是对中国传统思想的"综合与发展"。其中,"人的自然化"成为李泽厚更具创造力的思想。李泽厚不仅要自觉地认同于外在的自然,从而强调了人类实践的儒家根源,而且更要回复到人的内在的自然状态,这就直接通向了庄禅的境界。作者似乎更加明确地认定,李泽厚的思想本身也具有"儒道互补"的特质,甚至就是"外儒内道"与"儒显道隐"的,而这种儒道兼修对李泽厚所谓的"生存—生命—生活"而言就犹如阴阳互动的两端,合成为人的存在的整体图景。

"情本体"是李泽厚晚期的最重要的思想,也是他所认为的"该中国哲学登场了"里的中国化哲学。在此,就像对待维特根斯坦与海德格尔的经典思想分期一样,我们不妨将李泽厚的哲学也分为早期与晚期两个阶段:早期李泽厚关注实践、人化与主体,晚期李泽厚关注立命、心理与情本。或者我们可以这样说,李泽厚的整个哲学思想历程就是从"人化实践"的启蒙哲学走向了"人性情本"的立命哲学,这又构成了另一种"启蒙与立命"的双重变奏。

近来,李泽厚又大力呼吁"该中国哲学登场了"!实际上,他现今最心仪的就是这种既具有"世界眼光"又具有"本体积淀"的情本体论。《本体之思与人的存在》对此也多有论述。该书将情本的思想具体解析为"情史观""情态观"与"情境观",它们分别面对的问题是:其一,如何继承"情生于性"的儒家情感哲学传统;其二,如何区分"仁爱"与"圣爱"、"重生安死"与"向死而生"的中西情感观差异;其三,如何解决"情归何处"的人生安顿的终极问题。实际上,李泽厚所论的"情"既是生物性的又是超生物的,他最终把人性情感本身当作"最后的实在"和"人道的本性"。作为一种独特的东方智慧,这种情本体论更接近于京都学派首席哲人西田几多郎的思想。这是由于他们的思想都是从生活的"经验"中生发出来的,又都强调主客之间的原始合一。他们其实分别代表了东方思想的两个类型:西田是"静的直观",李泽厚则是"动的实践"。

2011年夏,北京大学高等人文研究院在北京大学临湖轩举办了"80年代中国思想的创造性:以李泽厚哲学为例"的国际研讨会,这也说明李泽厚的哲学思想到了需要系统化整理的时候了。从更高的层面来看,李泽厚哲学基本上就是两个维度,即"人性"与"人化"。内在的是"人性",外在的是"人化",而这两个方面都需要充分展开。如果一定说李泽厚也是一位"后新儒家"的话,那么,他的人性观根源于"仁"论,而人化论则来源于"礼"学。在这个意义上说,李泽厚的哲学思想,其实真的尚未完结。正如李泽厚本人写过的一篇英文文章的标题"Human Nature and Human Future"所示,人的本性问题的根本解决直接关乎人类的未来命运。

在那次由杜维明发起的80年代思想研讨会上,笔者在发言前曾说过这样一段开场白:2007年秋,就在这个临湖轩为杜维明老师举办"儒学第三期三十年"的会议,当时李泽厚老师给我打电话让我陪他过去一趟,目的就是为了以自己的"儒学四期"的主张来明确反击"三期说";而四年后的今天,杜先生居然又在同一个地方以李泽厚哲学为中心开这次会,杜老师作为儒家的那种"儒雅",与李泽厚所自认的庄禅之"狷而不狂",竟然性格是如此不同!相同的是,那次儒家会议,杜老师因有家事飞回美国,本应该"在场"而却不在;而李泽厚今天本应该来"听会",但他却也不在场。

然而,有趣的是,也正是这种迥异常人的大胆无忌性格,打开了李泽厚哲学思想的创造性!当我们穿越了李泽厚的哲学思想之后,我们不禁还要追问,在80年代的思想界原创力枯竭之后,中国思想界还能为我们留下什么呢?

更有趣的是,当笔者将这篇文章的初稿传给李泽厚过目之后,他又对自己的思想进行了进一步的辩解:"我未说过度本体,只说过度的本体性",而且"哲学也无所谓'终结'"。他还希望以此作为本文的结束语。

的确,哲学尚未终结。但在《哲学纲要》里,李泽厚却试图为我们提供一条普世性的所谓"后哲学"之路。他总是强调,要为人类而思。他的思想是面向全球的(towards a global view),由此进一步的推论似乎在于中国思想最终可以成为"普世化"的。然而,究竟何谓"后哲学"?莫非

"后哲学"就是"元哲学"(meta-philosophy)?还是不可能现身的"后形而上学"(meta-metaphysics)?还是后现代意义上作为过渡性的"哲学之后"(post)?如果真是过渡的话,那么,哲学之后该过渡到何处?这似乎又关系到中国哲学的"合法性",也关系到李泽厚思想的"合理性"。这些林林总总的难题,总是令人百思而难得其解也!

(原载《中华读书报》,2012年1月11日)

# 新版《朱光潜全集》的真正分量

朱光潜的新版全集终于付梓了！

记得2010年9月在中华书局新编增订本《朱光潜全集》的启动仪式上，朱光潜先生的嫡孙宛小平与中华书局副总编辑顾青共同担任执行编委，新增了李泽厚、汝信、叶朗、刘纲纪为名誉顾问，老顾问为叶圣陶、沈从文、王朝闻、季羡林和朱德熙，新增编委若干，笔者也忝列于新增之列，也完成做了一些寻找遗作与翻译整理的实际工作。历经了两年多的辛勤工作，新版全集终于以崭新的姿态面对广大的受众，第一批先行出版了前十卷以飨读者。

这次的30卷由中华书局编辑出版，较之安徽教育出版社的20卷全集，不仅更具有权威性，而且亦体现出自旧版全集以来的学术积累之成果，为朱光潜研究夯实了最坚实的材料基石。此版全集定会成为朱光潜著述的"定版"，这种历史贡献更有待后人评说。虽然全集的"基本格局"在旧版中已经奠定，但从总体体例到各个细节方面，新版都进行了较大的调整，以适应新时代学术发展的新要求。

朱光潜的美学著述具有历久弥新的力量，如今书店坊间之中，无论是大陆还是港台，《谈美》《谈美书简》《给青年的十二封信》《谈修养》都还在大量地流行与流通着，足见其"文章之美"为民众所广泛接受。这才是经典的"深入浅出"的力量，也只有中国美学家们才不愿大写特写那些高头讲章，而是写出这般清丽畅达的文字来。

这次全集的收录亮点，就是将原本零散的文章编为集子，并皆以"欣慨室"来命名，如《欣慨室西方文艺论集》《欣慨室美学散论》《欣慨室逻辑学哲学散论》《欣慨室中国文学论集》《欣慨室随笔集》等。"欣慨室"本是朱光潜的书斋名，语出陶渊明《时运》序之"春服既成，景物斯和，偶影独游，欣慨交心"的名句，还曾请马一浮篆写了"欣慨书斋"四字横幅。

作为中国现代美学的奠基人和开拓者之一,朱光潜的历史定位首先是美学家与翻译家,这毫无疑问。同时,他被赋予的还有文艺理论家与教育家的称号,但忽视了他也是一位重要的心理学家。朱光潜在心理学方面的著述,其实也在相当大的程度上奠定了心理学在中国研究的基础。

与心理学研究直接相关,那就是朱光潜毕生所倡导的科学精神,这一点往往被美学研究者们所忽视。朱光潜毕生都视美学为一门科学并以科学精神来从事研究。宛小平曾经精妙地概括到,朱光潜的早期美学是作为"心理科学"的美学,中期美学是作为"语言科学"的美学,后期美学则是作为"社会科学"的美学。此言非虚。从朱光潜所受影响的角度看,从具有实证意味的心理学、关注语言科学的克罗齐到致力于社会实践的马克思,恰恰构成了朱光潜所接受的早、中、晚期思想的核心角色。

由此可见,朱光潜的一生恰恰可以折射出从"五四"时代到20世纪启蒙年代——从美学在中国到中国的美学——的发展进程,也只有从他的著述的流变与转型中,才能看到20世纪中国美学整体发展的缩影。这种历史地位是其他任何美学家难以企及的。

李泽厚曾评价朱光潜的思想是"近代的、西方的、科学的",这固然没错,但从生命论的深层又同时是"儒家的、道家的与释家的",所以朱光潜才会倡导"以出世的精神做入世的事业"。从生命论的角度观之,无论是朱光潜还是宗白华都曾与生命哲学家方东美交往甚密,他们之间的生命思想的确曾相互激荡。方东美的《孟实约赴成都同游青城峨嵋懒散未应却寄》里面有言:"未除玄览遭狂笑,肯写文心娱赤孩",即是明证。

这次中华书局新编全集的基本革新,主要体现在四个方面:首先,按专题来重新分卷,以便更清晰地体现朱光潜的各类著述。在目前出版的文集中,《给青年的十二封信》与《谈修养》合为一册,这是修养类;《变态心理学派别》与《变态心理学》合为一册,这是心理学类;《谈美》与《文艺心理学》合为一册,这是美学类;《克罗齐哲学述评》与《欣慨室逻辑学哲学散论》合为一册,这是哲学类——可惜的是朱光潜的逻辑学小册子战乱期间遗失了,否则这一卷会更为充实。这样的合并可谓条分缕析,对于朱光潜著述的归类非常便于读者集中阅读与解读其思想。

其次,各卷兼顾创作时间,每卷内大致按创作时间排列。为此,编者尽量确认创作时间，没有日期的就根据稿纸等信息大致加以确定。譬如《欣慨室中国文学论集》的编辑，就是从1926年的《中国文学之未开辟的领土》一直编到1983年的《谈写作学习——在香港中文大学一次夜餐会上应邀的一次谈话》，那是朱光潜晚年赴香港中文大学主讲"钱宾四先生学术文化讲座"时期的谈话。这一卷的编订第一次将朱光潜对于中国文化的研究融汇一炉，笔者觉得对于展示朱光潜的古典美学研究具有重要的价值。再如《欣慨室逻辑学哲学散论》也是第一次将朱光潜的逻辑学与哲学论文汇集起来，其中既有其早年对于"近代英国名学"的论述，也有其晚期对于"上层建筑与意识形态关系"的辨析，都是尽量找到写作与发表时间而排定的，编者可谓用心良苦也。

再次，新增了原来的《朱光潜全集》所未收的著作和文章。这些补漏查缺的著述，更构成了这次新版全集的大亮点，从而使读者更为全面地了解朱光潜的思想格局与嬗变。朱光潜缩写的唯一一部英文专著《悲剧心理学》的英文版本，这次就根据他自己所存留的英文原书进行收录，同时还收入了张隆溪的译本。正好我与张隆溪在东西方哲学会上见到，便告知此事，又让编辑送上样书。未收录的公开发表著作还好说，更重要的是，从朱光潜遗留的手稿中整理出来的新发现的资料。比如，他晚年研究维柯《新科学》的手稿，对于英译《毛主席诗词》的修改意见，特别是对于中国绘画美学著作的研究，这次都全部收入。过去我们对于朱光潜的印象是他更注重诗论而非画论，而宗白华则特别注重画论，但新发现的手稿中居然发现了朱光潜对顾恺之、荆浩的绘画美学的具体研究。

最后，最末增加了一卷索引，以方便查阅检索。随着全集的逐步出版，索引卷还在整理与确定过程中。根据最初的规划，第一卷收录作者自传、《给青年的十二封信》《谈美》《我与文学及其他》，第二卷收录《谈文学》《谈修养》及其他论文，第三卷收录《谈美书简》《美学拾穗集》《艺文杂谈》及其他论文，如此等等。这种原本的规划都在进一步整理的过程中得到了调整。中华书局也考虑到市场需求的问题，希望新版全集能更便于读者接受。

在接到中华书局邮寄来的朱光潜新版全集之时，我拿在手中，感到了它那沉甸甸的分量，但它的真正分量却更在我们这些美学研究者的心中。

**【附录】朱光潜新版全集的两个版本说明**

新版《朱光潜全集》原本规划为28卷，宛小平是这样进行整体设计的：第1卷收录早期创作的谈文学、美学的著述，分别为作者自传、《给青年的十二封信》《谈美》和《我与文学及其他》；第2卷收录早期创作的谈文学、美学的著述，主要是《谈文学》《谈修养》及其他文章；第3卷收录1949年之后谈文学、美学的著述，《艺文杂谈》为朱光潜先生生前拟编订的书稿，其中包括《谈美书简》《美学拾穗集》及其他文章；第4卷收录专论诗歌的著述，除《诗论》外，将其他诗论文章辑为《欣慨室诗论集》；第5卷收录关于文艺心理学的著述，包括《文艺心理学》《克罗齐哲学述评》及其他文章；第6卷收录心理学和变态心理学著述，主要是《变态心理学流别》《变态心理学》及其他文章；第7卷收录悲剧心理学的中英文版本；第8、9两卷收录《西方美学史》上下卷，卷后有《西方美学史资料附编》上下；第10卷收录20世纪50年代关于美学论争的著述，除原论文集之外，将同时期的同类文章辑为《续编》，其中包括《美学批判论文集》《美学批判论文集续编》及其他文章；第11卷收录关于教育问题的论述，辑为《朱光潜教育散论》；第12卷收录关于西方文学艺术和美学的评论著述，辑为《西方文艺美学论集》；第13卷将关于中国文学美学的论文辑为《中国文艺美学论集》，将谈哲学与逻辑的论文辑为《逻辑学哲学论集》；第14卷收录时文、杂文、散论文章，辑为《孟实文钞》；第15卷将收集到的书信辑为《书信集》，将其一生撰写的各类序跋题记等辑为《序跋集》，以及其他诗文、讲话等，包括《朱光潜书信集》与《朱光潜序跋集》；第16卷收录译著《愁斯丹和绮瑟的故事》《美学原理》和《艺术的社会根源》；第17卷收录译著《文艺对话集》（柏拉图）和《英国佬的另一个岛》（萧伯纳）；第18卷收录黑格尔《美学》（一）；第19卷收录黑格尔《美学》（二）；第20卷收录黑格尔《美学》（三卷上）；第21卷收录黑格尔《美学》（三卷下）；第22卷收录《拉奥孔》与《歌德谈话录》；第23、24卷收录维柯《新科学》（上）与（下）；第25、26卷收录《从文艺复兴到十九世纪资产阶级文学家艺术家有关人道主义人性论言论选辑》（上）与（下）；第27卷收录单篇翻译文章，辑为《译文集》；第28卷为《朱光潜全集索引》。

后来调整的30卷新版全集的规划改为：第1卷收录《给青年的十二

封信》《谈修养》及其他文章；第 2 卷收录《变态心理学流派别》《变态心理学》及其他文章；第 3 卷收录《谈美》《文艺心理学》及其他文章；第 4 卷收录《悲剧心理学》（中英文版）；第 5 卷收录《诗论》及其他文章；第 6 卷收录《我与文学及其他》与《谈文学》；第 7 卷收录《克罗齐哲学述评》与《欣慨室逻辑学哲学散论》；第 8 卷收录《欣慨室中国文学论集》；第 9 卷收录《欣慨室西方文艺论集》与《欣慨室美学散论》；第 10 卷收录《欣慨室随笔集》及作者自传等其他文章；第 11 卷收录《西方美学史》（上卷）及其他文章；第 12 卷收录《西方美学史》（下卷）及其他文章；第 13 卷收录《美学批判论文集》《维科研究》及其他文章；第 14 卷收录《谈美书简》与《美学拾穗集》；第 15 卷收录《欣慨室教育散论》；第 16 卷收录《朱光潜书信集》与《朱光潜序跋集》；第 17 卷收录《愁斯丹和绮瑟的故事》《英国佬的另一个岛》与《青年的岁月》；第 18 卷收录《文艺对话集》《美学原理》与《艺术的社会根源》；第 19 卷收录《西方美学史资料翻译残稿》（上）与（下）；第 20 卷收录黑格尔《美学》（一）；第 21 卷收录黑格尔《美学》（二）；第 22、23 卷收录黑格尔《美学》（三）的（上）与（下）；第 24 卷收录《拉奥孔》与《歌德谈话录》；第 25、26 卷收录维柯《新科学》（上）与（下）；第 27、28 卷收录《从文艺复兴到十九世纪资产阶级文学家艺术家有关人道主义人性论言论选辑》（上）与（下）；第 29 卷收录单篇翻译文章，辑为《译文集》；第 30 卷为《朱光潜全集索引》。

# 细读朱光潜中英文手稿印象

在协助编辑中华书局新版《朱光潜全集》的过程中，有幸捧读过原件，似乎在抚摸这位伟大的美学家的"心灵历程"。

朱光潜先生的著作版本非常多，时下在大陆书店还能看到《谈美》的各种版本，在台湾《谈美》也是最畅销的美学入门书，恐怕得多达几十个版本。《给青年的十二封信》与《文艺心理学》，也是版本非常之多。

这来自朱光潜先生的文字推敲习惯，对于著作的每一次新版，他都要一一进行修订。另外也有这种习惯的美学家就是王朝闻先生了，在《美术》杂志工作的老编辑曾反复回忆起，先生做主编的时候哪怕文章都已下厂了，还要追回来重新修改的轶事。

问题在于，著作是无法脱离时代的，朱光潜每次的著作修订都往往受到当时的社会环境特别是意识形态的影响。所以，对于新版全集的编订者来说，究竟哪个版本才最能代表朱光潜的思想，就成了一个难题。即使是少有政治影响的著作，比如《变态心理学派别》这样的心理科学的著作，从开明书店1930年初版开始直到商务印书馆1999年"商务印书馆文库"的版本，乃至安徽教育出版社的旧版全集本，就呈现出多样的面貌。

一般认为，朱光潜对于诗论更为熟悉，而宗白华对于画论更为熟知；前者独喜读中西文诗，后者则更喜观看画展。但是，读过手稿的人都会发现，朱光潜对于绘画美学也是深有体悟，而且仍从情趣和意象契合的主客合一的美学角度，来解读荆浩《笔法记》所提出的"气、韵、思、景、笔、墨"的"六要"。

根据宛小平的整理，这份手稿写到荆浩"六要"时做出了如下阐发：

气：气随笔运，即意到笔随，摄形（客观景象）必同时立意（主观情思），才胸有成竹，意到笔随，画出正确的形象（取象不惑）。

韵：隐迹立形，删削浮面细节，突出要表现的形象；备仪不俗，仪即宜，具备必要的法则而不落俗套。气韵二要，即谢赫"六法"中的"气韵生动"。

思：相当于"六法"中的"经营位置"，包括构图方面的构思。删拔大要，即去粗取精，概括集中；凝想形物，即聚精会神地构造艺术形象。

景：即情景。"制度时因，搜妙创真"，即衡量具体情境而作适合时宜的处理，使作品既妙而又真实，"搜"与"创"才见出苦心经营，笔夺造化之功，是创造而不是单纯摹仿。

笔：即画笔的运用，依法而不拘于法，运转自如，"不质不形"指不粘滞于外形和质朴粗糙的末节，这样才可见游龙流水之妙。

墨：相当于着色渲染烘托，浓淡深浅都符合对象的自然本色，像是自然生出来而不是画出来的。

在我手头还有一份珍贵的复印件，那是朱光潜对莎士比亚《哈姆雷特》的批注手稿。现在猜测，很可能这个批注一方面是他自己阅读的札记，另一方面则是给西文系上课时作为辅助材料用的。朱光潜所用的版本是1933年上海商务印书馆的影印本，《哈姆雷特》当时被译为《罕姆莱脱》。这个版本是朗巴特（Frank Alanson Lombard）的注释版，每幕每场之后都有朗巴特的概要性的解读，并且全文都附上了词语的注释。这本原著后来为朱光潜长子朱陈（朱世粤）教授所藏，因为扉页上有他的藏书印。

在这个注释版本的基础上，朱光潜继续对全文进行了英文批注，就好似金圣叹评点古典小说"妙处"一般，在许多地方都标注上了 good（好）抑或 at point（写到了点上）。这种点评还是美学式的，比如第一幕刚开头，朱光潜就标明了 atmosphere effect（氛围效果），并用了 cold（寒冷）、dark（阴暗）、silent（肃静）等效果词来加以形容，以描述开场所呈现的舞台效果。除了标记出文字的重点之外，每页几乎都有文字对于原台词进行的意解，可见朱光潜阅读莎翁戏剧之细致的程度。

在《哈姆雷特》的批注版中，其中许多幕与场之间或者之后，朱光潜都给出了整体上的解读。比如，原书第103页上就总结了"第一幕：呈现"（First Act: presentation），并具体分为行动（action）、人物（character）

与冲突（conflict）等层级，分别加以解读，其中的"行动"部分又分别解读了哈姆雷特与父亲、与奥菲利娅之间的戏剧关系。他还非常关注戏剧之间的照应与比照，许多地方都标志上了需要回看的页数与情节。比如，在原书第 132 页与第 180 页之间，后者就是第三幕开头哈姆雷特喊出"生存还是毁灭"的那个桥段，朱光潜几乎每段都给出了解读，并要求回看第二幕第二场里王子与国王谋士波隆尼尔的对话，指出这段才是 To be or not to be 的心理源头。

当今的学者曾有这样的大致说法：朱光潜代表的是西方美学方向，宗白华代表的中国传统美学方向，而从蔡仪到李泽厚则代表的是马克思主义美学方向，未来中国美学要达到高峰就要形成三个方向的合力，似乎如此归一就是中西马合璧了。但事实并非如此，自现代以来的中国美学，似乎始终都是在"中西视界融合"中建构自身的。

朱光潜是"以中释西"的，宗白华是"以西释中"的，蔡仪的日本影响与李泽厚的德国影响，也都使他们走在"中西美学之间"来做出贡献。朱光潜的一段话点破了这个事实，按此原则写就的《诗论》已成为中国诗学的奠基之作。我也将之视为是朱光潜最好的作品，我们就以这段话来作为本文的结尾：

> 研究中诗的人最好能从原文读西诗（诗都不能翻译）。多读西诗或许对于中诗有更精确的认识。西诗可以当作一面镜子，让中诗照着看看自己！

# 宗白华所践行的"生命风度"

没想到再一次细读宗白华先生的原作，居然是在韩国首都首尔。

当时的我，被韩国最古老的成均馆大学聘用，在东亚学院进行博士生课程的讲授，主讲中国美学与文化。当时的几位学生，正在跟随他们的博士生导师阅读并翻译宗白华的著述。如果到韩国的书店，你就会发现，李泽厚的《美的历程》在韩国影响颇大，他与刘纲纪合作的《中国美学史》也有厚厚的翻译本，周来祥的中国古典美学文集也有韩文版，还有我的同事韩林德关于中国书学的论著也有译本。

由此可见，韩国的翻译更加侧重于中国古典美学部分，但遗憾的是，宗白华的大作却没有被翻译过去。这究竟为什么呢？韩国博士生们向我请教的时候，我才终于明白其中的深层道理。因为宗白华的书，在所有致力于中国古典美学研究的学者中，其实是最难译的。从世宗大王之后，被人工创造的韩语其实是拼音文字，从中文翻译成韩文的难度，要高于从中文翻译成日文的难度。

在译者中，汉文最好的一位是在台湾求学十年之久的学生，他在台湾师范大学获得了硕士学位。当时他向我求证的是《中国艺术意境之诞生》的关键概念与相关注释问题。韩国人治学也是相当严谨的，他们需要将宗白华的引文出处加上注释，但仅此一文就会发现，宗白华真是博览群书而厚积薄发、信手拈来并毫无斧凿之痕。宗白华的古典知识来源的丰厚，并不是我们后来所编撰的那些美学史资料选所能涵盖的（在北京大学的李醒尘老师家中见到他赠予的古书），而且他还有一种"点睛之笔"，将文本中所蕴含的美学智慧直接"点化"出来。

更为重要的是，宗白华更是一位践行者，而非纯粹的理论家。

忘年交胡经之先生曾对我回忆说，那时的宗白华早已不写流云小诗，也不作理论沉思了。他最爱的，就是到京城的画展中去"看"、去"悠游"。只要有好的画展,就会有宗白华的身影。他那时背着个小绿书包,在京城里面进行着真正的"美学散步",那真是一种完美的体味过程!

照片里的宗白华的家中,有一座唐代风格的佛头,始终陪伴在他的左右,如今不知哪里去了?后来听说,宗白华的那些手稿,就堆放在楼梯的转角之处。还好历经风雨,最终被保存了下来,在他的弟子林同华的整理下,我们得以看到宗白华思想的真容。

给我们这些美学研究者的大致印象是,"美学双峰"朱光潜与宗白华恰恰"践行"了不同的人生理念。朱光潜一辈子笔耕不辍,活到老、写到老、译到老,而宗白华则好似闲云野鹤,在生活中践行着自己的"生命之美"。

实际上,朱光潜并没有仅仅局限在象牙塔内营造其美学体系,而是将美学思想同艺术的、社会的实践积极勾连,"以出世的精神,做入世的事业"成为他人生态度的名言。儒家主张入世和致用,宗白华称之为"现实人生主义";道家主张出世和无为,在儒家达观的出仕遭遇挫折而失落之时,道家往往以"悲观命定主义"的镇痛剂抚慰创伤的内心。这种外儒内道的人格模式,在朱光潜和宗白华那里是共存的。

与朱光潜的箴言相似,宗白华只不过把它作了西式的表述——"拿叔本华的眼睛看世界,拿歌德的精神做人"!这句座右铭既涵盖着唯意志论的消极超脱,又吸纳了浮士德式的积极创造,而且分别赋予二者以"知"与"行"的不同层面,这也就是所谓的"超世入世派"——"超世入世派,实超然观行为之正宗……真超然观者,无可而无不可,无为而无不为,绝非遁世,趋于寂灭,亦非热中,堕于激进。"① 由此看来,朱光潜和宗白华都崇尚超然物外的观照世界,而在践行层面又都身体力行地参与现实。

宗白华一方面认为歌德具有肯定生命本身、自强不息的西方近代人生情绪,另一方面又以道家视角认定歌德"同时具有东方乐天知命、宁静致远的智慧"。这样就把歌德精神动感化、和谐化和东方化了。由此而来,"生命与形式,流动与定律,向外的扩张与向内的收缩"就成了人生的两极。宗白华秉承着这两方面,他既以生命的和谐与老庄美学相通,又用动的创造、向外的求索来弥合道家内指的偏向。

---

① 《宗白华全集》第一卷,安徽教育出版社1994年版,第24—25页。

实际上，这都是典型的"审美人生观"，即中国美学家所独具的人生观，因为艺术本身就是"最超越自然而又是最切近世界"的（宗白华），或者说艺术与人生的距离妙在"不即不离"（朱光潜）。朱光潜和宗白华都倚重艺术化的人格观（以人生为诗或人格唯美主义），追求心灵的情态自由（生命活跃、情趣丰富或自由解放的心灵），崇尚人与自然的契合贯通（物我回响交流或生命跃入自然）。

但无可否认，他们的审美主义又存在着明显分殊。朱光潜重"想象"的飞升，而宗白华却浓于"情"，更重情感的解放；朱光潜更推崇"静穆"的风格，宗白华则倾向动与静、空灵与充实的统一。

朱光潜赞美陶渊明情感生活"极端的和谐静穆"，其审美情绪、想象和风格"具有古典艺术的和谐静穆"。同时，这种静穆渗透着儒家的庄严和达观，亦即在认真时见出严肃、在摆脱时见出豁达，伟大的人生和艺术都要"同时并有严肃与豁达之胜"。宗白华的审美理想却倾向于以静为始，动中取静，一阴一阳之谓道。他认为"静"须具备生命的活力，因而要表现出节奏和韵律、活跃和动感。"老、庄思想以及禅宗思想也不外乎于静观寂照中，求返于自己深心的心灵节奏，以体合宇宙内部的生命节奏。"① 这就将其美学与道家的自由体验相通，也同儒家生生之德相接，加之禅境的汇注，从而呈现出一种兼容并蓄的姿态。

华夏古典美学的动感源于儒家的"生生"，静态源于道家的"虚静"。朱光潜反而只取儒家"节动"的一面，所谓"人生而静，天之性也"；相反，宗白华却"感于物而动"，走向情感的抒发和生命的至动，这主要是通过用"动"激活道家美学来实现的。

总之，无论是朱光潜的"人生的艺术化"，还是宗白华的"艺术的人生观"，都构成了中国美学家的审美人生境界。

---

① 宗白华：《艺境》，北京大学出版社1987年版，第128页。

# 蔡仪的自然美论与"自然全美"

当代中国美学在新旧世纪交替之后，主要在三个领域取得了实质性的突破：其一是"审美文化"（及当代大众文化和传统审美文化）的相关研究，其二是"生态美学"（及"自然美学"和"环境美学"）的研究几近形成"中国学派"，其三是对于"日常生活美学"的研究方兴未艾（并引发对"日常生活审美化"的激烈论争）。这三个新的方向都试图突破传统的美学研究范式，无论是在研究对象（超出了传统美学研究的边界）还是研究方法上（采取了更为新颖的方法论），都将中国美学大大地向前推进了。

但是，无论是从"文化视野""自然根基"还是从"生活之流"的方向上拓展美学研究领域，都要反过来最终对美学原论的建构形成某种反作用力，这样才能真正推动美学的进一步发展。笔者更倾向于去建构一种"生活美学"。

"自然美"问题早在20世纪五六十年代"美学大讨论"中就被当作解决"美的本质"问题的"钥匙"，甚至被形象地从反面比喻为"绊脚石"。正如朱光潜所总结的："'美究竟是什么'的问题之所以难以解决，也就是由于这块绊脚石（指自然美问题）的存在，解决的办法只有两种：一种是否定美的意识形态性，肯定艺术美就是自然中原已有之的美，也就是肯定美的客观存在；另一种是否定美的客观存在，肯定艺术美和自然美都是意识形态性的，是第二性的。"①

这直接关系到"美的本质"之争。按照朱光潜的看法，主张美在客观的蔡仪、主张美在客观性与社会性统一的李泽厚皆采用"第一性"的办法，而主张美在主客观统一的他自己则采取的是"第二性"的办法。

实际上，被朱光潜认为使用了同一方法的蔡仪与李泽厚的"自然之

---

① 朱光潜：《美必是意识形态性的》，《学术月刊》1958年1月号。

争"才是更为根本性的（李泽厚究其实质使用的也是"第二性"的办法）。当时中国美学从主客两分模式出发所形成的争论，非常类似于苏联"自然派"与"社会派"相对峙的模式。高尔泰和吕荧的主张稍显简陋，善学好思的朱光潜的合一说又哲学基源不深，只有朴实无华的蔡仪所力主的"客观唯一"与当时年轻激进的李泽厚所倡导的"实践美学"的早期形态，才真正成就了自然与社会两派的分立。他们之间的争论，原发性的焦点就在于如何看待自然美。前者强调客观性的思路，客观自然本身就具有美的客观属性；后者从"人化的自然"的人类学思想出发，认定美（无论是自然美还是艺术美）都是建基于人类的伟大实践活动基础上的——这样一来，如此看到的"自然美"就不可能是如蔡仪所见的那种纯客观的自然，也不可能是朱光潜所见的那种意识化的自然，而直接就是人类实践活动的产物。

遗憾的是，蔡仪的自然美论在半个多世纪以来曾经被普遍忽视，但如今又焕发出其新颖的魅力。这是因为，他早在20世纪40年代就认为"所谓自然美是不参与人力的纯自然产生的事物的美"①，这非常接近于当代自然美学中所谓"肯定美学"（Positive Aesthetics）一派之"自然全美"的主张。

"肯定美学"的核心就是认定"全部自然皆美"，从而在整体上具有了一种试图否定艺术、否定自然里存在的人化因素的倾向。这是一种激进的反对人类中心主义的美学思路。根据艾伦·卡尔松（Allen Carlson）的基本理解，"就本质而言，一切自然物在审美上都是有价值的"。② 在此，关键还在于"就本质而言"的这种限定，这意味着诸如这样的持肯定美学观的美学家并没有肯定现在所面对的自然全都是美的，而是从一种"回复性"的角度来看待问题的。

自然在其本来的意义上都是美的，如果我们现在觉察到自然的"非美"的性质，那么这并不是自然所本有的，而恰恰是"人为"所致。因此，"肯定美学"的推论可以总结为：只要是对于自然的适宜或正确的审美鉴赏就是值得肯定的，对于自然几乎没有否定性的审美鉴赏，除非这种

---

① 蔡仪：《新美学》，上海群益出版社1946年版，第194页。
② Allen Carlson, *Aesthetics and the Environment: The Appreciation of Nature, Art and Architecture,* London: Routledge, 2000, p. 72.

鉴赏是不适宜或不正确的。当然，这种极端"自然全美"的观点有待商榷，而其背后所隐藏的那种"科学主义化"的视角更值得怀疑。

尤其值得注意的是，艾伦·卡尔松又用科学作为所谓"环境范式"的知识来源（如自然史累积的自然知识或者民俗传统提供的自然知识），这显然难逃欧美中心主义的思维藩篱。其实，面对自然的审美未必一定借助于自然知识，"自然情感"本身亦占据了重要方面，绝对的唯自然论者往往高蹈于另外的极端。在这个意义上，中国传统的"自然审美范式"可以成为与西方相对而出的不同范式，特别是庄子所强调的"自然均平之理"的"天均"说、"与天为徒"和"与物为春"的平等观都具有非凡的价值。但有趣的是，中国传统文化中的"自然"始终是一种"人文化的自然"（cultivated culture），而非被误解为的那种"未被触动"的自然。这从庄子的"人貌而天虚"到实践美学的"人化的自然"、从道家美学智慧到实践派的"主体性"思想都可以得见。由此可见，当代中国美学既有同传统的裂变与转变之显在的一面，更有承继和变通之隐在的另一面。

蔡仪在20世纪中叶之前就已提出，自然美多是实体美（主要是指可感事物本身的美），显现着"自然的必然"，其美感大致伴随着快感。这种美学取向较早肯定了全部自然界都是美的，换言之，所有原始自然在本质上都具有审美价值。这一取向对自然界恰当或正确的审美鉴赏基本上都是肯定的，而否定的审美判断在其中很少或者根本没有位置。

这就直接关系到客观事物的美，例如自然美这种形态，到底有没有人力参与的问题，这也是20世纪后半叶中国美学几大流派产生分歧的一个具有原发性的场域。我们必须看到，蔡仪的主张亦是非常辩证的，并没有通常被理解的那么简单。

蔡仪一方面强调自然显现了种属的一般性，即自然事物的"本质真理"（因为美原本是事物的"本质真理"的具体显现，所以他的"典型理论"在自然美领域并不能被简单化地加以理解），这也就是强调自然美的特征之一是不为人力所干预，也不是为了美的目的而创造的；另一方面，他又明显地受到了进化论的影响，并没有将所有的自然美都等量齐观，而是认为以个体美来说，生物的美高于非生物，动物的美高于植物，高等动物的美高于低等动物，人的美高于高等动物，最后达到人格美的境界。这就显然不同于"肯定美学"将一切自然物等同观之的基本理念。这种现代版本的自然中心主义的"齐物论",尽管在当下看来似乎更能赢得人心,但却并不符合实情,这恰恰因为审美仍是"属人"的审美!

总之,通过反思自然的美学问题,力图由此最终实现美学的真正进展,这似乎不仅是可能的而且是必然的。但不管怎样,无论是兴起于欧美的"自然美学""环境美学",还是在中国备受关注的"生态美学",都只是行走在这条路的途中(目前还并没有像"分析美学"那样改变了20世纪后半叶整个西方美学格局的思潮)。如何通过自然问题过渡到美学本体的进展目前仍是或然的,但路就在脚下。

(原载《中国社会科学院院报》,2009年9月1日)

# 王朝闻先生的"家"和"背影"

王朝闻老先生走了。

哀思绵绵而来,斩也斩不断,理亦理还乱。

只忆起到先生家首度和末次的拜访,两次的感思迥异,而前后的对比不禁令人唏嘘。

三年前的暖冬,当时读博的我被借调到中国文联的《美术》杂志社,有幸与杂志社的同仁一同拜会先生。王朝闻先生是《美术》的老主编,也是最德高望重的引路人。《美术》的历任主编中既有理论家又有艺术家,但身兼美学家和艺术家的,迄今恐怕只有先生一人。

那时先生的家在红庙,一个如"巢"般的温暖小屋中,金黄的阳光一直倾泻至墙角。整个房间都充溢着暖暖的"美"意,绝非是那种"从书本到书本"的家居陈列,因为先生自己的作品(如雕塑《民兵》)、各式各样的彩陶(好像是庙底沟、半山的类型风格)、几尺条幅(有书也有画)皆在其中争胜,不愧是美学家的"家"。

最引起我注意的,则是另两样东西,它们分别占据这家中的一"多"一"少"。

这一"少",是屋内唯一的一幅版画:吴凡的《蒲公英》。这幅作于1958年的套色木刻,被挂在显眼的位置,泛黄的镶料在娓娓诉说着它的年轮,"以少胜多"的艺术手法也使其闹中取"静"。看得出,这是先生的珍爱,那小女孩吹蒲公英的单纯而诗意的画面,恰恰应对着先生心灵的澄明和晶莹。

另有一"多",则是最多的一类陈设品——美不胜收的石头。那简直会"乱花渐欲迷人眼",先生的家堪称"美石"的小博物馆。先生自己也曾说:赏石活动和艺术创造虽大有差别,但给石头命名、配座与陈列设计,不能不伴有相应的观察、想象、联想、思索和体悟,而这一切也带有接近艺术创造的创造性的思维特点，它也体现着个人审美素养的深浅与高低。先生那种从艺术鉴赏和艺术批评来"做"美学的方式，浸渍着中国传统原生的美学精神，只是所能从者寥寥，的确令人感慨。

那天，先生精神矍铄，兴致颇高，非常愿意与我们年轻人交流，完全看不出他已是一位耄耋老人。有几段谈话令我记忆犹新。先生毕生都崇尚真善美的会通，反对与假恶相关的丑，所以他加重语气地说："从审美的角度，也要符合真和善的标准"，"如果不真、不善，那哪能美呢？！"先生继续着他的美学沉思，还借用了"事实胜于雄辩"的话，来说明较之"审美关系"更重要的是"美的事实"。"审美关系说"是先生的成熟的美学主张，尽管如此，他还是一贯强调美学研究真正面对的是现实生活。我不禁回想到拜访前日俄罗斯列宾美术学院来华办的画展，展览题记上就镌刻着圆体烫金的俄文"美是生活"。或许，对于先生来说，美就是生活，生活就是美。

造访持续了很长时间，直至先生必须要休息了。道别之后，我望见先生的背景，步履非常坚定，长长的青丝在头上颤颤的，似乎有一种交谈后的喜悦和畅快之情。

最后一次到先生家拜访之前，情况就不大好了，屡屡听说先生的身体欠佳云云。当时的我已调入中国社科院哲学所美学室工作，任中华美学学会的副秘书长。众所周知，先生是中华美学学会的德高望重的名誉会长。就在那个阴霾笼罩下的寒冬，我们来到了先生刚刚搬了不久的新家。

新居很大，空旷得竟有几丝寒意。《蒲公英》仍被静谧地挂在墙的中心，画面上的那个仍在吹蒲公英的小女孩寂寞了许多。那么多石头却被一五一十地安置在新漆的博古架上，显得少了几分随意和偶然。一切似乎都被套上了新装，但打心眼里说，我还是更喜欢那个温暖的老屋，那个沐浴在和煦日光里的老屋。

许久、许久，先生才从里屋被搀扶着踱了出来，我们都站了起来。看着老人慢慢地弓腰坐在靠背椅上，看着老人坐在那里慢慢地喘着气……当时我们一声不吭，也说不出什么，只能看着、看着，整个屋子都弥漫着静静的与缓缓的气息。后来，我们只能贴着耳朵与先生说话，先生的声音低弱得只有靠近他才能听清。具体说些什么，大都已淡忘了，只记得老人在身体孱弱的情况下仍坚持接待了我们。当时我们只想快一点结束，好让先生好好休息休息，但先生还是坚持多说了几句，没想到短短十几分钟居然那么难挨。

再后来，我们站在新居的中央，目送着老人朝里屋踱去。老人只给了我们一个屡弱的背影，穿着垂地睡衣的背影。他是自己走回去的，随着缓慢的步履背部微微地在颤，不时用微抬的左手轻扶着墙，慢慢地前行，慢慢地前行……我们全都僵在那里，心酸的感觉使我眼底开始湿润。在先生快进到屋内的瞬间，同去的摄影师才想起了什么，匆忙地按动了快门，打碎了时间的凝固。

出门之后，摄影师却大呼失望，因为他发现相机里已没有了胶卷，他把这视为摄影生涯里的一次失败。但我总觉得，这倒是鬼使神差，先生那踽踽独行的背景已定格在我的脑海里，永远也无法抹去。

行文至此，我突然想起王朝闻先生写给刘纲纪先生的信中的一段话，不仅说得很有隐喻意味，而且异常洒脱："赏石活动与道法自然的哲学观点的关系，我还有些不成熟的想法要说，但我的独眼像戏曲或评书《挑滑车》里的那匹战马向主人高宠说它受不了啦那样，我也只能趴下而不再写下去，最后说声再见了。"

我想，那些曾被先生把玩的奇石，孤寂地躺在那里，也在想念着先生吧。

（原载《艺术评论》2005年第3期，题为《师的"家"和"背影"——追忆王朝闻先生》）

# 王朝闻艺术批评的"土方法"

王朝闻是20世纪中国的重要美学家,也是一位屈指可数的美学家,因为他同时还是曾从事过雕塑创作的艺术家,他的艺术感觉在所有美学家中应该是最好的。与此相应,他更是一位与众不同的艺术家,因为他有着其他艺术家鲜有的哲学思辨头脑,从而形成了自己独特的美学思想。在王朝闻之后,研究美学理论的往往不能深入艺术实践,而搞艺术创作的却常常缺乏美学思维,的确令人深感他的"蹊径"独辟。

王朝闻的美学思想之所以有这样的特质,是源自他研究美学所运用的独特方法,这种方法其实是来自中国传统的智慧。对王朝闻美学研究的方法论进行"再研究",这对当代美学的发展具有非常重要的启示。

在美学基本理论上,王朝闻主要主张一种"审美关系说",即在关系的互动中探求主体与客体、创作与欣赏、感性与理性、分析与综合、一般性与特殊性等矛盾。这其实与18世纪法国启蒙运动美学家狄德罗有异曲同工之妙,即美随着关系而产生、增长、变化、衰退、消失。实际上,根据中国传统的宇宙观,一切万有"莫不相互涵盖,相互呼应,心物一体"。在王朝闻那里,可以说,美学与艺术、艺术与生活、美与生活、创造与欣赏、欣赏与批评都是内在融通的,从而构成了一种没有隔膜的亲密关系。

王朝闻的美学研究是以艺术为核心的,他是最切近于艺术的美学家,更重要的是,各种艺术门类在他那里是综合的、融会的、贯通的。他自从1941年发表第一篇艺术短论《再艺术些》之后,在历时半个多世纪的研究中,一直以艺术作为"圜中"。随着时间的推移,王朝闻的兴趣不仅在雕塑方面,而且在戏曲、绘画、诗歌、舞蹈、小说、相声乃至成语这样的日常用语中处处开花,形成了一种"综合的艺术感受",并能"超以象外"地从中抽象出道与器、形而上与形而下"不即不离"的美学理论。比如,他将"杯弓蛇影"这句成语同审美的幻觉、错觉联系起来,或许就可以作为贡布里希论艺术再现之"错觉"的本土阐释版本。相形之下,当代美学研究却逐渐走向了"玄学",造成这种趋势的缘由之一就在于"美学脱离了艺术"。

王朝闻的美学是一种"活生生"的"生活美学",或许对于他来说,美来自生活,生活也构成了美。这是由于,在他那些具有明清"性灵"小品风格的写作中,许多感受都直接来自生活,他往往能体悟到生活本身的美感,并能在适当的地方上升到美学的高度。比如,在《神与物游》里,王朝闻自己与相思鸟的紧密关系,就令人感受到他的生活绝不像普通理论家那样只是"有法的人生",而更是一种"有情的人生"。在一次拜访中,笔者曾亲耳聆听到王朝闻借用"事实胜于雄辩"的话,说明较之"审美关系"更重要的是"美的事实"这种生活本身。

王朝闻的美学研究具有非常深厚的审美欣赏的底蕴,也具有非常深厚的艺术批评的底蕴。当代欧美仍占据主流的分析美学,比如乔治·迪基的美学就不仅包括艺术哲学,而且还包括艺术批评,艺术批评是其美学体系的有机组成部分,批评的审美原则分析亦相当重要,而在当代中国美学那里却不是这样的。当代中国美学的发展还存在着脱离审美感受、审美鉴赏、审美批评的趋势,空洞地"臆想"着某种大叙事的美学体系。

王朝闻的美学和批评还是具有个性的美学和批评。他曾为《美术》杂志题词:"独见与共识之统一,构成美术批评之新感与科学性。""共识"的写作是为了在学术共同体内得到接受,王朝闻不仅做到了这一点,而且更为艺术家和大众所"喜闻乐见",正所谓"适应是为了征服"。"新感"的获得却直接来自"独见",因为审美感受在普遍性和共同感的基础上必然有特殊性。王朝闻的艺术批评文章都在见证这一点——在共识基础上的独见,独见又不脱离共识。所以,他认为,理论文章虽要抽象思维,但它应以从个别见一般为宜。这的确是一语破的,也击中了当代艺术批评人云亦云的要害,击中了当代美学"缺乏不与人苟同的独特的主观感受"的要害。

总之,王朝闻的确是一位具有本土气质的美学家,因为其美学独见已经成为且必然成为后世中国美学研究的楷模之一。

(原载《文艺报》,2005年9月22日)

# 追忆城市美学家佩措尔德

海因斯·佩茨沃德（Heitz Paetzold），2012年6月9日病逝于中国徐州。这位国际美学界的"城市美学"的推动者，以及"文化间性转向"的推动者，居然在异国他乡的城市，结束了自己的一生。

他是我的老友，生于荷兰，工作于德国，有着一头丹麦式的柔软银发，表情有时天真得像个孩子。他热爱美学，关注城市。

就在海因斯离开北京赴徐州之前，我们曾在南锣鼓巷相聚。由于关系紧密，一进门就谈了许多。后来吃饭的时候，我们一同坐在长桌狭窄的一面，他还拿出纸让我写出我们交流时他没听清的温克尔曼的名字，当时我在他的纸上看到了我的名字，原来他问过别人Liu Yuedi在哪里？

我们还有许多未竟的事要做。

一个是我主编复出的"美学译文丛书"，其中收入了"美学之父"鲍姆嘉通的博士论文《诗的哲学默想录》，"美学"一语就是在此书中提出的。海因斯以他精湛的拉丁文修养将之翻译成德文，本来我想在中国出一本"拉丁文·德文·汉文"对照版，但由于版权问题德文版遇到了困难，海因斯还推荐他在出版社的学生帮忙。

另一个是关于"文化间美学"的研究。海因斯曾拉我"入伙"进入"文化间美学委员会"。这次我们见面，还谈到继续推动这个研究，并初步商定将我们所结识的致力于"文化间"文化研究的学者团结起来，在中国与德国出版相关文集。他与我见面，好像第一句话就说，看到我参加"今日政治和社会中的'幸福生活'——第八届文化间哲学大会"了，这是以德国人为主的世界级哲学大会。

还记得在安卡拉，那部伊拉克悲惨电影散场后，我们在露天的咖啡馆聊到子夜。当时还争论说，卡西尔到底与马克思像不像，我当时固执己见，他则连连妥协。回国后，我才发现自己错了，内心始终有着愧疚，但现在却再也没有机会告诉他了。

就在那个最后告别的温暖的夜晚,他说要穿越京城走回酒店,令我想起在土耳其共同去考察老街区的时光。当时我本想追上去说(现在后悔当时为何没告诉他),从南锣鼓巷到东交民巷,你会经过"最美的北京"之路,请穿过景山与故宫的夹街,从西华门穿到东华门,并带着你的好心情。

但就这样,就这样,他消失在夜色中,再也没有回来……

再也没有……

# 神林恒道的日本生活美学

神林恒道先生，是我最尊敬的日本美学家。

我与这位 1938 年出生的老先生，在襄樊的国际环境美学会议上，还有京都的亚洲艺术学会年会上，都多有交流。特别是那次在京都的感谢晚宴上，与他真的心有戚戚焉！

为什么这样呢？因为当天下午神林恒道的主题演讲，直刺"生活美学"的鹄的，几乎直接将日本美学视为生活美学的原生态。我对此深表赞同，觉得不仅仅是中国美学原本是生活美学，日本美学也是如此。所以，在晚宴的回应环节，我在充满深情地谈起京都之美后表示，我们东亚的美学研究者都应该脚踏实地将自己的双脚踩在东方这块土地上。神林恒道对此特别加以赞许！

有趣的是，神林恒道还大胆地抨击了以东京大学为首的美学研究，认为他们的研究只是在追随西学的脚步，并由此彰显了他从京都大学那里习得的"京都派"的文化本位主义。实际上，就像我们中国人最熟知的日本美学家今道友信，曾经更多的是致力于西学研究，特别是亚里士多德；但是，在美国著名美学家托马斯·门罗出版了《东方美学》之后，今道友信受到了某种刺激，在汉语圈的学者的协助下完成了日文版的《东方美学》，也开始回归东方。

神林恒道早年也是从事西方美学研究的，荣休之后仍为大阪大学的名誉教授，他很早的《谢林与其时代——浪漫主义美学的研究》一书在相关研究领域获得了普遍的肯定。尽管他 1967 年是在京都大学修完了博士学位，但当时的他还是基本向往西学的。可是，越到后来，他就越发现东方本身的美学与艺术智慧的重要性，从此转向对于东方文化与美学的研究；越到后来，他就越发现美学不应只与玄学发生关联，而应继续开拓出艺术学的广大领域。

他在学术生涯中曾历任日本美学会会长、亚洲艺术学会会长、日本美学会关西分会主任代表、日本美术教育学会会长、日本国立博物馆独立行政法人营运委员、日本学术院会员。正是由于神林恒道的积极影响，最终确立了"艺术学"与"美学"在日本的分离，并出版了大量的相关著作，如最重要的《艺术学论丛》，其中包括第1辑《艺术学的轨迹》、第2辑《艺术学的射程》与第3辑《西洋美术》（劲草书房出版）。他还主编过我目前所见的最好的一本《艺术学手册》（劲草书房出版）。在日本非常有影响力的《讲座美学》中，他主编了第4卷《艺术诸相》（东京大学出版社出版），还主编了《现代艺术的类型》（劲草书房出版）等。

在亚洲艺术学会2010年的京都年会上，神林恒道所主讲的是《出会的美学》，类似于我们中文所说的"相遇的美学"抑或"邂逅的美学"，其实就是日本的生活美学。

神林恒道认为，日本早就有"书画古董"的提法。自古以来，中国士大夫在教养方面也形成了"琴棋书画"的传统。文人的生活艺术化，对于孔子来说强调的是"教养"的要素，老庄思想则强调的是其"精神性"。同样，日本也有生活美学的强大传统。

中世纪的"艺能"最早只是世俗大众的娱乐，也就是在世俗的"寄合"或者私人集会的场所出现的，如新兴的武家阶级的交往与集会的场所。"能乐""茶道""花道""香道"，都随之出现。茶的契合，瓶中的花，对香的嗅觉，最初都是普通的社会行为，都是从卑俗的娱乐中生长出来的。这些引人注目的"艺"、各种"艺能"的形式，它们都是在民间的娱乐形式中产生出来的，最初都是人与人交往的"集体娱乐"的产物。

后来就发展出一种"闲寂的精神"，从中反映了一种高贵的精神。然而，来自"出会"（人与人之间的相遇与交流）的场所及其历练的东西，最终成了某种理想性的东西，后来又成了某种"雅"的东西。这种理想，按照能乐的集大成者世阿弥的话来说，就是借用这些媒介建起"一座建立寿福"的理想居所。能乐也就从限定于日常生活之中，到后来发展成为这种理想化的建构。

能乐的功能就是建立起这样一种场合，能乐的舞台就是座席间的延伸与拓展，从而成为剧场一样的空间。对于茶道、花道、香道这样的具有"寄合"功能的艺能，也是在某种场合的某些延伸。这种"寄合"，当初也是与事佛有一定的关联的，但后来也就随之形成了娱乐，目的在于人们之间的相互交往，以将军家为核心的"同朋众"（类似于法国的沙龙）就是如此。正是通过"同朋众"，当时形成了专门的艺能团体。能乐的世阿弥、水墨画的相阿弥、连歌（合歌）的顿阿弥、立花（花道）的立阿弥、作庭的善阿弥、茶事的千阿弥，分别成为这些团体的名字。中世纪的"艺能"也出现了分化，大约17世纪是分化的开始。中世纪的艺能最为本质的部分，就是人与人出会相遇与社交的场所，从而逐渐形成了一种可见的"美的理想"。

听君一席话，胜读十年书。神林恒道的确把握到了东方神话美学之"魂魄"！

第五辑

# 艺术终结：终结在何处

# 如何释读"艺术终结"?
## ——与丹托的对话之二

**刘悦笛**：我在这次国际美学大会上的英文主题发言是《观念、身体与自然：艺术终结与中国的日常生活美学》(*Concept, Body and Nature: The End of Art versus Chinese Aesthetics of Everyday Life*)，试图将艺术终结问题纳入中国本土视野中加以观照，从儒、道、禅三家思想来审视艺术终结问题。我赞同艺术终结论，并认为观念、身体与自然恰恰构成了艺术未来的终点，观念美学、身体美学与自然美学也由此显现。马戈利斯与我的对话中，还曾提到你在《艺术终结之后》(1997)观点的微妙变化。

**丹托**：我在1984年发表了《艺术的终结》(*The End of Art*)一文。直到1995年，也就是我做梅隆讲座(Mellon Lectures)的那个时候，我都在不断地修正自己的观点。自从"梅隆讲座"在1997年出版之后，我已经完成了这种修正。在每一个时期，我对于自己观点的撰写，都要增加一些或者改变一些。这是一种仍在"不断进步的工作"，但基本的东西却没变。

**刘悦笛**：在我看来，你的艺术基本观念从《平凡物的变形》(1981)就被奠定下来了。其中的"极简主义"(minimalist)的定义——艺术总与某物"相关"(aboutness)并呈现某种"意义"(meaning)——如果被置于"跨文化"的语境中，我们就可以理解在非西方文化中的各种艺术及其与非艺术的界限了。

**丹托**：确实令人奇怪的是，自从《平凡物的变形》出版之后，我关于艺术定义的观念，基本上没有什么改变。艺术被定义为一种意义的呈现(embodied meaning)，无论在何地、无论在何时艺术被创造出来，这对于每件艺术品来说都是真实的。

**刘悦笛**：你觉得东西方的文化多样性(diversity)该如何被考虑进去？

在芬兰的拉赫底举办的第十三届国际美学大会上，你在开幕式上的大会发言也曾强调了东方文化和美学的价值，当时日本著名美学家今道有信还曾为此向你深鞠一躬，你还记得吗？

**丹托**：是的，但无论在东方与西方艺术之间存着何种差异，这种差异都不能成为艺术本质（art's essence）的组成部分。在西方与东方艺术之间的差异，在此并不适用。起码，自从 1981 年以来我所学到的，都不是该理论的组成部分。

**刘悦笛**：我在北京大学出版社即将出版的《分析美学史》（The History of Analytic Aesthetics）专论你的章节中，将 1964 年的"艺术界"理论看作你的美学起点，1974 年的"平凡物变形说"视为"艺术本体论"，从 1984 年到 1997 年的"艺术终结论"视为向艺术史哲学的推展，2003 年"美的滥用"则回到审美问题并转向了对美的"背叛"。

**丹托**：《平凡物的变形》，正如我所说的，是关于"本体论"的。这本书是关于"什么是艺术"的。《艺术终结之后》是关于"艺术史哲学"（philosophy of art history）的。最后，《美的滥用》（2003）则是直接关于"美学"的。我在这"三部曲"中持续地工作。将它们合在一块，就是哲学的活生生的篇章。

**刘悦笛**：谈到生活，你自己也曾说："在某种意义上，当（艺术的）故事走向终结时，生活才真正开始。"我个人就主张并赞同"生活美学"，这种美学也是同新实用主义和后现代主义的某些传统交相辉映的，而今所谓的"日常生活美学"（The Aesthetics of Everyday Life）思潮在欧美学界也越来越热。但我更想从本土传统出发去思考，我们是否能够重建一种崭新的"生活美学"（performing live aesthetics）呢？我也曾在韩国成均馆大学的演讲中宣讲过中国美学如何由此走向现代的问题。

**丹托**：的确，非西方艺术（Non-Western art）现在是世界艺术的一部分。它可能将会扮演越来越重要的角色。在今天，纽约就非常需要中国艺术。尽管迄今为止中国艺术哲学并没有产生太多的影响。我们可以始终从观看一件艺术作品之外得到点什么。但是，我们却不能通过看一页写成的东西而得到任何东西，除非我们能理解语言。

**刘悦笛**：但是，许多"视觉理论"（visual theory）就将绘画视为一种语言，在我所编撰的《视觉美学史》中许多理论家都持类似的观点。

**丹托**：人们将艺术视为一种"语言"，但这确实是错误的。如果他们是对的，那么，比起理解中国艺术，我们就可以更多地能理解中国语言。

（原载《分析美学史》，刘悦笛著，北京大学出版社2009年版，"附录"部分）

# 终结之后的艺术当代状态
## ——与丹托的对话之三

**刘悦笛**：现在，你在纽约艺术界已成了著名的艺术批评家，似乎大众更认同你的这个身份，你也是当代艺术发展的积极介入者。那么，如何从总体上评价当代艺术状态？我记得你在《艺术终结之后的艺术》一文中，曾经从总体上描述过20世纪末期的艺术，70年代是没有单一艺术运动的"迷人的时期"，而80年代"这十年则好似什么都没发生"，那么，后来呢？

**丹托**：在20世纪90年代早期，存在着一个短暂的时期，许多人都感觉，表现主义绘画（expressionist painting）已经回归了。但是，这只持续了几年时间。在这种艺术之后，至少是在纽约，向多元主义（pluralism）的回归，已经从20世纪70年代开始就已经站稳了脚跟。这种艺术状态持续到了21世纪。

**刘悦笛**：这究竟是什么状态，如何更明确地做出描述？

**丹托**：不再有任何"艺术运动"，但是，重要的事实是，艺术不再能——按照传统的艺术理论（traditional theory of art）所解释的那样——被生产出来。我感觉，变形（Transfiguration）的定义，恰恰诉诸艺术已呈现的一种意义。但是，呈现的模式确实是一种运动的特征。对于中国艺术而言，也是如此。

**刘悦笛**：你认为，艺术与政治的关联是怎样的？特别是在美国9.11事件发生之后，如何看待两者之间的关系呢？我知道，你作为策展人，曾经主办过一次"9.11之后的艺术"特展，引起了美国国内的普遍关注。

**丹托**：在美国，当然存在政治化的艺术（political art）。然而，这种艺术大多数是抗议美国的对外政策的，特别是在伊拉克的政策。有一些艺就是对于9.11的直接反应,但大多数的艺术表现只是以一种哀伤的形式出现。我曾在2004年策划了一个9.11艺术展,在纽约的翠贝卡区的顶点艺术(Apex Art)画廊展出。那些抗议艺术(protest art),就本质而言,没有让我激起兴趣的,毋宁说,这是将悲剧视为悲剧而反应的艺术。

**刘悦笛**:在21世纪来临的时候,"艺术终结"理论究竟还有多少合法性?我曾经写过《艺术终结之后》(2005)的专著,这是汉语学界第一部关于艺术终结的书,我也曾用这个题目在北京大山子第三届国际艺术节(DIAF)上做过演讲。2004年当代美国艺术批评家唐纳德·库斯皮特(Donald Kuspit)出版了名为《艺术终结》(*The End of Art*, 2004)的专著。2007年应邀参加中国美术馆的中美联合举办的《美国艺术300年:适应与革新》的开幕式,许多致力于艺术史研究的美国学者参与其中。在与他们的交流中发现,他们似乎对于你这种哲学化的理解并不怎么认同,而对库斯皮特的想法却更为认同一些。

**丹托**:艺术的终结,正如我所描述的那样,只是一种历史运作的方式。所以,根本就没有合法性或者不合法的问题。它只是一种运动,市场膨胀了,艺术家们以虚构的方式又发现了许多表现意义的方式——但是,艺术却完全丧失了方向。

**刘悦笛**:这是什么意思呢?请你总结一下,是不是就是你所说的任何可能性在当今的艺术中都是可能的,正像你自己最喜欢的艺术文集《超越布乐利盒子:后历史视野中的视觉艺术》(*Beyond the Brillo Box: The Visual Arts in Post Historical Perspective*, 1998)中所呈现的那样。

**丹托**:是的。作为艺术的艺术(Art as art)不知走向了何处。

**刘悦笛**:这便是艺术的终结?!你与德国著名艺术史家汉斯·贝尔廷(Hans Belting)都聚焦于艺术史的"叙事主体"(subject of narrative)的终结,却从未说过终结就是指艺术死亡。但在你提出"艺术的终结"之后,许多的批评者都对此提出了尖锐批评,这一理论从欧美到东方也进行了长途的"理论旅行"。你如何看待大量对你的指责呢?

**丹托**:没有!我没有读到过对我有所帮助的任何批评意见!但是,我的艺术终结观念的侧重点,并不在于批评的形式自身。关于这些批评的陈述已经出现了,但它们并没有提出任何东西。我们已经没法在时间上回到过去的阶段了。仍然真实的是,我们不得不置身于我们的时代,无论我们是否爱这个时代。

**刘悦笛**：但是，毕竟这个时代已经发生巨变，无论是我们从当代中国文化的转变来看，还是从美国文化已经获得的文化霸权（cultural hegemony）来看，都是如此。

**丹托**：作为一名艺术批评家，我发现，我们所生活的这个时代非常有趣。在今天，我仍没有要成为一名艺术家，但是，我有了成为艺术家的可能。这样，我就拥有了一种非常有趣的生活，尽管这种生活并不适合我。但无论怎么说，对于艺术的哲学来说，这是一个好的时代。

（原载《分析美学史》，刘悦笛著，北京大学出版社2009年版，"附录"部分）

# 艺术终结由谁先提出？
## ——与卡特的对话之一[①]

**刘悦笛**：卡特教授，非常欢迎您再次来到中国，我想和您就两个问题进行对话，一个就是被中国学界所普遍忽视、但在英美学界却仍位居主流的"分析美学"（analytic aesthetics），另一个则是目前从全球范围到中国本土都在愈演愈烈的"艺术终结"（the end of art）理论。今天我们就从第二个问题开始吧，因为这个问题至今在中西学界都还是"焦点"。

**卡特**：谢谢，好的，我们开始吧。

**刘悦笛**：那我先说。我们都知道，艺术终结问题的重提是从1984年开始的，这与一位著名的分析哲学家、美学家和艺术批评家阿瑟·丹托（Arthur C. Danto）是相关的。有趣的是，他在1984年前后抛出两篇大作，先发表的是《哲学对艺术的剥夺》，这个题目一看就不可能引发多大影响，但《艺术的终结》一经抛出就引起轩然大波。直到今天，当"艺术终结"理论旅行到中国的时候，真可谓是姗姗来迟呀！

**卡特**：的确如此，但丹托的理论更多的还与黑格尔相关，是通过阐释黑格尔而得出的结论。

**刘悦笛**：在安卡拉第十七届国际美学大会上，您也曾说过，其实你才是在美国谈论艺术终结的最早的人士，真的是如此吗？

**卡特**：事情是这样的。我曾就此写过文章，我对于黑格尔艺术终结观念的兴趣，最早开始于20世纪70年代中期。我所写的一篇文章《艺术之

---

[①] 2007年11月3日，与来访的时任国际美学协会第一副主席、马凯特大学教授兼哈格蒂美术馆馆长柯提斯·卡特（Curtis L. Carter），在北京第二外国语学院宾馆就"艺术终结"问题进行了专门的对话，在卡特归国后经过了双方的整理和修订于12月31日最终定稿。2008年2月16日，卡特在此基础上以《黑格尔与丹托论艺术终结》为题应邀在中国社会科学院做了主题演讲。

死的再探讨：阐释黑格尔美学》，最早发表在1974年美国黑格尔学会的会议上，后来收录在1981年出版的《黑格尔的艺术与逻辑》一书中。在当时，"艺术终结"的话题仍被"戏剧性"地被标识为"艺术之死"。

**刘悦笛**：为什么会这样呢？在中国的语境下也是如此，大家听到艺术终结就立即联想到艺术死亡，或者将这二者完全等同起来。其实，黑格尔在《美学演讲录》——中国美学家们更倾向于将之直译为《美学》——中所使用的德文概念是"der Ausgang"，这个词非常有趣，它的确有"终止"之意，但又包涵"入口"的意思。

**卡特**：在美国也是如此，对于黑格尔的理解，主要建基在黑格尔的1920年的英译本的基础上，译者是学者奥斯马通（Osmatson）。直到1975年，由T. M. 诺克斯（T. M. Knox）翻译的黑格尔的《美学演讲录》才解决了这种翻译的误解。这个译本居然同我对于黑格尔的解释是一致的。

**刘悦笛**：这也就是说，艺术终结与艺术死亡根本就是两码事。丹托的文章发出来之后，引发了巨大的反响，有编者随之以他的文章为靶子，在1984年编辑了《艺术之死》的文集。更有趣的是，丹托在被误认为是"艺术死亡论"的代表人物之初，竟然没有反驳，等到越炒越热之时，又站出来澄清——我只说过艺术终结却从未说过艺术死亡呀！这不能不说是"智者的诡计"。

**卡特**：实际上，在美学上最早提出艺术死亡论的，并不是丹托，起码你我所共知的克罗奇（Benedetto Croce）和埃瑞克·赫勒（Eric Heller）都对此有所探讨。这就更需要对于黑格尔的文本进行小心的解读，我在当时就已经发现，黑格尔并没有按照通常所理解的那样，将意图放在艺术的终结上面。

**刘悦笛**：这也就是说，丹托在阐释黑格尔的时候，也是部分地遵循了黑格尔的意愿了，既然丹托是通过阐发1828年黑格尔的相关理论而提出新问题的。但是，黑格尔时代的艺术语境与丹托的时代却大相径庭，丹托更多的是针对当代艺术和文化作出自己独特的解答。

**卡特**：非常可惜的是，我在当时也并没能继续这个讨论。就像丹托那样，将艺术终结与现代艺术和当代艺术直接联系起来。但是，现在看来非常清楚的是，黑格尔的分析的确开启了未来的发展之路，而这种发展在后来又是如此的巨大。

**刘悦笛**：这从世界各国的强烈反响那里可见一斑，今年的第十七届国际美学会议上包括我在内的学者仍以艺术终结为题做会议发言，我也曾在2005年出版了《艺术终结之后》的专著——我是从阐释杜尚艺术开始，然后再从黑格尔谈到丹托。那么，您对于黑格尔的终结论有何新的理解呢？

**卡特**：我在70年代对于黑格尔艺术终结的解释，首先是从黑格尔辩证法出发的。宣称黑格尔的形而上学辩证法原则必然会产生艺术之死的观念，艺术之死的观念显示出其是建基对于辩证原则的误用上面的。如果某人把辩证法视作黑格尔理解文化进化的关键要素，那么，这个系统则保留了无终结的变化的可能性。

**刘悦笛**：这的确是一种哲学上的误用，用我们的话来说，最终是黑格尔的哲学将艺术逼上了终结之路，或者说，这是黑格尔思想体系的推演不得不得出的结论，是他"自己逼自己"得出的结论。

**卡特**：还有更为现实的一点，在艺术终结的主题上面，黑格尔误解了主体性的浪漫型艺术和感性要素的分解问题，混淆了浪漫型艺术的转变与所有艺术的归于死寂。

**刘悦笛**：这意味着，当黑格尔做出他置身其中的"时代的一般情况是不利于艺术的"这个判断的时候，更多的是出于对当时浪漫型艺术的基本误解。我们都知道，喜剧发展到近代浪漫型艺术的顶峰的时候，艺术就按照黑格尔那个著名的三段论开始走向终结。

**卡特**：的确如此，黑格尔认为，艺术是同宗教和哲学相关的，是心灵的一种活动，其目的是以某种感性形式对于精神的复归。通过历史的进化阶段，在这个世界上的精神的衰落得以出现。艺术的角色的转变也是与这种历史变化相匹配的。

**刘悦笛**：从艺术、宗教到哲学，黑格尔横向地视哲学为艺术与宗教两者的统一，使作为知识活动的哲学成为艺术和宗教的思维之共同概念；又纵向地、人为地安排了这三者的环环相扣的发展，艺术和宗教在哲学中才发展为最高形式。

**卡特**：没错，在宗教中占统治地位的是内在的情感，哲学则是更高的理解形式，显现了更精神界的、更完全的衰落，这对于黑格尔来说是存在的终极形式。从艺术、宗教到哲学，这三者精神活动的显现都随着文化的进步而转变，最终指向了精神的更完满的显现。

**刘悦笛：** 如何理解真正历史的辩证法呢？

**卡特：** 在黑格尔的时代，历史的辩证发展阶段，是一种视哲学为更高的显现精神的模式。然而，鲜为人知的是，黑格尔的辩证法是可逆的与非线性的，允许艺术取代哲学作为一种更充分的精神显现。

**刘悦笛：** 如今的美学状态变化了，20世纪美学的主流经历了"语言学转向"，分析美学占据了主导。艺术终结问题就是分析美学家提出的，在一定的意义上，它也是一个纯粹的分析美学问题。

**卡特：** 当哲学聚焦于语言之谜的时候，它确实以一种分析哲学的形式开始出现，而不去理会人类存在的意义的关键要素，这其实是艺术去取得更大重要性的机会，这在20世纪不是已经发生了吗？

**刘悦笛：** 我们来谈谈您的朋友丹托，其实，分析美学界是集体性拒绝阅读黑格尔与海德格尔之类的。与当代新实用主义家约瑟夫·马戈利斯（Joseph Margolis）的谈话中，他就曾以轻蔑的语气说海德格尔只能算是一个聪明人（smart man），但丹托却反其道而行之。

**卡特：** 在当代哲学家中，只有阿瑟·丹托这样的少数人承认从黑格尔那里获得启示，特别是从《美学演讲录》中受益匪浅。他所寻求的是艺术史与当代艺术发展之间的关联。丹托在后来一系列的著述里面，不断地回到这个主题，比如在《艺术的状态》《显现的意义》《艺术终结之后》《未来的圣母像》《艺术的哲学剥夺》以及其他地方都是如此。

**刘悦笛：** 你曾说过，许多美学家对于艺术的感觉是不同的。在美国的一次美学会上主张"艺术惯例论"的分析美学家乔治·迪基（George Dickie）就曾对您所聚焦的视频艺术嗤之以鼻，尽管他的艺术主张是很前卫的。也就是说，真正懂得当代艺术的美学家中，丹托可能是佼佼者。

**卡特：** 的确如此，在美国的美学家中，一部分人是拒绝当代艺术的，而另一部分人则试图从当代艺术中来发展美学，丹托和我都属于后者。

（原载《美学国际》，刘悦笛主编，中国社会科学出版社2010年版）

# 艺术终结向哪方发展?
## ——与卡特的对话之二

**刘悦笛**：艺术终结究竟意指何方呢？

**卡特**：正如我已经说过的，"艺术之死"是来自对于黑格尔的一种误解。在丹托1994年出版的《显现的意义》中，其中的《艺术终结之后的艺术》一文就否认了他与"艺术之死"观念的早期关联，从而代之以作为哲学问题的艺术终结观念。这似乎是没有问题的，丹托的将自身与艺术之死分离开来的努力，与我前面所说的黑格尔没有提到艺术之死是相一致的。

**刘悦笛**：丹托后来出版了《艺术终结之后》这本书，是关于"艺术史哲学"的。是否他的艺术终结论，既是一种艺术哲学，也是一种艺术史哲学？我在自己的专著中，特意将"艺术终结"与"艺术史终结"区分开来，后者是德国艺术史家汉斯·贝尔廷（Hans Belting）提出的，时间也是1984年。

**卡特**：丹托对于艺术的重要解析途径，就在于他关注艺术史，关注如何将艺术与非艺术区分开来，如何看待艺术与哲学的关联。他将艺术史理解为一种叙事，与特定时期的艺术发展相关的叙事，关注模仿中的进步与进化，或者在艺术图像中的世界呈现。

**刘悦笛**：这在丹托的得意门生大卫·卡里尔（David Carrier）那里得到了充分的发展，他的《艺术撰写》《艺术撰写中的原则》《艺术撰写的艺术》等专著都是聚焦于此。

**卡特**：必须看到，艺术史的终结，是同现代艺术一道来临的。现代艺术被视为一种状态，其中，艺术成为面对某一对象的自我意识，该对象处于新的一系列的关系中，并一部分区分于抽象，这是与模仿作为先前艺术史的特征相比照而言的。

**刘悦笛**：如果从艺术史终结谈到艺术史上的个案，就很难逃开杜尚的影响，尤其是他的现成品艺术。对于丹托终结观念产生另一个重要影响的则是安迪·沃霍尔，他在1964年以"布乐利盒子"为主题的展览，直接启发了丹托，尽管丹托是在整整20年后提出终结难题的。

**卡特**：艺术对于艺术史的关键性的转变，来自对20世纪早期杜尚的现成品的理解。那些人造物品，如雪铲和小便器等，适当地被提供出来而成为艺术。同时，对于20世纪60年代沃霍尔的"布乐利盒子"的理解也的确非常重要，这个对象从知觉上难以同作为人造品的盒子区分开来。这些艺术有助于弥合艺术与非艺术的边界，并在艺术史中得到新的理解。

**刘悦笛**：西方学者提出了所谓的"不确定公理"，也就是说，艺术与非艺术的区分是无法确定的。由此推论，艺术家与非艺术家之间的区别也是无法确定的，以前二者的区别在于前者创造艺术而后者不创造艺术，而今创造艺术的人与不创作艺术的人之间并无区别。德国艺术家约瑟夫·博依斯（Joseph Beuysin）就有句名言——"人人都是艺术家"！

**卡特**：按照丹托的解决方案，艺术史是作为一种特殊的历史现象而终结的。他的策略部分地来自1984年的"艺术界的低迷状态"的观点，认为艺术史不能再与过去的艺术发展相互协调起来，艺术以激进的多元主义形式出现，从而成为后历史艺术（post-historical art）或后现代艺术（post-modern art）。

**刘悦笛**：我并不同意你的意见，好像丹托只说艺术进入了后历史的阶段，但从来没有用后现代的话语来说明艺术。他的艺术终结论被纳入后现代主义中，更多的是后来者的误解。他主要还是一位秉承了盎格鲁—撒克逊传统的分析哲学家，而非法兰西多元思想的拥护者。

**卡特**：无论怎么说，丹托的思想都并不意味着艺术将不再被生产出来。

**刘悦笛**：艺术就如在黑格尔那里一样，将被哲学所取代了吗？丹托似乎更多的是通过对柏拉图思想的阐释来达到这一点的。

**卡特**：丹托最先提出艺术成了哲学——当现代艺术成为自我意识并反映了其自我意义的时候，艺术就成了哲学。但是，他阐明说，这并不意味着，艺术从字面上成了哲学，而只是通过从模仿到抽象再到观念艺术的转换完成的，艺术遂成了对于自我的理解。

**刘悦笛**：如何理解艺术与哲学的关系呢？

**卡特**：在这种关系上，丹托是始终追随黑格尔的建议的。例如，在黑格尔发言的历史时刻，当艺术成为精神的完满显露的时候，最好的艺术是作为艺术哲学而被表现出来的。

**刘悦笛**：我们今天如何看待丹托艺术终结思想的内在矛盾呢？

**卡特**：丹托所面对的主要是这样两个问题：其一，在一个后历史时期的激进多元主义时代，如何区分艺术与非艺术；其二，如何使得艺术的哲学理论可以阐明过去、现代和未来的一切艺术。

**刘悦笛**：这种激进多元主义的描述，的确与丹托对于艺术史不同阶段的划分相关。按照他的三分法则，人类艺术史从1300年开始分为三段，直到1880年是所谓"模仿的时代"，从1880年到1965年则是所谓的"意识形态的时代"，而后则是当代的艺术阶段。

**卡特**：的确，为了完成第一个目标，他将历史设定为特定的阶段，在其中，按照模仿艺术的共同主题去生产的艺术，是不同于20世纪的现代艺术的，更是与当代艺术的多元主义异质的。在当代艺术中，似乎任何一种东西都可以被视为艺术。

**刘悦笛**：按照丹托的观点，每个时代的艺术史叙事开始后，叙事不仅仅提供了特定艺术史时期的叙事，而且也提供了一种适用于所有来自先前时期之先前艺术品的艺术史叙事。这样说是什么意思呢？比如，表现主义与形式主义都是这样的理论，它们都宣称能够对所有先前的艺术史时期的作品进行评论并与之相适应。

**卡特**：这就涉及丹托的第二个目标，丹托似乎公开承认自己是一个本质主义者，他在寻求与黑格尔的普遍精神类似的等价物，寻求历史改变的基础，寻求理解无论是处于前历史的、历史的还是后历史的阶段的每一艺术情境的钥匙。这种寻求的部分，使得丹托将一种深度阐释的理论能够去宣判——在风格变化的现象之下的艺术制造的不可通约性。

**刘悦笛**：这就涉及分析美学这五十多年来的争论——艺术是否可以定义？早期的分析美学更多的是从解构的角度否认艺术定义的可能性，后来受到晚期维特根斯坦的哲学影响，分析美学家们更多的要给艺术一个相对周延的定义，尽管他们没有意识到其"语言中心主义"的缺失。

**卡特**：的确如此，丹托认为，艺术的普遍定义是可能的，这种定义与历史的颠覆并不是对立的，但是，这种定义接受了对于特殊的艺术情境的开放性。这种回答毋宁说是来自哲学的，而并非来自艺术史。

**刘悦笛**：我个人更赞同丹托在1981年《平凡物的变形》一书中给艺术所下的定义：艺术总与某物"相关"（aboutness）并呈现某种"意义"（meaning）。最主要的理由在于，这个定义具有普世性，如果将之置于跨文化的语境中，我们就可以理解在非西方文化中的各种艺术及其与非艺术的界限了。

**卡特**：从理想的角度看，似乎丹托的目的最好是在于为艺术提供必要和充分的条件，从而能够确定艺术作品。但很清楚的是，艺术的宣称并不足以告诉我们，什么是艺术，什么又不是艺术。没有来自艺术史上的先例可以有助于未来艺术的激进的新创造。

**刘悦笛**：最后，您再总结几句。

**卡特**：丹托的贡献中哪些是有用的呢？他提出了对于我们时代的艺术的丰富和深入的考量，从而使得我们可以去把握这种正在存在的多元主义。在今天所有工作着的美学家中，他能很好地知晓艺术的过去与现在。他作为艺术批评家与哲学家的写作，对于阅读和深思今天的任何艺术都是具有启发性的。

**刘悦笛**：最后，请问您是否赞同艺术终结论呢？我个人认为，艺术终结是"将来完成时"的，既然艺术并不是与人相伴而生的东西，那么，它就有可能不再与人相伴而终结，也就是说，艺术未来终有终结之时。从乐观的角度看，艺术终结之后则是生活的复兴，因为艺术已经回归到我们的生活世界了。

**卡特**：历史没有终结，艺术也没有终结，哲学仍有希望，就像黑格尔与丹托所完成的任务所显示的那样，哲学与伟大的心灵一样的长久。

（原载《美学国际》，刘悦笛主编，中国社会科学出版社2010年版）

# 艺术终结于何处?

在"全球化"(globalization)迅速蔓延的语境下,乃至在第二个千年匆匆而过的时候,艺术终结问题仍愈演愈烈!在笔者2007年参加的在安卡拉举办的第17届国际美学大会上,欧美与世界各地的艺术家和学者们,仍然在终结问题上逡巡反思。

从总体观之,按照拙著《艺术终结之后:艺术绵延的美学之思》一书里的理解,当前的艺术终结问题具有五个维度:1."艺术"终结(阿瑟·丹托1984年首倡);2."艺术史"终结(德国著名艺术史家和美学家汉斯·贝尔廷1984年首倡);3."艺术家"之死(源自法国结构主义大师罗兰·巴特1968年的"作者之死");4."审美经验"的终结(来自美国美学家乔治·迪基1964年和舒斯特曼1997年的主张);5."艺术理论"和"美学"的终结(分别是艺术批评家维克托·伯金1986年和美国美学家阿诺德·柏林特1991年的主张)。由此可见,从学术谱系上讲,艺术终结论也趋于向各个方向延展,从而使得自身的理论体系得以完成。

无论是"艺术终结"的大势所趋,还是"艺术终结论"的众声喧哗,其实都是由欧美艺术界和美学界最早发出的呼声。这林林总总都是在它们自己的语境里面"自然而然"生长出来的,无论是在赞成者那里得到了"正向"的确认,还是在反驳者那里得到"反向"的阻遏,似乎都是在确证"终结"问题本身的真实在场。换言之,艺术终结,在欧美世界无疑是"先发"的,它从产生之初发展到当下皆染有"欧美中心主义"之极端色彩。

然而,当同一问题与"异质"文化遭遇的时候,就会面临着深层的转化和变异。这意味着,当艺术终结从当代欧美文化内部"自发"地、"内源式"地生成之后,它随着"全球化"的脚步,而迅速"介入"其他非西方的文化境遇的时候,必然经历了一个又一个"后发"的、"外源式"的历史性转换过程。

如是观之,"艺术终结"问题就可以被转化为两类:一类是以欧美后现代文化所领衔的"先发"艺术终结;另一类,则是由前者所唤起的世界其他地区的——"后发"艺术终结,特别是东亚、南美和北非这些"欧美化"相对严重的地区。艺术终结的浪潮,就好像大洋内部生成的海啸那样,一经被掀起就引发了世界性的震动,其影响也好似海水涨潮一般"一浪紧逐一浪"。这样,依据逻辑推演所设想的另两种"全球化模式"就不复存在。艺术终结之成为全球问题,可能出现在如下三种境域里:

情况Ⅰ:如前所述,由欧美文化所首倡而后才波及全球许多地区,由于文化语境的差异,从而展现出问题被变异后的各种性质。

情况Ⅱ:欧美世界与世界各地(或许只是几个地区)是"异曲同工"地提出了终结问题的,由文化的差异而展现出一种"趋同"的倾向。

情况Ⅲ:随着欧美文化的全球化的汹涌奔腾,世界各地的"艺术终结模式"变得一模一样,全球化就等同于文化和艺术的"同质化"。

显然,如果承认历史文化处于不同的阶段(这里并不是说"先发"的就是好的),承认艺术终结问题最初是欧美后现代文化的成果,那么,就可以否定情况Ⅱ。如果不承认"全球化"就等于世界文化的"一体化",它还要包容多元文化的"共生"内涵在里面,那么,就可以否认情况Ⅲ。这样,唯一存在的情况Ⅰ就是历史的实情。当代艺术终结问题,都是由世界某一地区率先创生出来。具体说来,经过美国的阿瑟·丹托和德国的汉斯·贝尔廷在1984年的首倡,这个问题才逐渐先是(几乎是同步地)拓展到整个欧美世界,再又随着被推波助澜而继续延展和蔓延,从而被世界各地的不同文化所内在涵化和加以变化。

这里还要向前推,不仅终结的"话语权"在欧美,"美学"也是近代欧洲学术思想的结晶,而且就连"艺术"这个事物本身也是欧洲古典文化的产物!这就成了一个饶有兴味的话题,既关涉到美学理论,也关系到艺术在全球的发展。

既然艺术是现代性的产物,那么,它就有可能随着现代性历史的终结而终结。"有始必有终",艺术也是一样,艺术在未来必将走向终结的命运,尽管今天的艺术仍在继续延展。可以肯定的是,艺术最终是要"终结"的。正如人类的生理参数有各种各样的"极限"一样，人类跑的速度、跳的高度、身体的力量都是有极点的。现代奥林匹克运动之后产生的"世界纪录"总有一天是要"休止"下来的，根本不可想象未来的人能在百米赛跑里跑进6秒之内。如此说来，正如生理本能达到一个极限就不能再突破一样，作为人的创造赋形物的艺术，也会终结触及某种极限。同样的旁证还会表明，原始人的生理指数一定皆是高于现代人的，比如跑、跳、投都会比现代人强。这亦好比艺术的延展，并不是前"低"后"高"、线性上升的。确实，不能想象，艺术史上还能再出现米开朗琪罗，历史也不能造就出"第二个米开朗琪罗"。

尽管就目前而言，艺术终结并不是一个全球问题，但艺术毕竟将会在未来终结。在其终结之后，"生活美学"将会得以凸显，观念艺术、行为艺术和大地艺术则分别代表了艺术终结的三种理路："艺术终结在观念""艺术回归到身体""艺术回复到自然"。在这种意义上，"观念主义美学""身体美学""自然环境美学"便理应出现，而且这三种新的美学与中国传统的禅宗的"观念主义"美学、儒家的"综合美学"和道家的"自然美学"思想分别相系。这是由于，中国传统美学在本质上就是一种活生生的"生活美学"，以它作为参照重新来审视艺术终结的难题，可以得出许多新的结论。

"观念艺术"的发展道路，使得传统艺术形式趋于终止，而观念倾轧形式成为艺术的核心。按照这种思路，"艺术作品就是分析性命题"，"一件具体的艺术品是艺术，意味着它就是艺术的定义"。从表面上看，观念艺术所谓的"艺术就是艺术定义"的诉求，恰恰走向了"不立文字"的禅宗领悟的反面。然而，对观念艺术的"艺术体验"，尽管必经语言之途，但最终还是要"得意而忘言"。从"语言"到"非语言"，或者用观念艺术的理论话语来说，从"有形的语言"到"无形的语言"，这种跨越其实就是禅宗所谓从"思量"到"非思量"的超升。这正是观念艺术所追求的"语言的无形抽象"，"所呈现出来的无限与无形，既非知亦非不知"，这与禅宗"观念主义"美学的诉求恰恰是一致的。

"行为艺术"，作为一种更为成熟的当代艺术形态，它一反从"身体""行动"到"作品"的不可逆的传统流程，重建了艺术创作的"圜道观"。在这种艺术体系里,"身体""行动""环境"与"偶发"是交互规定的,从而认定艺术活动就是一种"综合性"的审美化的活动。这与秉承了原始文化"诗乐舞合一"传统的儒家美学具有天然的亲和力,所谓的"和乐如一"正是描述这种整合的艺术状态。不过,这种"综合"还应是以人的身体为核心的,因为人不仅是声音的"发出者"、动作的"做出者",而且还是音乐和背景的"制造者"。照此而论,行为艺术更像是原始文化里的"巫术"活动在当代的重新演绎。在这种回到身体的艺术里,身体成了"艺术语言"本身。

"大地艺术"作为当代欧美艺术的重要流派之一,以"回归于自然"为主旨,形成了一种"反工业和反都市"的美学潮流。这种自然美学的思路,与道家美学的"道法自然"的观念是内在相通的。大地艺术因而具有了某种"东方意味":在艺术里保持了艺术与自然的亲密关联,敬畏自然天地的造化之功。无论怎样,在大地艺术的创作者和欣赏者的心目中,都是对"天地之大美"极为认同的,认同这种"天下莫能与之争美"的"大美"的存在。应该说,天、地、人这"三方世界"的关系,构成了大地艺术的基本结构。这里"人与天地参"的"参",绝不是破坏,而是协同,即人与天、人与地、天与地之间的协同。

无论怎样,这种艺术逐渐达到(更准确的是"趋于")极限的路途,必然是经过不同"路向"而得以实现的。"波普艺术""行为艺术""观念艺术""大地艺术",当然还有未来将产生的指向未来的艺术形式,皆被我们视为"条条大路通罗马"的"大路"。但正如历史的事实所示,艺术尽管出现了走向终结的各种征兆,从传统艺术观念来看,这都已将艺术变换为"非艺术"甚至是"反艺术",但正因为"观念""身体""自然"皆为艺术的主要传统盲区,所以,这些创新恰恰都在突破了艺术发展"瓶颈"的同时,也预示着艺术所能归结的那些"终结点"究竟在哪里。然而,征兆并不等于征兆的实现。艺术尽管终将"终结","终结"却并不出现在当下。这三种当代艺术的可能走向,分别持这样的基本观念:"让观念直接成为艺术""让人的行为直接成为艺术""让自然直接转换为艺术品"。或者更明确地重复一次,在当代艺术里,存在着如下三条趋向终结的道路。

|  | 艺术终结的"途径" | 艺术终结的"美学" | 艺术终结的"逻辑终点" |
| --- | --- | --- | --- |
| 艺术终结之路 I | 通过"观念艺术"之途 | "观念主义美学" | 艺术终结在观念里（art sees its end through Conceptual Art） |
| 艺术终结之路 II | 通过"行为艺术"之途 | "身体过程美学" | 艺术回归到身体（art returns to the body through Performance Art） |
| 艺术终结之路 III | 通过"大地艺术"之途 | "自然环境美学" | 艺术回复到自然（art incorporates with nature through Land Art） |

如果将这三条道路综合为一体，那么，这些艺术取向皆可归结为一个，那就是"艺术与生活的同一"，也就是艺术最终回归到生活——"生活审美化"与"生活艺术化"。这是因为，从这些艺术思潮开始，艺术家们和接受者们都希望并相信，在生活与艺术相融与同构的时空内，人们才能够更完满地存在。而"观念艺术""行为艺术"和"大地艺术"则是其中颉颃并生的各种支路："观念艺术"是要回到"生活里的活生生之观念"，"行为艺术"是要回到"生活着的活生生之身体"，"大地艺术"也是要回到"作为生活背景的活生生之自然环境"。

于是，一种崭新的"活生生"的"生活美学"（performing life aesthetics）便逐渐浮出了地平线，呈现在我们的视野中。艺术"终结"在生活里，艺术将会消失在日常生活里，艺术势必终结在日常生活的基石之上，这正是20世纪后半叶当代艺术和美学前沿给我们的最重要的启示。

（原载《社会科学报》，2008年3月6日，略有增补；后收入《艺术终结之后》，刘悦笛著，南京出版社2008年版）

# 艺术终结与现代性的终结

在全球化的语境下,艺术终结问题并不只关乎艺术自身的发展问题,从而仅与"艺术史终结"相关。实际上,艺术终结不仅与宏观的"历史的终结"间接相关,而且还更微观地与欧美"现代性的终结"直接相关。

当艺术终结从当代欧美文化内部"自发"地、"内源式"地生成之后,它随着"全球化"的脚步,而迅速"介入"其他非西方的文化境遇的时候,必然经历了一个又一个"后发"的、"外源式"的历史性转换过程。

如是观之,"艺术终结"问题就可以被转化为两类:一类是以欧美后现代文化所领衔的"先发"艺术终结,它从产生之初发展到当下都带有"欧美中心主义"的色彩;另一类,则是由前者所唤起的世界其他地区的——"后发"艺术终结,特别波及东亚、南美和北非这些地区。

然而,从东方的视角看,在欧美现代性(时间性的)"之前"与(空间性的)"之外",都没有凸现出现代意义上的"艺术"问题。这里,时间性的"在先",指的是欧洲文化那种作为"美的艺术"的艺术观念产生之前的时段;空间性的"在外",则指的是在欧洲文化之外那些"后发"地获得艺术视角的文化空间。

更具体地说,在以欧洲为主导的"现代性"这段历史展开"之前"与"之外",现代性意义上的艺术都没有"产生"出来。

这样,一方面,在启蒙时代"之前"作为总体的"美的艺术"概念尚未出场,另一方面,在欧洲文化"之外",艺术的观念更多是一种"舶来品",无论是古老的亚洲、非洲还是美洲文化,都原本不存在"艺术"的"观念"。

现代人将所撰的西方艺术史延伸到现代性之先,是获得了"艺术视界"后返观"自身"的结果;从现代时期开始所见的亚非拉的古老艺术,亦是有了"艺术视界"后返观"他者"的结果。

众所周知,"艺术"并不是各个民族都本来具有的。"艺术"经历了一个从某一文化出发进而成为"全球性事业"的过程。

从历史着眼,"尽管绘画、雕塑、诗歌、音乐和戏剧活动在古希腊和古罗马（和非西方）文化中就已经繁荣了，但是，既形成了我们的思想又形成了我们审美经验的艺术概念，事实上只是现代的产物。在18世纪首先被锻造出来，基本上是作为'美的艺术'的艺术概念，随着19世纪和20世纪现代性计划的持续而获得巨大的生长，被现代的趋势所滋养，通过被割裂的自律（这已经被马克斯·韦伯令人信服地描述出来）指向了一种特殊的发展。在此，艺术已经成为一种特殊的自律文化领域和体制（autonomous cultural field or institution），具有其自身特定的目的、专业和逻辑。"①

我们也早已指出，在古希腊时代"艺术"还是难与"技艺"区分开来的概念，直到文艺复兴时代，才出现了意指纯化的艺术概念——"Beanx arts"。甚至有美学家将1750年作为"美的艺术"（fine arts）与传统艺术的分界线，艺术从此获得了"自律性"（autonomy）的规定。

欧洲近代文化所滋生出来的，恰恰就是两个东西——"思辨美学"和"自律艺术"。而无论是"思辨美学"还是"自律艺术"，对古老的东方文化来说，都是舶来品。当然，对于非洲和北美的土著文化，还有后来的各大洲的移民文化而言，也都是外来物。

起码，根据东方的古老经验，艺术就并未被纯化为一种"美的艺术"，而是融化在其他技艺活动形式之中。多数东方国家的古代情况都类似于此，甚至许多东方国度根本就没有艺术这类东西（只有一些与实用密切相关的技艺之类的相关形式），这就又同欧洲文化的境况绝对不同了。甚至像非洲原始文化里的器物，那些曾对高更、毕加索的现代主义艺术产生重要影响的所谓"艺术品"，如果还原到土著的文化情境里，也并不是现代意义上欧洲审美的意指物，而恰恰是欧洲文化对非洲的一种戴着有色眼镜的"返观"和"误读"。

---

① Richard Shusterman, *Performing Live: Aesthetic Alternatives for the Ends of Art*, New York: Cornell University Press, 2000, p. 3.

这样，问题就来了。既然大多数国家原本没有"艺术"，而只有与艺术大致相当的审美意指物，那么，当"艺术"这种事物舶来之后，就必然经历一个逐渐完善自身的过程。由于这种舶来与接受的时间又是如此的不同，所以，给予艺术能够发展到完善的时间也会差异很大。19世纪末开始接受"艺术"观念的文化，或许还有一百年的时间来完善自身，但更晚接受"艺术"观念的文化呢？

同样，在欧洲文化与其文化的延续和变异的美国文化那里，艺术的发展却基本上是按照"唯我独尊"的规律在发展的，因为它们视自己为中心，边缘并不能构成对它们的威胁。在这种情况之下，"艺术终结"在欧美文化内部的提出是从前现代、现代主义直到后现代发展的"必然结果"。

相比之下，即使对于东亚、北非、南美这些文化来说，更不要说那些更为后发性的文化，却处于不同层级的艺术走向完善的发展阶段。这里并不是说，欧美文化自身的发展轨迹就是"摹本"和"范本"，但无疑，"前现代——现代主义——后现代"的发展辩证法在那里是充分展开来的。而由于欧美中心主义观念的作祟，位居边缘的那些文化群落却不得不受到独霸中心的文化的挤压和影响。

正如美学家理查德·沃尔海姆（Richard Wollheim）所言，审美经验也像艺术一样"是被现代性所创造出来的概念，在其艺术体制之前或之外都是不能被意识到的"。[①]

众所周知，鲍姆嘉通是在18世纪中叶建立起"审美"这个概念的，这个概念通过康德和晚期德国古典哲学而被权威性地确定下来，从而表现出对审美形式鉴赏的一种非功利的自律观念，最有名的就是凸显出美是理念的感性显现等。然而，"只要后现代性推翻了（已被美学建构起来的）自律的、非功利的、形式主义的现代意识形态，那么，它就导致整个的审美之维（而不仅仅是艺术）的终结"[②]，从而导致了"美学理论"自身的终结！

美学的统治形式，过去已经成为一种来源于欧洲、至少是欧洲传统的

---

[①] Richard Shusterman, *Performing Live: Aesthetic Alternatives for the Ends of Art*, New York: Cornell University Press, 2000, pp. 3-4.

[②] Richard Shusterman, *Performing Live: Aesthetic Alternatives for the Ends of Art*, New York: Cornell University Press, 2000, p. 4.

东西，而今，其新的生长点却可能在非西方的文化里蕴藏着。正如当代美国学者的建议，面对这种窘迫的局面，我们应该到两个传统源泉里面去寻求重建的道路，一个是"非西方文化"（non-Western cultures），另一个则是"前文化的文化"（pre-literate cultures），也就是尚未形成"学统"之前的那种文化传统。①

这样，"我们需要一种新的导向理论，这是一种美学将拓展传统视野和扩大其目标的美学"②，并需要新的概念用以解释那些尚未合法化的艺术形态和美学传统。无疑，这种眼光还是开阔的，解决某种文化的困境之路，不能仅仅在这种文化内部"缘木求鱼"，更要"出乎其外"之后再"入乎其内"。

（原载《艺术百家》2007年第4期）

---

① Arnold Berleant, *Art and Engagement*, Philadelphia: Temple University Press, 1991, p. 211.
② Arnold Berleant, *Art and Engagement*, Philadelphia: Temple University Press, 1991, p. 211.

# 当代艺术理论的"死胡同"

当代欧美美学所面临的窘境,与它们只聚焦于艺术有关。随着艺术的多元共生和理论的深入反思,美学也始终被理论与实践的两端撕扯着,且看当代欧美美学家对某种艺术解释的"再阐释":

1. 艺术是能被拓展的。
2. 因而,艺术必须向永久的变化、拓展和求新来开放。
3. 如果某物是艺术,那么,它必须向永久的变化、拓展和求新来开放。
4. 如果某物向永久的变化、拓展和求新来开放,那么,它就不能被定义。
5. 假设艺术能被定义。
6. 那么,艺术就不会向永久的变化、拓展和求新来开放。
7. 因此,艺术不是艺术。[1]

这真的是一种"悖论"!

当代欧美美学走进了"死胡同",这个理论上的论证就好像是小猫在追自己的尾巴:从趋于无限地扩展艺术的边界,再到试图为解释这种拓展而又扩充艺术概念,当代欧美美学,似乎在历史延展与理论创新之间,永远也找不到一个"双赢"的中间点。

所以,这种阐释的结果,或者走向怀疑一切、无所事事的"虚无主义",或者试图做些什么、但最终却不得不走向诸如"艺术不是艺术"这种自我悖谬的结论。

---

[1] Noël Carroll ed., *Theories of Art*, London: The University of Wisconsin Press, 2000, p. 6.

实际上，新实用主义美学家们所希冀的是"另一种艺术终结的哲学观念"——在艺术走到耗尽自身的地方，去寻找美学复兴的萌芽。这种新的观点，显然是同艺术的终结相连的，并在其开始的时候同现代性的终结相连的。

所以，由此可以认定："艺术概念的终结，并不简单地意味着艺术的终结，确实也并不意味着审美经验的终结。接受了这种终结观点，或许就是否定后现代条件下艺术复兴的最有希望的选择：为了更新艺术的能量并发现艺术的新方向，重新更唤起审美经验和价值的更广泛的观念，这在某一方面超越了美的艺术的传统被割裂的现代局限。"①

质言之，艺术终结不仅仅与宏观的整个"历史的终结"间接相连（如黑格尔所见），也非仅仅微观地与"艺术史绵延"直接相系（如丹托所见），而是同"现代性历史的终结"息息相关（如舒斯特曼所见）。可以说，"艺术"的观念是启蒙现代性的产物，艺术的"观念"是欧洲近代文化的结晶。

"艺术"必然有终结，正如"现代性"必然有终结一样。

这是历史给出的结论，因为"有始必有终"。现代性如此，艺术亦如此。

（原载《艺术终结之后》，刘悦笛著，南京出版社 2008 年版）

---

① Richard Shusterman, *Performing Live: Aesthetic Alternatives for the Ends of Art*, New York: Cornell University Press, 2000, p. 4.

# 亲历艺术终结的全球化语境

2007年7月11日，在土耳其安卡拉举办的第17届国际美学大会（XVII World Congress of Aesthetics）上，作为了题目为"Concept, Body and Nature: the End of Art v.s. Chinese Aesthetics of Everydaylife"（《观念、身体与自然：艺术终结与中国生活美学》）的英文发言，得到了许多当代美学家的积极关注。

在本人的发言之前，令我深感欣慰的是，分析美学家最重要的代表人物之一约瑟夫·马戈利斯（Joseph Margolis）、国际美学协会主席海因斯·佩茨沃德（Heinz Paetzold）、国际美学协会前主席阿诺德·伯林特（Arnold Berleant）、新实用主义美学的代表人物理查德·舒斯特曼（Richard Shusterman）、国际美学协会第一副主席柯提斯·卡特（Curtis L. Carter）、国际美学协会前主席佐佐木健一（Ken-ichi Sasaki）、俄罗斯美学家多果夫（Konstantin M. Dolgov）、当代哲学史家汤姆·罗克莫尔（Tom Rockmore）、日本美学协会代表小田部胤久（Mariko Otabe）等悉数到场，表现出对艺术终结和东方美学问题的关切。

非常可惜的是，在1984年率先提出"艺术终结论"的当代哲学家、美学家和艺术批评家阿瑟·丹托（Arthur Danto）并没有与会，这位美国哲学和美学协会的前主席现居纽约，已成为当代欧美艺术批评界的炙手可热的人物，估计他忙于奔波于各个画展和艺术界之间，分身乏术。不过他是前几次国际美学大会的参与者，在一次重要发言里面还凸现出了东方美学的重要价值。更可惜的是，本来要参与这次盛会的德国艺术史大家汉斯·贝尔廷（Hans Belting），还打算做主题发言，但却因故未来，这位更为严谨的艺术史研究者在1984年提出了"艺术史终结论"。与他的失之交臂真的令人惋惜，本来我想将自己的一本专著《艺术终结之后：艺术绵延的美学之思》送给他的，因为其中的第三章主要涉及他的独特的观念及其他与法国艺术家埃尔维·菲舍尔的争辩（这位法国艺术家在1981年于蓬皮杜中心曾做了一个象征艺术史结束的行为艺术，并在1981年的巴黎出版了他的专著）。

我的发言主要想讲的意思是：在"全球化"的语境中，"艺术终结"（the end of art）不仅仅与宏观地与"历史的终结"（the end of history）间接相关，而且更微观地与发生在欧美的"现代性的终结"（the end of modernity）直接相关。从东方的视角看，在欧美的现代性（时间性的）"之前"与（空间性）的"之外"，现代意义上的"艺术"问题并不存在。由此而论，艺术终结的问题并非一个"全球性"的问题。然而，在可见的未来，艺术最终还是要走向终结，一种"日常生活美学"（aesthetics of everyday life）由此得以产生出来。观念艺术（conceptual art）、行为艺术（performance art）和大地艺术（land art）分别代表了艺术走向终结的几条道路：艺术终结于观念，艺术回复到身体，艺术回归到自然。由此，观念主义美学（conceptualism aesthetics）、身体美学（somaesthetics）和环境美学（environmental aesthetics）并成了这种趋势的理论表述。与此同时，这些崭新的美学观念又是同中国古典美学智慧"相通"的，观念艺术美学与禅宗思想、身体美学与儒家思想、环境美学与道家思想都有着异曲同工之妙。既然中国古典美学在本质上就是一种活生生的"生活美学"，那么，由此就可以为反思全球范围内的"艺术终结"问题提供一个新的理论构架。

此前，在另外的会场，主要致力于康德与黑格尔研究的美国哲学史家汤姆·罗克莫尔也做了题为《品评艺术终结》的重要发言，得到了许多与会者的关注，他还引用了事前送给他的论文的一段作为论据。他通过对从柏拉图到黑格尔的思想的考辨，认为要在"艺术与知识"的张力之间来考察艺术终结问题。特别有趣的是，要关注艺术的开端和终结之间的平衡，至少有一种"感性艺术"从未也不会终结，事实上这种艺术尚未开始。

在我的发言现场，我与汤姆·罗克莫尔还有一番争论。他不仅对于全球化的理论有一番置疑（佐佐木健一先生后来还问及我对于全球化的看法），而且对于艺术终结论还有一番"哲学化"的评论。当然，他是按照逻辑推演的方式来解决艺术问题的，但这还完全不够。我当时答辩到，艺术终结问题决不只是一个哲学问题，如果丹托在1964年没有看到安迪·沃霍尔的《布乐利盒子》展览，如果他不是移居纽约感受到当代艺术的"潮起潮落"，我想他也难以提出艺术终结的问题。而且，许多西方学者和艺术家都是在西方的语境内部来看待艺术难题的，然而，假若我们超出西方的语境，特别是从东方的视野出发来看待同一问题，我们或许有更为有效的解决方案。后来，在邮局又偶遇罗克莫尔的时候，他表示同意我的看法，的确"art is over"（艺术完结了）。

约瑟夫·马戈利斯在现场也对阿瑟·丹托的思想嬗变进行了反思。他认为，丹托的思想其实到了1997年出现了某种微妙的变化，也就是在《艺术终结之后：当代艺术与历史藩篱》这本书前后，丹托似乎对于终结并没有采取以前的那种激进的态度。本次大会的第一个主题发言就是马戈利斯所做的《艺术的状态》，他力图重新审视审美的本质，他强调这种对本质的探索在不同时代是持续变动的，与此同时，他对于艺术的未来仍是充满信心的。

在"全球化"（globalization）迅速蔓延的语境下，乃至在第二个千年逐渐展开的时候，艺术终结问题仍愈演愈烈！那么，从超越西方的更广阔的全球视角来看，特别是从中国文化的角度来看，全球艺术走向"终结"了吗？

这意味着，全球的艺术，都将会终结吗？还是艺术没有任何终结的征兆？早在20世纪70年代末，法国美学家米凯尔·杜夫海纳（Mikel Dufrenne）就曾追问，随着艺术在全世界的大规模传播，"当艺术扩散到全世界的时候，它会成为世界性的吗？"（When art is distributed all over the world, does it become international？）[①]

实际上，欧洲近代文化所滋生出来的，恰恰就是两个东西——"思辨美学"和"自律艺术"。而无论是"思辨美学"还是"自律艺术"，对古老的东方文化来说，都是舶来品。当然，对于非洲和北美的土著文化，还有后来的各大洲的土著文化而言，也都是外来物。在古老的东方，古典东方文化里面的审美对应物因其自身的"泛律性和综合性"，而与欧洲艺术及其后来的发展大异其趣。起码，根据东方的古老经验，艺术就并未被纯化

---

[①] Mikel Dufrenne, *Main Trends in Aesthetics and the Science of Art*, Holmes& Meier Publishers, 1979, p. 8.

为一种"美的艺术",而是融化在其他技艺活动形式之中。

这样,问题就来了。既然大多数国家原本没有"艺术",而只有比艺术范围更大的审美意指物,那么,当"艺术"这种事物舶来之后,就必然经历一个逐渐完善自身的过程。无疑,"前现代——现代主义——后现代"的发展辩证法在欧美文化那里是充分展来的。在欧美文化的内部,"艺术终结"的提出,也就是从前现代、现代主义直到后现代发展的"必然结果",这就是为什么"艺术终结"问题被调用到后现代的语境当中。相形之下,即使对于东亚、北非、南美这些文化来说,更不要说那些更为后发性的文化,却处于不同层级的艺术走向完善的发展阶段。

这在当代中国的文化和艺术状态里面,显现得相当明显。因为在当代本土的独特文化里面,既有传承了本土古典文化的中国传统艺术,也有从20世纪初叶开始接受的欧洲古典艺术和印象派艺术,既有从20世纪初就开始接受并在80年代蔚为大观的现代主义艺术,还有90年代之后的舶来的后现代诸种艺术。这样,便由此构成了一种"话语杂陈"的境遇,各种处于不同历史阶段的艺术形态,在同一文化现场中进行着共时性的"博弈"和"对话"。其中,与欧美文化迥异的是,还有一种"内在的张力"——坚持"民族化"与紧随"时代性"之间的张力——这也置嵌在当代中国文化和艺术的结构里。

这样,由此得出的结论是:"艺术的终结"更多是就欧美当代艺术和美学状态而言的,放在全球化的语境里面,并不具有"普世性"。这正是由于,每种文化的艺术都处于不同的历史阶段,不可能面临着同样的问题。那种将欧美问题视为全球问题的,只是一种世界范围内的"剧场假相"。因此,"艺术的终结",并不是一个"全球化"的问题!

对待艺术终结,我们的基本观念,同当代美学家约瑟夫·马戈利斯(Joseph Margolis)的结论是近似的:"艺术没有终结,因为人类存在没有终结。艺术始终是开放的","艺术不能终结就像哲学或者人类历史不能终结一样"。然而,艺术终结不仅仅与宏观的整个"历史的终结"间接相关,而且,还更微观地与"现代性历史的终结"直接相系。可以说,"艺术"的观念是启蒙现代性的产物,艺术的"观念"是欧洲近代文化的结晶。所以,伴随现代性的终结,艺术可能必将走向终结。

而今,"艺术终结的观念最近被调用到后现代性里面,如果我们已经实现了后现代的转向,正如艺术自律和进步的现代主义观念所提出的挑战那样,如果艺术在本质上是一种现代性的历史产物,那么,随着现代性的终结,艺术将达到终结,既然现代性组成了生成性的基础和结构。这种终结的痛苦和阵痛,在一系列痉挛的危机里面得以证明,这使得艺术最近的历史及其增长,丧失了能量、信仰和方向。"[1]

艺术的生长与发育,的确还是"全球性"的问题,这是毋庸置疑的。然而,艺术的终结,却并非是全球同步的。这就需要展望:未来的各种艺术,在走向终结的征程上,是一同撞线的呢?还是先后撞线的呢?对此,恐怕只能给出"或然判断":既然各种艺术的起始是不同的,是处于不同的历史过程里面的,那么,艺术的未来的终结,也可能就是在不同的时刻、不同的地点渐次出现的。

(原载《美苑》2008 年第 2 期)

---

[1] Richard Shusterman, *Performing Live:Aesthetic Alternatives for the Ends of Art*, New York: Cornell University Press, 2000, p. 3.

# 第六辑

# 世界艺术史：全球新视野

# 走向文化多元化的"世界艺术史"

在欧美语境中,"世界艺术史"(world art history)这一新话题,自从2005年3月成为考克大学艺术研讨会的圆桌主题之后,就成为国际艺术史舞台关注的焦点。

致力于视觉文化研究、也关注中国艺术的詹姆斯·艾尔金斯(James Elkins)在2007年编辑出版的《艺术史是全球性的吗?》中,就充分记录了国际学者们聚焦于这一论域的现场交锋。① 当该话题逐渐深入之后,聚焦于方法论——"如何撰写世界艺术史"——的探讨就逐渐出场,标志性的著作最初是2008年出版的文集《全球艺术研究:拓展的概念与途径》②,然后才是大卫·卡里尔(David Carrier)同年出版的具有总结性的独著《世界艺术史及其对象》③。显然,真正意义上的"世界艺术史"的撰写,必然需要理论上的论证作为其逻辑前导。

然而,这个话题需要从跨文化的视角加以阐释,世界艺术史的方法研究并不应是欧美学者的专利,亦非欧美中心主义在全球艺术领域的延伸,东方学者在这个问题上似乎应更有话语权。这是由于,西方与非西方艺术史在全球领域业已形成了中心与边缘的结构。世界艺术史尽管是正在实现的一种转换的产物,从原初的中心无须看边缘(但边缘却总是看着中心)到中心需要看边缘;但建构的方向如若翻转过来,从边缘看中心进而趋近于世界艺术史,似乎更能看清整个历史的全球性变动的格局。

建构世界艺术史的吁求,的确是在全球化时代被艺术史家提出来的,它是在全球语境(global context)下深研艺术史的必然结果。但首先需要解

---

① James Elkins, *Is Art History Global?*, Routledge, 2007, pp.113-173.

② Wilfried van Damme & Kitty Zijlmans eds., *World Art Studies: Exploring Concepts and Approaches*, Valiz, 2008.

③ David Carrier, *A World Art History and Its Objects*, Pennsylvania State University Press, 2008, p. xi. 该书的目标就被设定为"知道应该如何撰写一种世界艺术史"。

决的理论问题是：艺术史是跨越全球的吗？如果答案是肯定的，那么，西方艺术的方法、概念和原则是否就与欧美之外的艺术绝对匹配呢？如果匹配，那么这种认知的历史模式，究竟该如何在全球范围内得以实现呢？如果不匹配，那么还存在哪些与之颉颃的、可替代性的艺术史模式呢？

否定论最先在西方出场了，保守的学者认定我们并不需要世界艺术史，只要建构以西方为主的艺术史就够了，东方的艺术史只能作为边缘化的存在。属于教学体系的世界艺术史就出现了这样的情况，加入了东方与女性（主义）部分会让艺术史教材越来越厚，而且东方艺术的历史也面临了更多的尴尬：在西方搞中国艺术的不看这部分，在中国搞东西方艺术的也不用看同一部分。但对欧美中心主义保持警惕的论者则认为，不需要世界艺术史并不是因为欧洲艺术史研究是作为全世界核心存在的，而恰恰由于"艺术"的概念只是晚近西方概念的知识建构，它并不是在全球范围内共时发生的，在不同的地域会形成各种"地方性的知识"。

西方视觉文化中的"艺术"往往被视为"自律性"的行为、具有高度"个体性"的、并以"原创性作品"为目标，这种艺术观对非西方世界而言无疑是异质的。当以这种观念来择取东方物品的时候，常常有失亦有得，其中最常见的误解就在于：在西方艺术史概念映照之下的东方艺术史，往往被认为是趋向于"空间化"的，而"时间性"的风格流变却并没有西方变换得那样剧烈。

肯定论者无疑具有更为开放的心态，这种心态不仅超出了欧美文化的"单边主义"，而且更深层地在于他们对待艺术概念之理解的变化。首先必须承认，当代的世界艺术史更多是用英文垄断书写的艺术史，因为英文似乎已经成为艺术史撰写的"世界语"了。

与此同时，这些学者对英语意义上的"艺术"却赋予了更宽泛的理解，他们更多"将艺术这个术语作为保护伞，来意指对视觉图像（visual images）的把握进行创造、使用和应对的人类趋向。因而，艺术这个术语被简明地用于去把握一种——既通过形、色、线，又通过主体、意义、情感——转换艺术视觉媒介的普遍倾向，以吸引观者的关注，而作为其结果的产物则置身于各种各样的宗教、政治、社会和教育等语境当中"。[1]

---

[1] Wilfried van Damme and Kitty Zijlmans, Art History in a Globat Frame :"World Art Studies," in Matthew Rampley etc. eds., *Art History and Visual Studies in Europe*, Brill, 2010, p.218.

与西方视角之内的东方艺术往往被平面化的理解不同,这些肯定论者眼中的艺术不仅置身于空间之内而且也强调了其作为时间性的存在,也就是说,非西方艺术得到时空化的全方位阐释。

正是基于这种对艺术的开放性理解,于是就出现了两种基本的艺术史叙事模式的分殊:一种是"单一文化主义"(monoculturalism)的,另一种则是"多元文化主义"(multiculturalism)的;否定论者持单一主义的态度,肯定论者则大多倾向于多元主义。

当代的世界艺术史研究,确实是为了顺应全球时代的多元文化的产物,但追本溯源,以"所有时代与人们的艺术"来命名的多卷本的世界艺术史,在20世纪的头十年就已出版完成了,而且成为当时德语艺术史家的某种共识。[1]

然而,更有趣的是,投入更大精力来编撰世界艺术史的学者更多来自东亚,这一点却被西方学者视而不见。日本学界20世纪上半叶就开始编辑多卷的世界美术史图录(并对当时的中国艺术界产生过影响),中国学界在20世纪后半叶也陆续出版了多卷的《世界美术史》。与德国学者将艺术史作为世界史分支的努力不同,东亚这种更为恢宏的视角的产生,恰恰是出于本民族文化认同的需求,所以日本学者将日本卷列于世界全集中,中国学者将1990年出版的《世界美术史》第四卷定位为"古代中国与印度的美术",1991年出版的第八卷聚焦在"十三至十九世纪的亚洲美术",而其余六卷则仍是欧洲美术史[2]。

由此可见,文化多元主义与相对主义其实并不是新东西,但当代欧美学界的世界艺术史研究热潮,的确是需要突破欧美语境的"单一文化主义"而走向"多元文化主义"。

(原载《美术研究》2011年第1期,《如何撰写"世界艺术史——兼与大卫·卡里尔商榷》一文的开篇和第一部分)

---

[1] Karl Woermann, *Die Kunst aller Zeiten und Völker*, 6 vols, Leipzig: Bibliographisches Institut, 1900-1910.

[2] 朱伯雄(主编):《世界美术史》(8卷本),山东美术出版社1987—1991年版。

# 西方艺术史：四种单线叙事模式

按照单一文化主义的思维套路，西方艺术史叙事采取的就是单线的叙事方式。卡里尔认为，"单一文化历史的基本假设就在于，将所有具有意义的艺术都设置在同一条时间线索上"，而"同一条时间线索所呈现的就是在单一传统之内的艺术品序列"。①

那么，关键在于如何界定艺术史意义上的"单一传统"。按照约翰·瑞普柯对《世界艺术史及其对象》的理解，这里的传统应该是指：（1）在先与在后之物通过同一时间线索所形成的关系；（2）由此所构成的"真实的因果关联"；（3）被艺术家与同时代人"所共享的审美"趋向。②

由此可见，西方艺术史叙事的时间结构，被视为"艺术史线性的或进步的样式"。这种线性进步的历史观早在阿瑟·丹托（Arthur C. Danto）与汉斯·贝尔廷（Hans Belting）那里就遭遇了解构。

在卡里尔的视野里面，"单线的艺术史叙事"主要呈现为四种西方模式。

原创性的第一种模式就是瓦萨里模式。这种模式基本是以"人物史"为线索的，以1550年为终点，所形成的逻辑线索是"契马布埃—马萨乔—皮耶罗—拉菲尔—米开朗琪罗"。

第二种则是黑格尔的艺术史叙事模式。这基本上属于一种"时代史"融合"理念史"的写法，以1828年为终点（这一年恰恰是黑格尔提出"艺术终结"论的那一年），具体的展开逻辑是"埃及—希腊—文艺复兴—荷兰的黄金时代（Holland's Golden Age）—黑格尔美学讲座时代"。

---

① David Carrier, *A World Art History and Its Objects,* Pennsylvania State University Press, 2008, pp. 35, 37.

② John Rapko, "Reviews on A World Art History and Its Objects", in *British Journal of Aesthetics*, Vol.50, No.2, 2010, p. 210.

第三种模式直接跳到了20世纪，以贡布里希的"思潮史"加"视觉心理分析"的写法为主。其所形成的内在发展逻辑是"希腊—乔托—盛期文艺复兴—荷兰黄金时代（Dutch Golden Age）—康斯特布尔"。

最后一种则是格林伯格模式。按照这种现代主义的形式化路线，西方艺术史的发展逻辑是"老大师们—马奈—立体派—抽象表现主义"。①

有趣的是，卡里尔在列举出叙事模式后，又给出了一个大胆假设：假设瓦萨里在大英博物馆遇到了贡布里希，那么，瓦萨里会理解得以继续发展的15、16世纪的意大利绘画，他也易于理解意大利的巴洛克风格包括其后的艺术形式，这同时意味着，他很容易认同贡布里希的对待"传统"的概念。同样假设，即使瓦萨里在纽约MOMA遇到了格林伯格，他可能最初被现代艺术所震惊，但他也可以理解格林伯格的叙事方式。这意味着，"贡布里希和格林伯格将瓦萨里与黑格尔的欧洲思想方式带入到了20世纪中期。令人感到惊奇的是，由瓦萨里发展而来的基本时间线索被证明是具有适用性的。"②

这充分说明西方艺术史的叙事基本上是同质的，但问题在于，这样的文化单一的叙事模式，能够代替所有的世界史吗？

实际上，卡里尔的艺术史叙事观念，就是来源于丹托的艺术的"叙事历史"（narrative history）的理论。丹托曾提出："西方艺术史分为两个主要的时段，我们称之为瓦萨利的时段与格林伯格的时段。两者都是进步主义的。"③沿着这条红线，贯穿卡里尔前期学术工作的红线，就是对"艺术撰写者"的文本进行"叙事结构"的研究，而更深层困扰他的难题则在于：艺术史何以有历史？

正如卡里尔自己逐渐发觉的那样，历史不仅是事件的延续，而这些事件之所以被给定了秩序和结构，恰恰是来自于对欧洲中心、男性中心、逻各斯中心的秩序的强迫性接受。一方面，从理论上说，这种西方历史观的"惟我独尊"的选择性原则，暗示了可能有争议的价值判断的存在；另

---

① David Carrier, *A World Art History and Its Objects*, Pennsylvania State University Press, 2008, pp. 28-31.

② David Carrier, *A World Art History and Its Objects*, Pennsylvania State University Press, 2008, p. 35.

③ Arthur C. Danto, *After the End of Art: Contemporary Art and the Pale of History*, Princeton University Press, 1997, p.125.

一方面，就历史而言，西方艺术史诸原则面对中国绘画、非洲工艺、印度雕塑的阐释乏力，恰恰证明了需要"与此迥异的方法"来重新看待世界艺术史。

（原载《美术研究》2011年第1期，《如何撰写"世界艺术史——兼与大卫·卡里尔商榷》一文的第二部分）

# 全球艺术格局：单向流动？多元互动？

世界艺术史的"知识生产"，到目前为止最为成熟的尝试，还是与多元化的文化教育直接相关。作为教科书系统的世界艺术史往往影响最为广泛，本属于西方教育体系的艺术史教育也意识到艺术史本身应该呈现出多元文化的面貌。

在这种世界艺术史的基本格局的呈现中，按照笔者的观点，可以说出现了两种模式，一种是加登纳艺术史的"平行叙事模式"，另一种则是弗莱明艺术史的"融合叙事模式"。

已经修订到第14版的《加登纳穿越时代的艺术》(*Gardner's Art through the Ages*)被公认为最有影响力的艺术史，该书的中文版名字就是《世界艺术史》。事实也是如此，加登纳艺术史本身的发展就是一个逐渐扩充的过程，从原来的西方艺术史真正转变成了世界范围的艺术史。

但是，加登纳艺术史之包容非西方艺术，则是采取了东西方割裂的叙事套路，这具体表现在，起码从2005年以来就区分出"非西方视角"与"西方视角"诸卷，后来这种卷的整体区分转化为章节的区隔。从新近的艺术史来看，包含东方的主要是第6章《通往教化之路：古代南亚与东南亚艺术》、第7章《儒学、道教与佛教：古代中国与朝鲜半岛艺术》和第8章《神像与长卷：古代日本艺术》，第13到15章则分别是伊斯兰教艺术、古代美洲艺术和古代非洲艺术。

如此看来，最早形成的世界艺术史格局里面，非西方特别是东方部分更多的是以古代形态存在的，从而缺乏对近现代历史的论述，日本与非洲艺术只是作为印象派之类的"东方刺激物"在场。当然，古埃及虽然是与古希腊相对意义上的东方，但其艺术早已被纳入西方艺术序列，并成为古希腊艺术的基本来源。"古风时代"如何克服埃及模式的呆板从而生动起来的论述,常常被视为西方艺术史的高潮。

无论怎样,这种叙事保持了传统的格局,正如法国的艾黎·福尔(Elie Faure)更具文明比照视角的艺术史那样,将印度、中国、日本和热带地区艺术直接列入"中世纪艺术"。

但无可否认,加登纳艺术史起码从 2007 年的简本开始就将副标题定为"全球简史",而后的足本如 2009 年的第 13 版就明确定为"全球史",2010 年的最新版本则将"全球"一词置于正标题中并首度改名为《加登纳穿越全球时代的艺术》。直至如今,虽有增删但整个格局并未改变。

同样,从《视觉艺术史:一种历史》(The Visual Arts: A History)直接更名为《艺术的世界史》(A World History of Art)的还有约翰·弗莱明(John Fleming)与修·昂纳(Hugh Honour)合著的艺术史,其中后者还曾写过《中国印象》(The Vision of Cathay, 1961)。

然而,与加登纳艺术史的大结构上的东西并置不同,弗莱明艺术史试图将东西艺术杂糅起来加以论述。其中,诸如元代和明代的中国艺术被放在 16 世纪欧洲艺术之后、17 世纪欧洲艺术之前,也就是独立论述的美洲、非洲、亚洲艺术单章里面(第 12 章);而清代的中国艺术则置于浪漫主义与现实主义之后、印象派与后印象派之前的"东方传统"单章之中(第 16 章)。《早期文明》第 2 章也涉及东方,周代艺术列入"跨洲际的发展"的第 3 章,第 6 章佛教印度教与南亚、东亚艺术也包括中国部分。

应该说,修订到第 7 版的弗莱明艺术史的创见,就在于将西方与东方的时代打散了,然后分别缝合在全球艺术的流变格局里面。但实际上,这种论述只是将加登纳艺术史的"大平行"结构改为"小并置"结构而已。世界艺术史研究的关键要素,不仅在于文化平行与相对的并置,而且还在于不同文化之间的交融与涵化。

尽管"置身于某一传统之内的艺术只属于一条时间线索,但是当保持距离的艺术—制作文化(art-making cultures)发生关联之时,以前分立的时间线索就是交叉的"。[①]卡里尔在《世界艺术史及其对象》中却将世界史的基本格局高度凝缩了,也就是集中关注在文化之间保持了相对距离的

---

[①] David Carrier, *A World Art History and Its Objects*, Pennsylvania State University Press, 2008, p. 39.

"高级"艺术传统,这是由于"中国、欧洲、印度和伊斯兰的艺术都是属于相互独立的时间线索"。

按照这种基本结构,世界艺术史的基本格局可以图示如下①:

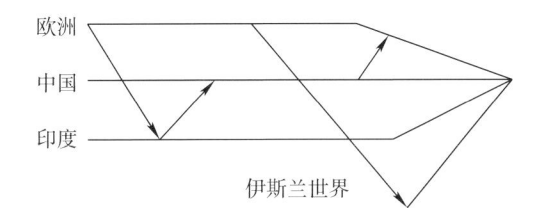

```
欧洲 ─────────────────
          ↘      ↙
中国 ─────────────────
          ↗
印度 ─────────────────
              伊斯兰世界
```

卡里尔试图证明,"我们的多元文化艺术史图表,展现出瓦萨里的时间线索不能成为世界艺术史的基础"。② 在这个意义上,这种证明的确是成功的。

从18世纪晚期开始,多元文化主义就已经被证明其必要性了——"如果并不考虑中国、欧洲、印度和伊斯兰在同一持续故事中不同叙事的言说,那么就并不存在普遍的单一文化的艺术史。按照贡布里希拓展瓦萨里叙事的方式,即使将艺术包容了所有的文化,那也是不可能拓展艺术史的。一旦我们从另一种文化中深刻地研究艺术,那么我们就拥有了平行的历史。"③

然而,问题在于卡里尔所理解的艺术史仍是"平行范式"的,甚至就是单向流动的。由于对中国艺术史的误读,他为了证明这种中西艺术史的平行性,甚至举出两个坐标对应点,一对是契马布埃与元代的任仁发,另一对则是拉菲尔与明代的唐寅。这种选择的随意性仍是由于缺乏对中国绘画史的深入理解。

更深的误解,则在于卡里尔对于文明之间的交互的流变性缺乏关注。追溯到新石器时代的贸易路线也是全球性的,玻利尼西亚人的工艺品就标志着亚非田野文明之间的交流。在卡里尔的世界艺术史格局里,从较大的方面,既忽视了伊斯兰文明保存延续古希腊文明之后对于西方世界的"反

---

① David Carrier, *A World Art History and Its Objects*, Pennsylvania State University Press, 2008, p.41.
② David Carrier, *A World Art History and Its Objects*, Pennsylvania State University Press, 2008, p.41.
③ David Carrier, *A World Art History and Its Objects*, Pennsylvania State University Press, 2008, p.44.

哺",也忽视了欧洲艺术在明清之际对于中国的影响,更不用说忽视了欧洲与其他亚非拉文化之间的相互交通了。

(原载《美术研究》2011年第1期,《如何撰写"世界艺术史——兼与大卫·卡里尔商榷》一文的第三部分)

# 谁来撰写全球艺术史有合法性?

在《艺术史写作原理》中译本序言里，卡里尔曾质疑这本聚焦于西方艺术书写原则的专著，"在多大程度上能应用到非西方艺术"，并认定"但至今无人知道如何写一部世界艺术史，也就是如何对欧亚伟大的传统做出客观的评价。这是中美年轻学者的任务"。① 这里恰恰提出了撰写"艺术史"的两个重要问题，即合法性与写作者。

卡里尔的专著《世界艺术史及其对象》的标题，就来自他的美学老师理查德·沃尔海姆（Richard Wollheim）的名作《艺术及其对象》的启示。② 就像沃尔海姆从"何为艺术"问题出发为艺术寻求对象一样，卡里尔也是要为世界艺术史寻求确定的对象。

究竟如何寻求这种对象才是合法的呢？尽管卡里尔全书的最后一句话明确表示：真正的世界艺术史可能已经开始了；但是，问题并没有因为他的乐观而匆忙得以解决。世界艺术史的合法化，需要东西方的共同论证。

卡里尔本人所使用的世界艺术史中的艺术概念，被认定是具有"普遍主义"考量的西方倾向，具体来说就是来自理查德·沃尔海姆艺术观对再现与表现的论述，以及丹托对于艺术作为"意义呈现"的相关表述。

正如沃尔海姆的《艺术及其对象》从未论述东方艺术一样，丹托艺术观中的普遍主义倾向是非常严重的。在笔者与丹托的对话中，他说："如果在东方与西方艺术之间存着何种差异，那么，这种差异都不能成为艺术本质的组成部分。"

卡里尔所构建的世界艺术史，正是以这种弱化的西方中心主义视野的

---

① ［美］大卫·卡里尔：《艺术史写作原理·序言》，吴啸雷等译，中国人民大学出版社2004年版，第3—4页。
② ［英］理查德·沃尔海姆：《艺术及其对象》，刘悦笛译，北京大学出版社2011年版。

艺术观为基础的，在此基础上并不足以建构起世界艺术史，因为非西方语境内的"艺术"已经超出了西方拟定的范围。

或许世界艺术史恰恰需要全球学者来共同建造，这是由于"真正的世界艺术史"需要对全球范围的艺术传统都有深入的研究，而非只通过西方文化中心对其他传统的艺术进行"以西释非西"的解读。从这个意义来说，中国与其他非西方世界的写作者们，似乎更有资格参与到这项全球性的事业中。

目前，西方相关的研究学者已经区分出三个基本概念：从"世界艺术研究"（World Art Studies）、"世界艺术史"再到"全球艺术史"（Global Art History），[1] 其实这恰恰可以被看作是全球学者正在从事工作的三个基本步骤。目前，更为脚踏实地的工作还处于"世界艺术研究"的初级阶段，我们所做的工作也许正在走向初步的"世界艺术史"，但在"世界艺术史"的拼接工作完成之后，还要走向"跨文化"更高阶段的"全球艺术史"。

实际上，"世界艺术史"与"全球艺术史"的区分更有价值。当前欧美艺术史家所说的全球艺术史，主要就是指近几十年来步入全球化时代的当代全球艺术及其历史发展。[2]

但是，"全球"可以被看作是比"世界"更为宽泛的概念，"世界"的意蕴更趋近于空间化的组合，而"全球"则聚焦在时空化的融通。世界艺术史的"世界"往往被置于东西方的两级隔离中，它更多的是被一种"平行叙事"的传统模式所羁绊，从而没有看到不同传统的艺术之间"跨文化"的流动与互动。或许可以这样说，"世界艺术史"更像是在世界艺术地图上完成的"拼图工作"，目前归属于不同文化的艺术史家正在贡献着本土的那块拼图；"全球艺术史"则更关注不同文化之间的交融与共生，近几十年的全球交融的局面只是这种历史发展的片段而已。

---

[1] Kitty Zijlmans and Wilfried van Damme, "World Art Studies," in Matthew Rampley etc. eds., *Art History and Visual Studies in Europe*, Brill, 2010.

[2] Hans Belting and Andrea Buddensieg eds., *The Global Art World: Audiences, Markets, and Museums*, Hatje Gantz, 2009, p. 44.

总之,"全球艺术史"理应是"世界艺术史"发展到更高阶段的产物,但它们的研究都应是建基在"世界艺术研究"的坚实基础之上的。

(原载《美术研究》2011年第1期,《如何撰写"世界艺术史——兼与大卫·卡里尔商榷》一文的第四部分)

# "亚洲现代性":中日韩的比较与交锋

在整个的亚洲艺术格局中,如果要反思"亚洲现代性"(Asian Modernity)的问题,就需要首先明了"亚洲一体化"本身就是现代性的产物,但其背后却纠结着"政治意识形态"的深层考量。

深描亚洲艺术现代性的重要展览主要有:1995年日本国际交流基金会在东京组织的"亚洲现代主义展",1996年由纽约亚洲协会画廊主办的"当代艺术在亚洲展",1996年由新加坡艺术博物馆主办的"现代性与超越展",1998年在悉尼举办的"现代亚洲艺术展",从1999年开始的福冈亚洲艺术博物馆主办的"亚洲艺术三年展",2002年在东京举办的"转化中的亚洲展"。这些展览都试图以当代艺术的联展形式来表达"亚洲性"(Asianess)与"现代性"的有机融合。艺术策展人、批评家与理论家也在贡献自己的智慧,他们或者将亚洲现代性形容为"多元文化主义"之内的"多元现代主义",或者重在描述亚洲艺术中现代性之"开放与封闭话语",或者从"后冷战时代"的历史视角出发来展望"亚洲后现代主义"的未来,从而形成了不同的策展理路、阐释策略与理论取向。

追本溯源,最早呼吁"亚洲融成整体"的声音,就是从艺术的角度发出的。日本启蒙时代的美术家与批评家冈仓天心,在明治三十六年(1903年)刊行的《东洋的理想》里,开篇所说的第一句话就是"亚洲是个整体"(Asia is one)。尽管"喜马拉雅山脉把孔子社会主义的中国文明与佛陀个人主义的印度文明相互分隔开来",但却阻不断全体亚洲人对于"穷极普遍"的广博之爱的追求,亚洲民族的"共通思想的遗传"足以与西方相对抗。①

然而,没有西方整体的压力,就没有亚洲的联合。《东洋的理想》一

---

① Kakuzo Okakura, *The Ideals of the East*, Charles E. Tuttle Co. publishers, 1997, p. 1.

反西洋风压倒东洋派的局面，诉诸亚洲文化的内在团结。更为奇妙的是，冈仓天心提出亚洲一体这种"现代性理想"的初衷，竟然是以反对西方现代艺术为主旨的，因而，他所提出的乃是一种"反现代的现代性"！

《东洋的理想》在简要论述了北方中国的儒教、南方中国的老庄思想与道教、来自印度的佛教及其中国化之后，集中精力论述的就是日本艺术的发展史。以日本作为亚洲主体的理由已被道明，"日本的艺术史已成了亚洲诸种理想的历史"。日本艺术在冈仓天心的"历史叙述"中成为亚洲艺术的代言人。

到目前为止，极力呼吁亚洲艺术独立并将亚洲话语作为知识增长点的，主要还是东亚与海外人士，他们基本上追随了"亚洲一体化"的思路。换言之，"亚洲现代性"的诉求主要还是一种东亚现象，尽管东南亚紧随其后但仍难以得到西亚的回应。这就不仅在东亚与其他亚洲文化之间，而且在日、韩与中国之间形成了一种不平衡的现象。君不见，在日本、韩国、美国、澳大利亚举办的国际展与研讨会上，所谓"亚洲性"往往成为其中的关键词，但大陆的策展人却很少有类似的主张，这既令人遗憾也令人感叹。这可能是由于，中国尽管自身缺乏"亚洲意识"，但却更直接地与欧美艺术所主导的国际前沿嫁接了。20世纪90年代之后，中国当代艺术可以"直通"国际，而无须以亚洲作为"跳板"，这就走了与日本、韩国迥异的另一条艺术之路。当代中国艺术的策展人也很少以亚洲作为主打牌，这也不同于日韩的双年展、三年展经常标举"亚洲性"的取向。

在1945年二战结束之后，日本艺术在走上所谓"国际的同时性"道路、倡导"世界的普遍性与民族的个性"相统一之际，却首先走上了"亚洲之路"，并且也自认为代表了亚洲艺术的基本路向。这早已孕育在冈仓天心的理论走向那里，他在撰写《东洋的理想》前后还写作了《东洋的觉醒》与《日本的觉醒》。从理想的憧憬转化到觉醒的警示，从东洋范围缩小到日本本土，皆显现出一种内在的政治观嬗变。其实，冈仓天心在认定"欧洲的光荣正是亚洲的耻辱"的同时，更为强调的是，中国与印度这两个强大的文明传统，要想在文明的"复杂性"中实现统一并保持纯净，只能在吸纳了孔子与佛陀思想的日本文明那里得到真正的实现。究其实质，这乃是一种文化扩张之后的"假扮"，它使得西方人淡忘了还有中国文化在其背后作为支撑，也配合与应和了日本艺术逐步走向国际化的历史脚步。

最重要的例证，莫过于"物派"（Mono-ha）在日本的兴起及其在西方的巨大影响。在20世纪60年代与70年代转换之际，日本艺术家开始关注"物"（Mono）本身，他们不施加工地使用土、石、木、棉等材料进行"物的关系"的新创而渐成流派。这个流派可以说是亚洲在当代国际艺术舞台上最成功的一次"集体营销"。然而，日本的"物派"究竟向世界"贩卖"了什么样的艺术理念？实际上，还是在中国得以形成的禅宗等东方理念，只不过日本艺术家在艺术中将这种理念推向了极致，并可以为西方世界所鉴赏与理解。正如"物派"的理论阐释者韩国人李禹焕所指明的：物派之"物"可被视为"还世界本来面目"的作品，它令人重思了"艺术本源"问题，已偏移了"外界的对象性"的媒材被置于"针对外部世界的开放性"之中，这种"相遇状态"营造出接触世界本身的原本状态时所感悟到的魅力瞬间。

"物派"最初的标志性作品，就是关根伸夫1968年在神户推出的"位相—大地"。当艺术家大胆地在公园地上挖出一个巨大的圆柱形洞穴，并使用挖出的土堆出同形的柱置于旁侧时，"正负一体"的作品构成方式恰恰映射出东方的禅学观念。京都学派的九松真一以现象学解释东方的"绝对无"的禅宗观念，恰恰可以作为其理论的支撑，以日文特有的"真空妙有"来形容则更为贴切。"物派"恰恰是一个走在东西文化钢丝上的艺术流派，尽管它动用了禅宗的"软性"哲学，但将材料做出"刚性"处理的时候恰恰迎合了西方的思维方式，从而打造出一套西方人能看得懂的艺术语言。日本人是最善于学习的，它既习得了西方当代艺术话语，又学会了中国的禅宗并将这种原则发挥到了极致，进而推向世界并代表了亚洲。

从明治维新开始，日本就展开了东西方艺术之间的"博弈"，而韩国接触西方同时代的艺术也是在二战之后，特别是1953年朝鲜战争结束之后。南北韩的最终分裂使得朝鲜走的还是现实主义的道路，而韩国则得以开启自己的当代艺术实践。与日本20世纪50年代所出现的"零派"这种抽象化探索类似，韩国的艺术主要走的是"抽象加表现"的道路，但令人略感遗憾的是，韩国当代艺术家更倾向于模仿从现代主义到后现代的西方艺术风格，没有进而"翻新"出自身的艺术面貌，也没有像日本艺术那样继续走出"具体派"的新路。

从20世纪60年代的"单色绘画"、70年代的"几何抽象"到80年代的"极简艺术",韩国艺术尽管延续了对"素朴之美"的儒家追求,但却基本上属于美国式的从抽象表现主义到极简主义的艺术余脉,这也使得韩国同时代的艺术没有获得日本那样的国际地位。这种感受可以通过参观韩国三星美术馆直接得到,除了出巨资购买的当代欧美最著名的作品之外,韩国本土艺术家的绘画更多的像是美国艺术的韩国"演绎版"。目前,韩国画坛也形成了两个具有垄断性的美术教学体系,一个为国立首尔大学的艺术大学所主导,另一个为专业艺术院校弘益大学所代表。前者主导了"黑白派"与"观念派"的取向,后者则代表了"色彩派"与"技法派"的路数,但均没有超出"抽象表现"艺术的西化藩篱。

日本文化始终强调它才代表了"亚洲的真正艺术",韩国也追随其后实现"亚洲的自我认同",然而,中国当代艺术还需要走同一条路吗?当代中国艺术家与理论家是否应走出一条"跨越亚洲性"的新路?

走新路而弃老路,这首先是由于,当代中国艺术生发的历史语境与日韩不同。日本从1945年、韩国从1953年就分别廓清了自身的当代艺术空间,而当代中国艺术发端得较晚,直到"八五美术"运动才真正拓展出当代艺术世界。从地缘政治学来说,日本属于孤岛文明,中国属于大陆文明,而韩国则是夹在前两者之间的半岛文明,日韩要成就自身的文化需要首先成为"亚洲的",而中国似乎并不需要经历这个阶段。当代中国艺术难以走"亚洲之路",直接与国际接轨方是上策。事实证明,当代中国艺术也没有过多地与"亚洲性"相纠缠,特别是20世纪90年代之后,一方面通过学术力量的支持而进入世界艺术史序列,另一方面则通过市场的炒作而进入国际艺术品流通领域,从而使得当代中国艺术最终走到了世界的前台。

在这个意义上,当代中国文化重新倡导孙中山所提倡的"大亚洲主义"(The Great Asianism)还是符合时宜的。该大亚洲主义的另一个译名Pan-Asianism(泛亚洲主义)或许更为适用,它以"泛化"的亚洲观弱化了"大亚洲观"那种极端民族化倾向,也并不赞同以某一种文化去代表亚洲整体的那种文化霸权化。按照孙中山在1924年(民国13年)在日本演讲的构想,"大亚洲主义……就是文化问题,就是东方文化和西方文化的比较和冲突问题。东方的文化是王道，西方的文化是霸道；讲王道是主张仁义道德，讲霸道是主张功利强权。"[1] 如果将"泛亚洲主义"的文化议题拉到艺术上，我们似乎也可以说，西方现代主义与后现代艺术像是"霸道文化"的一种，韩国当代艺术仍遵循着"霸道文化"的轨迹，而日本当代艺术思潮则试图将"王道文化"推举出去，但仍未摆脱霸道的规则。

众所周知，日本以"王道"的方式将禅艺术推举为"霸道"的文化，仅在20世纪50年代就影响与塑造了"美国禅"艺术家如艾德·莱因哈特（Ad Reinhardt）、"法国禅"艺术家如伊夫·克莱因（Yves Klein）、"德国禅"艺术家如鲁普雷希特·盖格（Rupprecht Geiger），等等。但是，禅宗的确是产生于中国，有些是以朝鲜半岛作为桥梁，才最终为日本所发扬光大的。禅宗乃是东亚文化群体合作的产物，但欧美却接受了其日文音译名Zen，而非中音译名Chan。

日本最先为之，韩国随后跟进，它们的当代艺术都曾走过"亚洲之路"，将自身作为亚洲当代艺术与文化的最佳代表者，进而将自身推向了世界。然而，当日韩艺术界的艺术家、策展人与批评家在倡导"亚洲性"的时候，作为其背后理论支撑的所谓"亚洲主义"，都强调是以自身作为"文化主体"的。从走亚洲路线的日本的"物派"到韩国的"抽象"，对当代中国艺术的发展而言无疑都具有启示意义。韩国的启示在于，不能成为西方艺术的东亚翻版，韩国绘画对于美国抽象表现主义的确"模仿过度"了。日本的启示在于，要关注艺术背后的理论阐发，"物派"之后的日本也走上了艺术家独立发展的道路，但即使是相对集聚的卡通艺术也没有达到"物派"的东方高度。当代中国艺术也曾单纯地模仿欧美，"八五美术"运动就是面对西方冲击的一次"条件反射"，在政治波普与玩世现实的阶段，当代中国艺术亦曾有统一的形象，但在"去政治化"之后走向了碎裂化的多维发展之路。

无论是"亚洲性"还是"中国性"，均需意识到它们都是复合而多元的。在亚洲内部，东亚、东南亚、南亚与西亚的艺术状态及其流变都是不同的；在东亚内部，中日韩也是差异颇大的；即使在汉语文化圈内部，也

---

[1] 孙中山：《大亚洲主义——对神户商业会议所等五团体讲演词》，载《孙中山先生由上海过日本之言论》，民智书局1925年版。

是充满张力的。以台湾当代艺术为例，它被推向北美是通过刘昌汉策展的两个重要展览实现的，即《原乡与流转：台湾三代艺术展》（2002—2006）与《迷离岛：台湾当代艺术视象展》（2007—2008）。2012年在台北国父纪念馆举办的刘昌汉艺术策展国际研讨会上，台湾学者共同意识到"离散"（disporas）乃是旅居美国的刘昌汉策展思想的核心，他从旅人的眼中所见的既是内在的同时也是外在的台湾影像。这也可以追溯到台湾艺术的三种文化根源：一个是华夏书画传统的积淀，另一个是日据时期西洋美术与日本绘法的影响，还有就是美援时期西方抽象传统的融入。这本身就造就了台湾当代艺术的复合特质：与大陆本土文化、日本殖民文化、欧美现代文化的"文化离散"。如今看来，台湾当代艺术并不是特殊的现象，多元文化之间的融合已成为亚洲艺术的基本特色之一。

超越"亚洲性"还是融入"亚洲性"，这是当代中国艺术所面临的选择。当代中国艺术并不是不需要"东亚共同体"的支持，但从目前的历史语境看，却可以跨越"亚洲性"的峡谷——无须代表亚洲，自己代表自己！

这恐怕就是一条新的艺术道路，它不仅是"去亚洲化"（De-Asianess）之路，而且也试图直接走出"新的中国性"（Noe-Chineseness）之新途。当然，这里的"新的中国性"在强调承继传统而实施创造性转换的同时，还要具有国际化的"当代性"视角。李禹焕就曾大胆地指出，"物派"其实既没有对"日本主义"（Japanism）也没有对"东方主义"（Orientalism）做出任何什么，它所采取的就是国际化的定位。这也是当代亚洲或者中国艺术之为"国际当代"的必然选择。

（原载《中国国家美术》2012年第3期）

# 东亚学术性何处寻：以韩国当代艺术为例

这是一个"商业性凸现，学术性淡出"的艺术时代。

如果从中国的实情来看，这倒也是好事，这是中国艺术开始摆脱"计划经济体制"与"传统学院建制"的必然结果。应该说，中国的当代艺术尽管萌生于计划经济体制之内，但它的勃兴却是完全处于市场经济的新的阶段。然而，市场社会的来临无疑是一把"双刃剑"，它既致使艺术的表达更为自由和舒展，又试图去削弱甚至剥夺艺术的学术性。

在传统的学术建制之内，中国艺术的学术性主要是两方面赋予的：一方面是来自于延安"鲁艺传统"与欧洲"学院传统"的奇异结合的学院建制（还包括画院体制），另一方面则是来自于中国美术家协会在全国形成系统的独特体制，后者在国外皆为非政府组织，但在中国则是政府构建的貌似非政府的学术团体。然而，这两个方面的力量都在市场社会中走向了衰落，甚至在艺术市场中只能"虚位以待"。这是对"学术霸权"的解构，亦是对"市场霸权"的建构。但从积极的角度看，如果说，传统的艺术只是在理论上诉诸"为大众"和"为人民"的话，而实际上决定何为"好的艺术"的却是学院建制内的少数人，那么在市场社会中，才实现了决定何为广被关注的艺术的候选者的"多数化"。"沉默的大多数"终于真正参与到艺术的品评中。

因为笔者正在韩国成均馆大学讲授中国艺术理论并在两座大学做演讲，开始接触并参与了韩国艺术界的一些事情，所以，想以韩国的当代艺术为例来考究这样的问题——东亚艺术的学术性该从何处寻？韩国这三十来年已经建构了比较成熟的市场体制，而且在这种"现代性"的建设中试图保留其传统文化的一面，那么，可以追问，韩国当代艺术的学术性究竟是如何保持的呢？

2008年9月4号，在一位韩国实力派艺术家宋根英和旅韩艺术家李刚的陪同下，我们来到了韩国首尔著名的"艺术殿堂"，来看2008年韩国当代绘画展。这是集中了当代韩国老中青三代的实力派艺术家的大展，展线非常长，作品非常丰富。在观展过程中，遇到了世界艺术促进会和韩国美术家协会的李珉柱教授、韩国近现代美术研究所的黄相喜首席研究员，也与他们交流了这次重要展览的入选学术标准问题。笔者结合这次画展来分别谈一谈对韩国老中青三代艺术家的作品印象及其学术方面的思考。

刚刚进入展线的开端，着实吓了一跳，还以为进入中国画的展厅了。这恰恰是因为，笔者首先看到的是韩国老一代实力派画匠的作品。但是，再仔细揣摩，却发现那些以山水画为主的"韩国画"与中国当代的山水画有非常多的微妙的差异。这种差异主要就在于，中国山水画家多是喜欢描绘"胸中丘壑"的，往往对于实景是"空其实对"；韩国山水画家特别强调"对景写实"，每幅山水都要在现实中找到"心师华山"的那座"华山"。当然，在韩国艺术家那里更多描绘的是北汉山、金刚山之类。这种独特的韩国山水画，被通称为"真景山水"。这种山水画里的确有董其昌一派所浸渍的传统的长久影响，但是，老一代的画法还是很新的，似乎带有黄宾虹的笔墨意味。

老一代的韩国画的学术性，就体现在对于"真景山水"的审美标准的寻求上面。这是外在物象与内心感悟相结合的一种画法，而且更倾向于前者的实处，也就是要求将内在的"虚"落实在外来的"实"当中。这种学术性的来源，恰恰在于韩国在对中国山水笔墨束缚的摆脱当中的求新。传统中国的绘画及其技法，在朝鲜文化有一个有趣的称谓，叫作"观念山水"。这是因为，朝鲜半岛的实际的山与水毕竟不同于中国南北的山与水，当时半岛的艺术家们更多的是从画谱、原作和摹本之类习得中国山水精髓的，所以谓之观念山水。但是，他们越到后来越觉得不足，因为"朝鲜的真山真水"到底在哪里呢？这样，"真景山水"才开始出现并蔚为大观。"真景山水"的学术性要求是很高的，它在韩国又被称为"对景山水""实景山水"，虽然仅一字之差，但其所表露的境界确是不同的。"对景"所要求的实对外景、"实景"所要求的客观真实，都不如一个"真"字了得——此"真"既指外在的"景""真"，又暗示内在的"情""真"。这正是韩国出现类似中国实验水墨之前的艺术主流状态。

韩国中年一代的实力派中，更多受到的是美术学院体制的影响，这是毋庸置疑的，因为这一代的画家主要都是来自学院。在韩国，有两个最重要的形成了垄断的美术教学体系，一个就是韩国国立首尔大学里的艺术大学，另一个则是更为专业的艺术院校弘益大学。有趣的是，在本次画展中，这两个派系的绘画风格在中年一代中阵营分明。从形式上说，前者是"黑白派"，后者是"色彩派"；从取向上说，前者是"抽象派"，后者是"具象派"；从风格上说，前者是"观念派"，后者是"技法派"。几乎所有的韩国中年画家都分属于这两大阵营。本次2008大展上，只要是黑白灰的那种类似于抽象表现主义的作品，一定出自首尔大学——笔者那两位颇为知名的韩国朋友宋根英和李珉柱都是首尔大学本科和硕士毕业的，绘画风格一脉相承；只要是诉诸绚丽的色彩，甚至像野兽派那样敢于挥洒色调的，一定就是弘益大学阵营的作品。

好就好在，这两种基本艺术潮流，在韩国画坛形成了一种内在的张力。韩国艺术的学术性并不是由韩国的美术家协会规定的，从主流上来讲更多的是学院体制造成的。但这种学院体制并未形成一种"一家独大"的局面，而是在风格和审美上形成了很微妙的"互补之势"。更有趣的是，在韩国，艺术批评和理论始终是高于艺术创作的，这不是因为当代艺术中理论的地位愈来愈重要，而是有其传统思想和文化的根源。我们知道，韩国受到中国宋明理学的儒家思想影响尤深，朱熹所主张的"道根文枝"与"文从道出"，在韩国艺术界那里形成了至今不衰的"艺从道出"的原则。由此而来，韩国艺术的学术性就被彰显了出来，其中特别突出的，就是强调韩国自身的风格的在场。但可惜的是，这种"在场状态"在青年一代那里似乎变成了"空场"。

2008年韩国大展专辟出整个二楼，展示当代青年一代韩国艺术家的作品。一楼主要是老年和中年的实力派，一人一幅，而二楼的巨大空间则是一人多幅。游走在二楼，笔者不仅再次有一种错位的感觉，我究竟是在韩国还是在中国？当代青年一代，无论中韩，在表征出"当代性"的时候，竟然是如此的相似，也许是文化上的趋同使然？给我最强烈的印象就是，可以使用的各种各样的材料，从丙烯到金属，能用的都"招呼"上了；可以借用的各种风格，从波普到新写实，能用的都"忽悠"上了。但是，笔者却始终想问的是，这里面"韩国性"或者"韩国风格"究竟在哪里？那种具有"东亚特质"的学术性究竟在哪里？这恰恰是东亚艺术，无论是中韩日哪一国家的艺术，在参与国际对话中最需要的东西。缺失了这个东西，当代艺术也只能是缘木求鱼。

关于前卫与保守之间的张力，中韩艺术界表现出了巨大的差异。与中国的主流结构相反，韩国从先锋派到前卫派都被归属于学院的门下，但从传统派到古典派则植根于具有悠久历史根基的民间。这与中国艺术界的国、油、版、雕的传统集聚在美术院校及画院中，而当代的观念、装置、行为、身体艺术主要在宋庄之类的地方是不同的。这也使得韩国艺术的学院式的学术性，保持了非常新鲜的创新性质和突破可能。所以，观念的新构往往在韩国艺术院校那里被视为艺术的关键。当然，与此同时，技艺的培养在韩国远没有中国扎实，这可能是与他们在20世纪早期建立学院的时候主要是短期模仿日本，而当时日本正受野兽派的粗糙影响有关。然而，中国艺术院校却来源于欧洲古典学院体制而更注重技法的培养，艺术家们更多被视为是"活儿"质量很高的画匠或手艺人。在这方面，恰恰韩国的做法可以给出某些不同的选择。

总而言之，通过韩国当代艺术的初步印象，我们看到了三种学术性——老一代的、中年一代的和青年一代的，这可能为当代中国艺术带来某些启示。最后还要说一句，韩国艺术的包容性和开放性是相当强的。无论是多么传统抑或多么前卫，统统称之为"韩国画"，这与当代中国艺术圈的山头林立、界限分明、风格迥异是不同的，也可足见这个民族的"民族性"的基本诉求。但我们所寻求的绝非仅仅囿于中国本土或者韩国本土的学术性，其实恰恰需要中韩日艺术圈内人士通力合作，来共铸一种"东亚学术性"。

（原载《东方艺术》2009年第1期）

# 艺术的全球化:向左走?向右转?

当代的"艺术界"(artworld)得以拓展的重要特质之一,那就是"全球艺术"早已经浮出了海平面。艺术在获得"地域性"的异质文化发展的同时,也在取得一种"国际性"的发展姿态。道理很简单,往往获得国际承认的艺术家,才能在当代艺术史中留下更深的烙印。反过来说,可以被历史铭记的当代艺术家,也都已获得了其应享有的"国际影响"。

追本溯源,当代艺术在它诞生之初,便被赋予了一种"国际化"的形式。只要回想一下从"英国波普"的衰落到"美国波普"的兴盛过程,想到波普艺术在全世界范围内与不同文化相结合的各种"变体类型",就可以想到一种"全球性"的艺术在世界范围内的流动现象。

如此说来,无论是以"观念艺术"为代表的各种观念主义艺术、以"行为艺术"为代表的身体美学的艺术,还是以"大地艺术"为代表的自然环境艺术,都不再以"国别""洲别"甚至特定的"文化圈"来标识。它们的当下形态都是由全球的艺术家来共同"构建"的,无论是东方还是西方的艺术家都已参与其中。

以观念艺术为例,正如美国哈格蒂艺术美术馆馆长柯提斯·卡特所言:"从20世纪60年代末开始……观念艺术已逐渐成为每一大洲艺术家们的主要作品,它已日益成为一种全球事业,亚洲、非洲、欧洲、美洲和世界其他地区的艺术家们分别对观念艺术做出了重要贡献。因而,有必要将观念艺术视为在各自地域背景下兴起的艺术全球化的显现,而不仅仅是源于某一区域的国际化运动。那么,在普遍的美学视角里,观念艺术是否给艺术提供了超文化的基石?观念艺术如何对艺术和文化的一种新美学做出贡献?"[①] 进而,

---

① Curtis L. Carter, "Conceptual Art: A Base for global Art or the End of Art?", in *International Yearbook of Aesthetics*, Volume 8, 2004.

卡特提出了一个重要的问题：已获得了"全球化身份"的观念艺术，究竟构成了"全球艺术"的新的基石，还是代表了艺术在全世界范围之内皆走向了终结？我们也可以将这个问题再扩大化：当代前卫艺术的这种全球性霸权的取得，究竟构成了"全球艺术的基础"（Base for global Art），还是共同指向了"艺术的终结"（the End of Art）？

无论我们对此采取何种立场，赞同终结论抑或反对终结论，艺术家的生活都已得到了巨大的改变，走向了一种全球化的生活方式。

早在1970年，就有艺术家记载了当时他们生活情境的转变，其要表明的意思是，由于"艺术界"的变化，艺术家的角色也相应得到了置换——"由于这样一个艺术界，通过复制和经过期刊的信息的广泛播散，可以更快捷地知晓当前的作品，这些作品已经被电视、电影、卫星和'喷气式'所改变了，这对于艺术家真正成为国际性的带来了可能，艺术家们要互换他们的位置现在变得简单多了。诸如谁是首创者这样的归于艺术史家的问题，几乎被按照小时来标识了。使用邮件、电报、电传打字机的艺术家们越来越多，这是为了传输他们自己的作品——照片、电影、文献——抑或其他活动的信息。这是一个具有刺激性和开放性的情境，无论对于观众还是艺术家都是如此，哪怕与5年前相比，地域性的观念都更少了。一个艺术家再不用被迫待在巴黎或纽约，因为远离这些'艺术中心'之地也可以方便地被提供许多。"①

所以说，如今所面临的"艺术界"变了，身处其中的从事与当代艺术相关的人群的角色也悄然发生了改变。但作为中国人，我们真正关心的还是中国文化和艺术自身的问题，我们究竟能在全球化的语境里面充当何种角色？

这里，笔者举两件亲身经历的事情来说明，一个是关于毛泽东的，另一个是关于布什的。

一个例子是发生在2006年的5月3日，在第三届大山子艺术节（DIAF2006）期间，我在"时态空间"做完《艺术终结了吗？艺术终结在哪？》的演讲之后，陪着一位美国朋友游历798艺术区。当我问他有何观

---

① Kynaston Mcshine, "Introduction to Information", in *Conceptual Art: a Critical Anthology*, Alexander Alberro and Blake Stimson eds., Cambridge/ Massachusetts/ London: the MIT Press, 1999, pp. 213-214.

感时，这位朋友突然问了我这样一个问题：为何这里"Mao"（毛泽东）的形象这么多？我反问他，你对中国的了解究竟有多少呢？他的回答是：在他心目中，中国仍是"红色的中国"。我继续追问，难道你们不想看到更为久远的中国古文化出现在当代艺术里面吗？他的回答是：也许。看来，这种"泛政治化"的中国，才更投合了大多数美国人的"想象"。

第二个例子，来自我参加中国美术馆举办的"美国艺术三百年：适应与创新展"开幕式的"目睹"与"耳闻"。在整个展线的最末端，出现了以布什总统的签名照为题材的艺术。这是本次展览"拿来"的最新的作品，也是在美国国内引起了一定争议的作品。这种布什的照片你可以随意向白宫索要，这个具有观念意味的作品具有非常强烈的政治情绪。当时就听说中方害怕这个作品"出问题"，甚至会影响中美关系（因为美国驻中国大使也要出席开幕式），但美方基金会对待艺术的开放态度，却使得这种虚构的"文化冲突"被迅速化解了。

这两件事情使我联想到中国与美国的"两种全球化"的差异。为什么说是"两种全球化"，而不是"一种全球化"呢？因为中国人和美国人对待全球化有着不同的理解乃至想象，我们与他们心目中的全球化并不相同。

关于"毛"的形象大量出现在当代中国艺术里的问题，涉及"后殖民"的话语霸权和"东方主义"的西方想象。在很大程度上，中国艺术要在世界上得到关注，"文革"题材似乎总能成为一条"捷径"。但无论是有意识的还是无意识的，这种题材的艺术往往是在试图"投合"西方对现代中国的想象，一种被"镜像化"的中国形象屡屡出现在国际舞台上。难道这样的"艺术中国"里面的中国，才是真正的中国？难道除去一种泛政治化的理解之外，更为悠久深厚的中国传统不能进入到当代艺术里了吗？

想一想中国艺术家徐冰从"西夏文"的拓印到"中西合体字"的发明，还有蔡国强具有中国本土意味的"烟火"系列，似乎更民族化的，才是更国际化的。但这种民族化的艺术语言，必须得到某种"中西视界融合"的转换才能为国际上普遍理解。更重要的范本，还是属于激浪派的朝裔艺术家白南准，他的作品里面隐含的"禅意"是让西方艺术家们只能望其项背的。最近在798展出的日本的"物派"艺术特展，似乎也证明了对于当代东方艺术而言，能取得世界尊重的往往还是呈现了传统文化深刻积淀的那种。

关于"布什像"的艺术品,恰恰证明了当代美国艺术的某种介入政治的取向。目前甚至出现了一种引人注目的来自海外的观点说,其实当代艺术最初是来自FBI所策划的一场"政治阴谋"。这种用意识形态的理解取代艺术本身的做法,与国内"左派"异口同声地反对当代艺术是"异曲同工"的。当代艺术也有自身的发展规律,岂能以"政治阴谋"说全盘概括,意识形态只是一种推动美国艺术海外化的辅助要素而已。在与当时发表主题演讲的美国宾夕法尼亚大学艺术史教授迈克尔·乐嘉(Michael Leja)的交流里,他也道出了当代美国艺术史研究的最新走向,也就是特别关注到了种族(黑皮肤与白皮肤)、性别(如同性恋)、民族、亚文化的"文化研究"(cultural studies)的诸问题。细想起来,这也不奇怪。因为美国就那么短的历史,他们的艺术更多是"向前看"的,而无法更多地去挖掘历史的意蕴。

通观这三百年的美国艺术,你会发现,其实前两百多年,美国本土的艺术,因为跟在别人后面跑真的乏善可陈。在欧洲印象派与后印象派的映照下,同时代的美国油画堪称"业余"。只有到了抽象表现主义之后,艺术才真正用"美语"说话了,直至后来引领了国际艺术的走势。一旦某种文化成了世界的"艺术中心",它就很自然地滋生了"老大"的心态。以美国高仰着的眼光,是根本看不到那些边缘化国家中文化问题之凸显的,也感受不到那种民族文化被倾轧的危机。这就是中心与边缘的不同的文化感知。

这给我们的启示便是,只有独创的,才是能真正站稳脚跟的。反过来,一味地追随潮流而失去自身的文化根基,只能"随波逐流"罢了。换句话说,中国当代艺术,作为全球艺术格局里的边缘角色,无须只看着中心、只模仿中心,而是要通过自身本土文化的力量来努力成为中心。某一国度自诩为盘踞着全球文化的制高点,将本身化作全球文化游戏规则的操纵者,这对一种健康的文化全球化格局来说并不是好事。

这让笔者想到当代艺术史家露西—史密斯在2006年的《国际美学年鉴》上的一篇大作,即《谁的全球化?》(Whose Globolisation?)——这个反诘相当有力,他通过新非洲、新美洲和当代亚洲艺术的例证,追问了全球化的拥有者究竟是谁的问题。我们也可以追问,我们所要表现的,究竟是西方所要的全球化，还是自己要表现的全球化？无论是贴近政治也好，还是回归文化也罢，关键还是当代艺术究竟呈现了什么样的"文化独创性"？全球化并不是全球的文化变得一模一样，而是在全球文化互动日益频繁的基础上，凸显出不同文化之间差异的"文化间性"。

最后，我们还是回到那个重要的问题：在"全球化"的语境里面，如何确立当代中国本土艺术和美学的"民族身份"？

究竟是投合欧美的"文化镜像"之需，从而探索一种他们所要眺望的"西方的全球化"（有时甚至就是美国的全球化）？还是从自身文化本源里萌生，从而创作出一种我们所想展现的"中国的全球化"或"东方的全球化"？当下的艺术状态之一，就是在欧美不再给当代中国前卫艺术布置"命题作文"之后，本土艺术家却从被需要状态里的跃跃欲试，转而变成"自主命题"的无所适从以至于无所事事。关键就在于，中国的艺术并不是要仅仅迎合"他者"，更要挺立起自身的民族话语和符号方式！

这才是我们参与进"全球化"进程的适宜策略。

（原载《艺术地图》，中源文顶文化传播2008年版）

# 国际前卫艺术的"关系主义美学"

20世纪90年代之后的国际前卫艺术，应该如何加以描述呢？既然当代艺术要告别过去的"宏大叙事"格局，似乎就没有必要再来进行总体概括了。但事实并却非如此，还是有一种声音得到了西方艺术界的普遍赞同。

国际艺术的最新主潮，被概括为"关系主义"（relationalism）抑或"关系美学"（relational aesthetics）。那么，什么是"关系美学"呢？

所谓"关系美学"，是国际学界对于20世纪90年代之后的国际艺术发展潮流的一种最为恰如其分的描述。这个用语的创造者是法国艺术批评家和策展人尼古拉斯·鲍里欧德（Nicolas Bourriaud）。这个词是他1997年文集的标题，以此来概括90年代艺术实验的基本特征，并被一直沿用至今，从而突破了诸如"青年英国艺术家"（YBA）那样简单的代际概括。这本文集被认为是对国际前卫艺术最新发展趋势而言的一部重要理论著述。这是由于，出书前后的英美艺术圈都依托80年代的成果与"去政治化"作为论题，鲜有新的理解被赋予当代前卫艺术。

适应于"关系美学"的艺术就是"关系艺术"，这类的关系艺术包括一系列的艺术实践。这些艺术实践使得艺术家的理论与操作，都是与人们的"整体关系"和"社会内容"不相分离的，而不是像传统前卫那样仅仅去造就一个"独立而私人"的空间。在这种美学中，艺术作品被视为一个"挑拨的机器"，它的功能就是要促发人与人之间的偶遇、集体的相遇，对这种艺术的展示则被看作是观众在艺术作品前面的"共同在场"。在这个意义上，尼古拉斯·鲍里欧德似乎又赋予了当代前卫艺术以"政治化"的色彩，这就好似延续了当代艺术在20世纪60年代的那种充满政治色彩的套路，并在新的世纪转折时期获得了新的拓展。

为了证明自己的理论是适合的，2002年，尼古拉斯·鲍里欧德在旧金山美术馆策划了一个非常重要的大展,主题就是"触摸:从1990年到现在的关系艺术"(Touch: Relational Art from the 1990s to Now)。这次展览,就是为了展示出"新一代艺术家们对于互动作品的拓展"。这些艺术家包括 Angela Bulloch、Liam Gillick、Felix Gonzalez-Torres、Jens Haaning、Philippe Parreno、Gillian Wearing 和 Andrea Zittel。大家普遍认为,这次展览是对于"关系艺术"的观念的确认,它以新的视觉经验证明了艺术在面对公共领域与私人空间时所实现的"社会互动的各种各样的形式",从而巩固了关系艺术美学及其实践在全球艺术界的主流地位。尼古拉斯·鲍里欧德指出:

> 关系艺术(一种以人类的交互关系和社会背景作为理论水平线的艺术,而不是一种独立和私人象征空间的宣言),它的可能性在于指出了激进的动乱美学,以及由现代艺术介绍而来的文化和政治目的。为了勾画这一社会学,这个演变从本质上诞生于全球范围的城市文化,并从这种城市模式或多或少形成所有文化现象。从二战末期开始,村庄和城市总体的扩张,不仅引起了社会互换的非凡高涨,还有更大的个体流动性(通过网络、道路和通讯的发展,并逐步解放偏僻隔离的地方,伴随着逐渐开放的态度)。由于城市世界狭窄的居住空间,相继而来缩小体积的家具和物品,现在强调的是更大的机动性。如果说在过去很长的一段时间里,艺术品设法在这个城市环境中成为一种奢侈、贵族的物品(作品的尺寸和那些住房,都把艺术品的拥有者和人群的距离给拉开了),艺术作品功能的发展和它们展出的方式则验证了城市化和艺术实验的成长。在我们的眼前崩溃的,不过是那些安排艺术品的错误的贵族式概念,并与领域的获取感有关。换言之,现在再也不可能把当代艺术作品看作一个可走过的空间(主人的导览,又类似于收藏家的导览)。从今以后,它(艺术作品)是作为一段被经历过的时间而呈现,就像一个无限讨论的开端。[1]

---

[1] Nicolas Bourriaud, "*Relational Aesthetics,*" in Claire Bishop ed., *Participation (Documents of Contemporary Art)*, The MIT Press, 2006, p. 160.

在"关系主义美学"看来,艺术作品是作为"社会的空隙"而存在的,艺术再现乃是一个"社会圈"。那么,究竟何为"空隙"抑或"缝隙"呢?这个词居然就来自于卡尔·马克思,曾被用来描述贸易社团通过离开利润规律来逃避资本主义的经济语境,包括讨价还价、推销规划等其他自给自足形式的生产。这个"缝隙"是一个人类关系内的空间,它或多或少和谐并开放地容纳在总的系统中,但同时对这个系统以外的其他贸易的可能性提出建议。按照尼古拉斯·鲍里欧德的理解,这恰恰是当代艺术展览于具象型经济领域中的本质:它创造了自由的区域以及与构造日常生活节奏相对比的时间跨度,并且它相遇了一次与强加在我们身上的交流区域,所不同的是人与人之间的交流,然而,现行的社会语境限制这种人与人的关系,因为它为以上提到的结果创造了空间,艺术由此得以确立了自身的位置。

这种关系艺术,不仅在欧美艺术界攻城略地,而且在中国也有所显现与拓展。特别是在当代中国青年艺术实验中,也存在着这种艺术创造。笔者所熟知的"忘记艺术"小组就是一个国际化的青年艺术小组,其成员的创造就是"关系艺术"的典型形态,同时也是"日常生活美学"的典型形态之一。这是由于,这个小组首先强调要有许多艺术家集体参与到同一艺术活动中,他们打造出一个空间来让艺术家与观众共同地创造与交流,从而形成了一种开放性的"艺术时空"。

"忘记艺术"小组在草场地所做的集体艺术"龙泉洗浴",重新利用这个特定的"公共性"私密空间,试图重新发现和定义这个空间的属性和存在于其中的特定环境,让每个艺术家都去创造一件艺术品。这些艺术品表面上看与日常物并无二致,但仔细观看又具有了非日常性。恰恰是通过对于日常生活的"微干预",以一种"去物体化"的方式既赋予现成品意义又抽离其意义。正如主创人所说:"有人质疑我们的作品到底是不是艺术,我们并不是要带领什么,我们没有那么宏伟的目标,我们会继续做我们所认为的艺术。可能 Forget Art(忘记艺术)还能够理解为 For Get Art(获得艺术)!"

所以说,当代中国青年艺术,之所以强调集体的创造,强调开放空间的实现,强调人与人之间的交流,正是由于他们所做的就是一种作为国际新潮的"关系艺术"。在这类"关系艺术"中,观者都被整合在一个共同体中。艺术作品不再被视为是观者与对象的相遇,关系艺术所生产的是一种"主体间性"的遇合。这种遇合是通过"集体性的相遇"来真正实现的,而不是通过"个体化"的消费空间来虚假实现的。

这意味着,艺术作品本身就创造出一个"社会环境"(social environment),其中,人们相互参与到彼此的经验与世界中。这同时意味着,艺术作品的角色不再是成为一种想象的或者乌托邦的实在,而实际上是处于真实存在中的一种生活方式或者行动模式。最终回到原点,这种艺术强调了一种共同的"生活方式",这恰恰指向了我们所说的"日常美学",也就是一种强调"共在"而非"独在"的生活美学。

以2010年"大声展"中国青年艺术界上的作品,再来说明一下"生活关系美学"。在SOHO商业战场的核心地带,最引人注目的展品是由艺术家赵赵创意出来的。展出的是艺术家搜集的二十多个20世纪80年代遗留下来的老衣橱,这些衣橱组成了弧形的方阵。但是,这个作品装置只是创作的开始。赵赵真正的创意是,将这些衣橱借给其他年轻艺术家们,让他们来共同完成这个作品,每个艺术家将自己的"生活意义"填充在其中,不同的观者也从中看到了不同的"生活意义"。

进入这个独特的空间的观者,当他或她拉开柜门的时候,你可以发现,有人在里面贴满了招租广告、过去的贴画,甚至在里面暗藏了玩具。但是,真正令我惊讶的是,一位年轻艺术家将自己的指甲屑收集起来。手指甲只是生活的沉积物与废弃物,但却被艺术家收集在小玻璃盒子里面展示出来,这的确构成了一种回归生活之身体的新兴艺术。

这也验证了"关系美学"的那句名言,艺术是作为"社会的空隙"(social interstice)而存在的。这个"空隙"抑或"缝隙"造就了一种人与人关联的空间,它构造出了与生活节奏相对比的"交流时间",时空恰恰交错在其间。

# 第七辑

## 当代艺术：当代中国性

# 视觉艺术大师来华与中国艺术的嬗变

在 20 世纪上半叶，当现代主义艺术一浪又一浪地风靡欧美艺术圈之时，处于创造巅峰时期的视觉艺术大师们，却从来没有踏上过中国这片古老的土地。当时的中国艺术圈尽管也受到了现代主义的横向影响，如决澜社就肩负起"新兴艺术的使命"，但是，那时的中国现代艺术的火种，或者是留学法国直接获取的，或者是取道日本间接接受的，完全不同于雨果、托尔斯泰与萧伯纳这样的文学大师亲自造访中国带来的影响。

现代主义的艺术实验 20 世纪中叶就在中国结束了，自此以后，社会主义现实主义占据了艺术的绝对主导。对于中国现实主义的艺术实践产生重要影响的，乃是由苏联政府委派来华进行绘画教学的马克西莫夫（K. M. Maksimov，1913—1993）。1955 年，他在刚刚组建不久的中央美术学院举办了"油画进修班"，从而教出一大批"中国化"的油画家与教育家。而这位著名的"马训班"的老师，在苏联国内根本算不上艺术大家，但他却绝对是一位超级合格的油画教授。

现代主义艺术大师最早来华的时间已是 1985 年。美国波普艺术的领军人物罗伯特·劳申伯格（Robert Rauschenberg，1926—2008），于马克西莫夫来华整整 30 年后在中国美术馆举办了展览，这对于渴望看到"外面的世界"的中国青年艺术家来说简直是一颗重磅炸弹。难怪在"八五美术"运动中确立地位的抽象艺术家鹿林曾对笔者说，"八五美术"就是接受了西方现代主义艺术刺激之后的"条件反射"。这个说法相当准确，到了 1989 年现代艺术大展的时代，成熟的当代中国艺术才迅速得以全面出场。

劳申伯格到中国展演的时候，他已经度过了自己艺术生涯的旺季。为他所独创的"综合绘画"，集达达艺术的现成品与抽象表现的行动绘画于一体，但其 20 世纪 60 年代创作的以大众文化图像为题材的大型丝网版画则更广为人知。在中国美术馆这个仅展出过现实主义作品的场所内部,劳申伯格直接将纸板和垃圾这些"现成品"制成艺术,极大地打开了本土艺术家的眼界。在办展之后,劳申伯格还去过西藏冒险,其实在办展前他就在景德镇体验过生活了,但并未将这种生活显露在艺术中。只有为数不多的细心观者还记得,劳申伯格在展场上曾"照搬"了一把中国黄伞并使之成为艺术品,这也是除了安迪·沃霍尔将毛泽东头像用丝网套色印刷之外,使得波普艺术真正"中国化"的第一步。

幸运的是,波普艺术在中国获得的"中国性"的呈现,就是波普艺术大师劳申伯格亲手制造的。遗憾的是,随着现代主义的落潮,此后就没有一位真正登上欧美艺术史的殿堂级艺术家来到中国了。这种遗憾又过了36年后才变得不再遗憾,而此时的中国艺术圈已经突飞猛进到了"当代艺术"的阶段。

2011年的寒冬,当代视觉艺术大师雅尼斯·库奈里斯(Jannis Kounellis)来到中国。这位高龄艺术家与中国文化实现了"全接触",在今日美术馆举办了名为《演绎中国》的个展。这一"大师来华"事件的意义非同小可,因为与劳申伯格只是无意而随机地借用中国材料不同,库奈里斯在中国考察多年,完全采取了中国材料来试图呈现出一种具有中国性的"贫穷主义"艺术。

所谓"贫穷艺术"(Arte povera)流派的说法,采自"贫穷戏剧"的概念,它是一种使用最朴素的材料来进行艺术创新的视觉风格。库奈里斯的最成熟的艺术,就是大量使用煤块、石头、铁板、麻袋、棉花、羊毛、玉米、咖啡、仙人掌、石蜡灯、丙烷火炬和火车铁轨来进行创作的。这些日常物品在《演绎中国》个展中,被转化为典型的"中国物",主要是破碎的瓷片、完整的瓷碗、陈旧的军衣、女性的衬衫、褶皱的麻布、铁质天平,然后再配之以被惯熟使用的钢板背景。这就将一种中国风格纳入库奈里斯的艺术谱系中。

库奈里斯的艺术最直指人心的力量,就在于他将"物态"本身加以赤裸裸的自然呈现。《演绎中国》的系列作品,在今日美术馆的白色立方空间中,充满了一种超越日常的"仪式感"与源自日常的"崇高感",显示出从大处着眼并于小处着手的力道。进入美术馆展出现场所感受到的那种震撼力,让人惊讶艺术家如何在呈现出物态的"精致与微妙"的同时,又能将物态的"原始与质朴"和盘托出。

然而,劳申伯格与库奈里斯,这两位视觉艺术大师来华的境遇竟然天差地别。劳申伯格来华时所引发的巨大轰动再也无法被复制,库奈里斯来华时的,中国艺术界早已处于"八面来风"的境界了。在库奈里斯的研讨会上,如隋建国这样的中国艺术家就坦言,库奈里斯的手法在中国早已司空见惯。这一方面说明开放之后的中国艺术圈更加成熟,但另一方面,也恰恰证明了库奈里斯的创作方法已被广为接受。

无论怎样,在多元文化之间进行的创造与转化都是至关重要的,正如笔者与库奈里斯本人交流时所提问的,作为生于希腊的你是如何在过去融入意大利文化、如今又介入中国文化的呢?他也承认,自己的艺术是文化融合与互动的产物,并坚信"流动性"正是自己艺术的特质之一。也许,库奈里斯的《演绎中国》正是中西之间"文化流动"的成功典范。

从马克西莫夫的"马训班"、劳申伯格的"波普大展"到库奈里斯的"演绎中国",恰恰构成了从"现实主义""现代主义"到"当代主义"艺术的嬗变,中国艺术越来越与世界同步了,它已经追赶上了全球化的脚步。

(原载《中国社会科学报》,2012 年 5 月 9 日)

# 《当代中国艺术激进策略》出版

由美国纽约城市大学的魏斯曼（Mary B. Wiseman）与笔者共同主编的《当代中国艺术激进策略》（*Subversive Strategies in Chinese Contemporary Art*）已由布里尔学术出版社（Brill Academic Publishers）出版，它被列为布里尔"历史与文化的哲学"系列丛书的第31本，由波士顿与莱顿做全球发行。

这套著名丛书的主编、美国布林茅尔学院迈克尔·克劳兹（Michael Krausz）认为，这本共集中了15位作者23篇力作的长达四百多页的文集（其中8位美国作者与7位中国作者，11位哲学家与4位艺术史家），的确是"对于当代中国文化的重要贡献，对于当代中国文化的跨文化影响的重要贡献，对于中国文化意义的哲学理解的重要贡献。作者既包括中国也包括美国的哲学家与艺术史家们，这是他们关于当代中国前卫艺术研究的第一次合作！"他还高度赞誉说，"这是一项显著的成就。"[①]该书的出版对当代中国艺术研究的深入研究与海外传播无疑都具有重要意义。

这本文集通过中美学者之间的积极对话，将当代中国艺术的创作所展现出来的当代性与多元性展现给了世界，并提出了从"新的中国性"来建构当代中国视觉理论的基本诉求。文集共分为两个部分：上半部的总标题是"此时此地"，其中包括"危机"（共3篇文章）、"出路"（共4篇文章）和"身体"（共4篇文章）三个亚主题。下半部的总标题是"历史与地理"，其中包括"古典"（共4篇文章）、"近期历史"（共4篇文章）和"东方与西方"（共4篇文章）三个亚主题，力求展示从中国美学到西方批评的全貌。

---

[①] Michael Krausz, "Volume Foreword," in Mary B. Wiseman and Liu Yuedi eds., *Subversive Strategies in Contemporary Chinese Art*, Leiden: Brill Academic Publishers, 2011, p. XI.

整部文集以魏斯曼的《中国前卫艺术里的激进策略》(Subversive Strategies in Contemporary Chinese Art)与易英的《政治波普艺术与原创造性危机》(Political Pop Art and the Crisis of Originality)作为开篇，前一篇文章是魏斯曼对1998年在美国首展的《由内向外：新中国艺术》(Inside Out: New Chinese Art)展览的外部反思，后一篇文章则是国内学者对政治波普艺术发展的内部省思，从而由"危机意识"入手开启了对于当代中国艺术的考察之旅。本文集终结于笔者的《观念、身体与自然：艺术终结之后与中国美学新生》(Concept, Body and Nature: After the End of Art and the Rebirth of Chinese Aesthetics)一文，不仅指出艺术终结于生活的三个方向，而且深描了生活美学的崭新图景，由此试图见证当代中国艺术理论的重生。正如魏斯曼所言，这部最新的文集，通过中西方批评家对具有纯能量与想象力的当代中国艺术的探索，通过对既有观念的颠覆，从而让获得重生的中国美学与当代中国艺术相互匹配。的确，当代中国艺术已向全球文化展现出一个"崭新的世界"，中国的"新艺术"如今更需要新的艺术理论来加以阐释与标识，该文集正是提出了在全球世界内当代中国艺术的身份问题，并同时展现出了中国艺术与日常生活之间的模糊边界。

从东西方对话的宏观角度出发，这部文集邀请了国际著名的哲学家与艺术批评家阿瑟·丹托(Arthur C. Danto)贡献了《艺术过去的形态：东方与西方》(The Shape of Artistic Pasts: East and West)一文，当代著名美学家诺埃尔·卡罗尔(Noël Carroll)撰写了《艺术与全球化：那时与此刻》(Art and Globalization: Then and Now)一文。在对当代中国艺术的深入探索方面，文集一方面邀请了国际美学家和艺术批评家们来主笔"由外而内"观照中国艺术，国际美学协会现任主席柯提斯·卡特(Curtis L. Carter)撰写了《中国艺术中的前卫》(Avant-garde in Chinese Art)和《中国艺术中的政治化身体》(The Political Body in Chinese Art)，劳里·亚当斯(Laurie Adams)撰写了《当代艺术在中国："影响的焦虑"与蔡国强的成功创造》(Contemporary Art in China: "Anxiety of Influence" and the Creative Triumph of Cai Guo-Qiang)；另一方面邀请了中国的艺术批判家和美学家"由内而外"探讨中国艺术，来自中国大陆的易英撰写了《政治波普艺术与原创性的危机》，王春辰撰写了《造像与当代摄影在中国》(Image-Fabrication and Contemporary Photography In China)和《中国艺术的当前状态》(Current State of Chinese Art)，彭锋撰写了《没有中国性的中国：从文化符号到国际风格的当代中国艺术》(Chinese without Chineseness: Chinese Contemporary Art from Cultural Symbol to International Style)，来自香港地区的文洁华（Eva Man）撰写了《殖民香港的经验绘画与绘画理论（1940—1980）：对文化身份的反思》(Experimental Painting and Painting Theories in Colonial Hong Kong (1940—1980): Reflections on Cultural Identity)、来自台湾地区的潘幡撰写了《后殖民与台湾当代艺术趋势》(Post-colonial and Contemporary Art Trends in Taiwan)。笔者也撰写了《当代中国艺术：从"去中国性"到"再中国性"》(Chinese Contemporary Art: From De-Chineseness to Re-Chineseness)和《书法性表现与当代中国艺术：徐冰的先锋试验》(Calligraphic Expression and Contemporary Chinese Art: Xu Bing's Pioneer Experiment)。

面对当代中国艺术的危机，该文集试图去解答，这种危机究竟是如何通过性别化的身体与政治问题得以呈现的。因而，女性主义与政治身体问题就成为被关注的另一个热点，为此，魏斯曼撰写了《当代中国艺术中的"性别化"身体》(Gendered Bodies in Contemporary Chinese Art)、文洁华撰写了《中国女性身体艺术中的极端表现与历史伤害：以何成瑶为例》(Expression Extreme and History Trauma in Women Body Art in China: The Case of He Chengyao)、在美国任教的何金俐撰写了《第二性与当代中国女性艺术：对陈羚羊作品的个案研究》(The Second Sex and Contemporary Chinese Women's Art: A Case Study on Chen Lingyang's Work)。此外，文集还将视角延伸到了古代，著名艺术史家大卫·卡里尔（David Carrier）从实证的角度撰写了《如何误读中国艺术：七个例证》(How to Misunderstand Chinese Art: Seven Examples)、亚伯拉罕·卡普兰（Abraham Kaplan）也从理论的角度撰写了《中国艺术中的形而上学》(Metaphysics in Chinese Art)。

总之，作为国际美学协会（International Association for Aesthetics）五位总执委之一的笔者与美国执委魏斯曼的这次及时的通力合作，被克劳兹称作是一个"哲学与文化的宝库"。通过东西方的积极对话和深入交流，目前全球艺术界与美学界对当代中国艺术的关注，主要聚焦于其内在的两重张力：一个就是"全球与地方"（global and local）之间的张力，对中国艺术而言,外在的挑战来自"全球化",而内在的挑战则主要是"城市化";另一个则是"传统""现代主义"与"后现代主义"之间的张力。这两重张力问题也恰恰成为国际学界对当代中国艺术关注的理论焦点。在当代中国艺术达到了一定的创作高度之后,究竟该如何在艺术理论与美学思想上加以言说与总结,恰恰是《当代中国艺术激进策略》一书所力图完成的任务。

(原载《世界美术》2011 年第 2 期)

# 当代中国艺术的"书法性"表现

作为东亚和中亚文化的独特现象，书法在从古至今的中国艺术史中拓展出了丰富的空间，中文与阿拉伯文成为最重要的两种"书法性"的语言。书法被中国美学家们公认为"中国艺术的灵魂"，甚至有许多学者从非历史的角度出发，认定中国艺术的基本特征之一就是作为"线的艺术"。

这就关系到两个重要的问题。一是在美学理论上，这关系到如何理解中文书法的本质的问题：书写如何成为艺术，抑或手写之书写如何成为一种艺术过程？二是在艺术实践里，这是关系到如何在艺术上实现"新的中国性"（Neo-Chineseness）的创造性转化的问题：传统的书法，如何创造性转化为一种当代中国艺术的内在要素，抑或如何"融古入今"？

对这两方面的思考是互动的，我们一方面重新探讨书法的本质，确定书法不是绘画、不是实用艺术、不是表演艺术，也不是纯艺术；另一方面以当代中国著名艺术家徐冰的艺术创作流变为例，来说明以汉字为形式基础的中国书法是如何在当代艺术中转换为一种"书法性表现"（calligraphic expression）的。

在当代获得成功的中国艺术家们，并没有在传统语境中使用书法艺术，而是将之转化成一种当代"书法性"。徐冰就是这种创造的佼佼者。从1987年到1991年历时四年完成的惊世之作《析世鉴·世纪末卷》，后被俗称为《天书》（Book from the Sky）的作品，就是运用了宋体字的"变形的形式"创造的艺术品。这是他最早用"语言"进行创作的尝试。

《天书》所用的是什么字？根据徐冰的介绍，那是他自己所造的、世间并不存在的文字，这些造出来的字并没有对应的意义。初看上去，这些字好似汉字的"异体字"，也就是与官方正体字相对应的规范之外的字，但仔细观察就会发现，它们仍是运用汉字的部首、笔画改造成的字。因此，尽管不能直接称之为汉字，但也是一种"仿汉字"。但是如果更进一步来看,徐冰所创造的这些字,更近似于所谓"形体方整,类八分,而书颇重复"的西夏文,这是西夏党项族仿汉字创制的短期的人造文字。可以说,徐冰的造字法基本上是同西夏文的造字法近似的,但却完全丧失了其字本身所蕴涵的意义。因而,徐冰所独创的天书的文字就是毫无内容而空余形式的一种方生即死的"死文字"。

这样,这些《天书》当中的仿宋体字就真的成了"天书"。徐冰之所以运用仿宋体字来进行创作,就是因为这些文字已将个性彻底榨干,也毫无风格而言。所以,徐冰最初的创作其实具有一种"反书法"倾向。当徐冰刻制了4000多个活字印刷版来创造这个恢宏的作品时,当如此多的仿宋体字被大量复制时,《天书》的确充满了撼人心魄的力量,但这种"假戏真做"却又是如此荒诞!

更为关键的是,这种新的文字带来了一种文化间性(inter-culturality)的积极效果。按照徐冰的说法,西方人认定这是真正的中国文字,中国人却认为是古代的某种文字,日本人认为是韩文,而韩国人则认为是日文。面对《天书》,来自不同文化的人有不同的文化阐释,尽管他们皆不解"其中之意"。既然按照传统的观念,美术字不是艺术,而书法才是艺术,那么此时徐冰的创作就基本上是以"反书法性"为基点,或者说以"美术字"的形变为基点来反对中国传统的文字规则。

徐冰最著名的艺术系列《方块字书法》,最能体现出书法介于"图形"与"图识"之间的本性。因为这种崭新的文字创造,类似于某种图形,但却又是特定的图识,它始终在中英文的张力之间做文章。这些新创的文字,一方面,像中文但不是中文,也就是说,它戴有中文的"图形"面具,却又不是中文的"图识";另一方面,它们是英文但不像英文,看似没有英文的"图形"在其中,实际上却具有英文的"图识"。

《方块字书法》(Square Word Calligraphy)作为徐冰真正成功的作品,是在1993年之后开始创作、1994年开始臻于成熟的。徐冰1990年来到美国之后,在中西语言的转换之间,进行了某些并不算成功的艺术尝试。其中,《ABC》陶装置是他在美国早期的重要作品,这些作品是用陶制的铅字状的物件制成了为英文字母标音的汉字。众所周知,音标标音是一种国际化的标音方式,而汉语标音则是中国所独具的文化现象,比如把Yes标注为"也司"、丈夫husband称之为"黑漆板凳"之类。这是一种语言上的

"洋泾浜化"。这种语言的特点，就是造成了一种变性的、混合的、既非英语又非汉语的语言文字，从而形成"有汉语味道的英文"，亦即"中式英文"或"汉化英文"(chinglish)。

徐冰一方面用单个汉字来标识单个英文字母，如用"哀"来标识 A，用"彼"来标识 B；另一方面，又用多个汉字来标识一个英文字母，如用"痾""克""思"来标识 X，当然，由于这个标识与汉语的常用字"马克思"相近而另有"隐喻"(metaphor)的意味。由此，徐冰所打造出来的"双语英文二十六个字母对照表"，仍是一种中西方语言的简单对照。此时的徐冰置身于新移民的文化震撼中，主要是从发音的角度来互看中西，试图为中文和英文在艺术中找到一条"语音通道"。中英双语在其中是不平衡的，基本上是中文在向英文靠拢。事实证明，这种沟通还只是停留在表面，难以深入到双方语言的文化腹地。但无论怎样，徐冰已经从《天书》时代在"仿汉字"语境之内创作，转向了在中英语言和文化之间来回"走钢丝"。

徐冰所思考的，从根本上来说，就是思维、语言与文字之间的本根性的关系，他的这种思考还特别包含了一种对语言的"怀疑论"的色彩。在徐冰的艺术中所呈现的主要是文字，更准确地说，是"改造的文字"。按照徐冰自己的看法，"文字是人类文化概念的最基本的元素，对文字的改造，就是人对思维最本质的那一部分的改造"[①]。

《方块字书法》俗称"英文方块字"，原本叫作"新英文书法"(New English Calligraphy)。为什么不叫"新汉字书法"呢？原因很简单，构成这些看似是"伪汉字"的图识，其实是由英文字母构成的单词，一个方块字就是一个英文单词。如果说，《ABC》还是用汉语来为英文表音的话，那么，《方块字书法》则是将汉字造型化的英文字母当成了汉语的偏旁部首从而组合成"字"；如果说，《ABC》还是以一个抑或几个汉字来对应一个英文字母的话，那么，《方块字书法》里面的一个字则包孕了更多的意义空间，单字就等同于一个单词，只不过单词的字母的排列组合是汉语式的，从"由左至右"的线性排列变成了"可上可下""忽左忽右"的自由排序。

---

① 徐冰（等）:《观念的生长》,《美术研究》2005 年第 3 期。

无论命名为《方块字书法》还是《新英文书法》，徐冰为什么称他的"新字"艺术为书法呢？这些新造的方块字是可以书写的，徐冰曾经现场表演过这些新字是如何用中国的毛笔"书写"出来的，这说明这些新字也是具有一定的"笔法"的。当然，即使这些新字具有"可书写"的特性，并不意味着它们与中国传统的书法是"异质同构"的，但徐冰已经将许多的创意注入其中。现在的英文作为拼音文字是难以成为书法来书写的，但是，徐冰的英文方块字却是可以"入书"的。有趣的悖谬在于，看似中国人最应该读懂这些方块字书法，但它们恰恰不是中文，反过来说，懂英文的外国人可能最难以理解这种新字，但经过仔细辨认（并逐渐掌握图识的某种原则），他们可以豁然开朗，读懂这些英文文字。

　　这种"表里不一"的效果，正是徐冰艺术的魅力所在。中外观者在这里面，一方面形成了"误认"的效果（外国人以为其具有汉语的表征，而中国人却也读不懂，尽管这些新字看似是中文的字形和构字法，后来才发现其实质乃是英文），另一方面又可以"相互认读"（中国人只识其"表"而难识其"里"，而外国人难识其"表"但却识其"里"）。

（原载《文艺争鸣》2010 年第 2 期）

# 谁在"妖魔"化？妖魔"化"了谁？

新千年开启以来，关于当代中国艺术在国际上被"妖魔化"的争论在中国大陆开始公开出现，这也是与中国国家形象在国外的接受相关联的。

这里就有个问题值得我们深思，从国家体制的推销来说，为何美国从二战之后，以抽象表现主义为突破口成功地营销了自身的美国形象，同时又确定了自身在当代国际艺术的核心地位，而当代中国文化体制却难以与当代艺术形成良性互动呢？有一点是可以确定的，中国在"文化输出"的时候，不能采取"送文化"的政治化的方式，而要采取以市场为基础的"种文化"的方式。

谈论当代中国艺术在国际上被"妖魔化"这一问题时，争论的一方认为，妖魔化是对当代中国艺术品格的极大损害；另一方则认为，当代艺术中国如果要走向世界，就必须要经过妖魔化这一"必经阶段"。然而，争论双方却都没有去深入追问：当代中国艺术"妖魔化"的根源到底是什么？进一步的问题就是，到底谁在妖魔化？究竟妖魔化了谁？在全球化时代，针对当代中国艺术的"妖魔化"现象，笔者想先给出三个根源性的判断。

首先，"妖魔化"，来自"冷战"时代，但却在当代艺术的"全球化"时代境遇中被延续下来。这是从政治到艺术的直接转切。其次，"妖魔化"，本源自"政治意识形态"，但却在当代全球艺术的"市场意识形态"（market ideology）中得以继续承传下去。这是从政治到经济再到艺术的间接转换。再次，"妖魔化"，原本是"由外而内"通过一种"变形镜"的所见所感，但而今，却遗憾地成为当代本土艺术家们"由内而外"的一种"集体无意识"的消极认同。这是从"外来文化"到"内在文化"的涵化给艺术带来的相关转变。

具体而言，第一种社会根源主要是政治意义上的，艺术圈内外的外国人都喜欢从政治的角度来解读中国艺术，希望看到当代中国艺术展现出"充满政治色彩"的一面，因为他们眼中的中国仍是一个"红色的中国"，特别展现为透过"文化大革命"所见到的中国。这也就是说，这种"泛政治化"的中国，才更投合大多数外国人对于中国的"想象"，所以在北京早已商业化的798艺术区"文革"的形象才会大量出现。

第二种社会根源主要是经济意义上的。此时，政治的要素便转化为潜在的了，关键在于国际"艺术圈"内的策展人、代理商和经营者的选择——他们需要什么样的中国艺术？这种需要，究其实质，又并不是商人的需要，而最终取决于艺术品的买家们——究竟什么样的中国艺术才能"投其所好"？这又往往是艺术圈内外国人的观感。

第三种社会根源则主要是文化意义上的，也是直接与当代中国艺术家相关的。在当代本土艺术家们的创造中，始终隐含着两极的张力：一面是"我们要做什么"，另一面则是"他们要看什么"。这就需要决定艺术创作究竟是"做给自己"的，还是"做给你看"的。随着市场这只"看不见的手"（invisible hand）所起的推动作用，而今"做给你看"要远远比"做给自己"重要得多。这样下去的危险，甚至会使得"本真"意义上的本土艺术被驱逐，而由单单模仿欧美的艺术所取代。

根据历史的经验，一种民族和文化中的艺术能否被外来艺术所取代，在很大程度上取决于本土文化的积淀是否深厚。一个有趣的例证就是，巴厘的土著艺术之所以消失，就是由于最早的画家巴土安（Batuan）绘者们应西方人类学家们的邀请去描绘当地的"民族志"（Ethnography）的风情，却使得其本土的艺术最终被取代了。

但另一个有趣的例子则是，20世纪的南美艺术如巴西艺术忽略了本民族的传统，只是模仿欧美主流，但恰恰由于模仿得"不地道"而形成了自身的特色，这种"不成功的和误读式的模仿"却被视为具有了某种原创性。由于文化传统的深厚，当代中国艺术显然不可能重蹈巴厘艺术的覆辙，却往往出现了巴西艺术的那种情况，但又与当代东欧艺术在柏林墙倒塌之后集体无意识地彻底逃避政治不同，当代中国艺术始终是包含政治关怀的，这也是其在20世纪形成的一种主流艺术传统。

回到前面所提问的问题：谁在"妖魔"化？"妖魔化"当然是来自外部的，但是，内部的认同，却助长了这种"妖魔化"的趋势。

在这里面,"身份认同"(Identity)的问题就变得格外重要,"妖魔化"的发出者究竟是谁:是"他者的"妖魔化,还是"自我的"妖魔化?"他者的"妖魔化毫不奇怪,可悲的是"自我的"妖魔化。但无论怎样,妖魔"化"了谁的问题的答案,都是唯一的,那就是——当代中国本土艺术自身。

总而言之,在政治与商业、全球与地方、保守与急进之间,当代中国的艺术体制正在走着自己的路。但到底真正的路在何方?这恐怕还是多方力量博弈的结果,而且未来发展还需尊重艺术界的生态结构。我们对此将拭目以待!

(原载《美术观察》2008年第4期)

# 建构"国家艺术体制"的新途

国家艺术体制的宏观与微观建构，无论起到的限定功能还是促进功用，对于当代艺术在国内与国际的发展都具有重要的意义。反思当代中国国家艺术体制的建立，要首先将其置于整个国家文化体制中来加以考察。

这是因为当代中国的国家艺术体制理应属于文化体制中的重要环节，甚至是居于核心地位的环节，其现有的"发展模式"还需要加以全面的总结，其未来的"改革可能"还需要加以深入的反思。实际上，在这个全球化的时代，健康的文化体制就应当在政府与非政府之间取得平衡。但相对于传统的政府间的文化交流，各种跨国运动和国际组织、亚社会和种族团体、跨社会的准团体、跨国公司和其他产业之间的伙伴关系，在文化政策中占有愈来愈主要的位置。

首先要承认，一个重要的行政事实就是，中国恐怕是世界上"文化管理"部门最多的国家之一：从出自行政口的文化部、广电总局、新闻出版总署、国家文物局，再到出自党管口的中共宣传部门，这些官方体制从中央到地方形成了"层层管理"的体制、"条块分割"的结构。其中的国家"艺术管理体制"的结构更加复杂，在这些文化体制的行政管理之外，管理艺术的还有专门的文学艺术联合会与作家协会等，它们也形成了各个层级的管理体制。

这些文化体制管理部门，既是受到苏联影响的计划经济基础上的行政建构，又是千百年来政治管理传统的产物。尽管黑格尔曾说"存在就是合理的"，但似乎"更合理的更应该存在"。当代中国艺术体制既是历史形成的，也需要继续改革与创新。所谓的"大部制"在未来是一定要实现的，这样才能将各个分块管理的文化管理部门合并为一与协调一致，避免政出多门与利益分割。文化体制的"大部制"的建立更是应首先提上议事日程。

与本土建构相比照，美国作为全球的文化产业大国，却从来没有任何文化管理的部门存在。笔者主编的专著《文化巨无霸：当代美国文化产业研究》中已指出，美国声明之所以不设文化管理部门，甚至不制定文化政策，就是为了保护言论自由和产业自由。然而，这种表面上的没有策略本身不就是一种文化战略吗？这种"无策略的战略"不就是一种更有效的"无法之法"吗？[①]的确，美国这种开放的文化策略隐匿了更深层的意识形态性。

这个国家盘踞着全球文化的制高点，本身就是全球文化游戏规则的操纵者。它即使没有任何一种文化政策，而且任凭文化产业随着市场规则独自运转，也会在全球市场中独占鳌头。实质上，这是一种更深层、更有效的文化霸权战略。从视觉艺术来看，如果我们想一想二战之后，抽象表现主义的国际化推销与美国全球文化扩张之间的内在关联，就会明白美国文化与艺术体制对于自身的文化与艺术的全球推广作用了。

当代中国文化产业与文化体制管理要"走自己的路"，要打造出一种文化产业与体制关联的"新模式"。这就需要借鉴当代国际文化产业大国的有益经验。我们看到，目前已经出现了两种文化产业体制管理的成熟模式，一种是"英国模式"，另一种则是"美国模式"，前者是"自上而下"的，后者则是"自下而上"的。这两种模式的积极要素，我们都可以加以汲取，从而确立当代中国文化与艺术体制改革的可能方向。

今天的英国，已经形成了政府（包括中央政府和地方政府及其所属文化行政管理部门）、非政府公共部门（与各级政府对应的、作为准自治非政府部门的公共组织）、各种行业性的文化联合组织（包括电影协会、旅游委员会、广播标准委员会等38个机构）的三层文化管理体制。"一臂间隔"正是在这三层结构中得以实现的：在中央政府与地方政府及其所属文化行政管理部门之间形成的是纵向的"垂直分权"，而在政府与非政府公共部门、各种行业性的文化联合组织之间形成的则是横向的"水平分权"，亦即在政府与各级艺术和文化机构之间达成必要的协定，通过政府与非政府组织之间的互动来管理文化资金和文化项目的运作。

---

① 参见刘悦笛等（主编）：《文化巨无霸：当代美国文化产业研究》，广东人民出版社2005年版。

实际上，英国的"一臂间隔"模式主要是"水平分权"，其原则是在政府与各级艺术和文化机构之间建立起必要的协定，并在二者之间设立边界，通过政府与非政府组织之间的不断互动，来管理文化资金和文化项目的运作。

相形之下，美国政府虽然没有直接管理文化的政府部门，但却对文化产业给予了鼎力扶持，否则美国文化产业也不会具有如此庞大的规模并引导了整个世界文化市场。然而，这种支持并非是（来自政府）"自上而下"实现的，而是"自下而上"来完成的，政府只是提供了宽松的外部环境和严格的法律保障。在这种自由和安全氛围的促进下，美国对文化产业采取的是多方投资和多种经营的方式，鼓励非文化部门和外来资金的投入。

实际上，在所谓的"英国模式"与"美国模式"之间，当代中国文化产业与文化管理模式在未来可以走出"第三条道路"。一方面，中国政府可以适度地借鉴英国"一臂间隔"模式的有益要素，使得政府真正实现从"直接办文化"向"主要管文化"的转变；另一方面，还是要将企业作为文化产业发展的真正主体，在进行"文化投融资体制改革"的同时，争取民间资本在文化产业各个部门内的更大投入和融汇。

更简单地说，"美国模式"放弃了表面上的文化管理体制，从来就没有主管文化的相关政府部门，也根本没有设立过文化部，但却将文化的"市场化"与"法规化"做到了极致——美国如何将市场原则如此贯彻下去是值得我们学习的；"英国模式"则采取了适度与间接管理的模式，既强调国家文化方针的实用性，也关注于刺激文化发展的实效性——英国如何更加有效地推进文化事业发展也是我们应当学习的。这恐怕也是中国未来的国家艺术制度确立基本方针时，我们可能要走的一种基本方向。

以当前中国的动漫产业为例，目前还需要国家在政策和资金方面的扶植。这就有点像韩国政府对于动漫产业的大力投入一样，他们也在全国范围内成立了许多动漫基地和学院，动漫基地与产业园区一时出现了集聚化的发展趋势。然而，这种来自政府的支持必然是有限度和时段的，在"扶上马"之后，政府更应当"回归本位"，为动漫产业的发展提供相关的法律保障和经济环境。也就是说，在形成了初步的良好的市场运行机制之后，政府应当从"前台"退到"后台"，更侧重于激发文化创意产业的真正主体即动漫企业的内在力量，让它们在真正的市场环境中优胜劣汰、竞争发展。

当然,目前的阶段仍需要政府的"保驾护航",但在不久的将来,一个健康的动漫产业市场必将出现。在这个意义上,英国政府所采取的那种政府统筹规划、私人积极支持的"双管齐下"的方式以及"垂直分权"加上"水平分权"的架构都值得学习;而文化创意产业的发展更多的是来自民间的力量进行推动的"美国模式"亦值得借鉴。

(根据笔者在超星网上的讲座《国家艺术制度建立的"第三条道路"》整理而成)

# 市场双刃剑穿透当代艺术

美国哲学家与艺术批评家阿瑟·丹托（Arthur Danto）对于从1970年代到1980年代的欧美艺术情境曾做出了一个精彩的评价，非常适合描述当今中国艺术界的整体状况。他认为，在任何方面，"这个时代都是对艺术有利的：有更多的艺术杂志；有更多的画廊和博物馆；在世艺术家的作品拍卖也达到了难以置信的价格；有更多的艺术学院生产出更多的艺术家，这些人将艺术视为像牙医和会计一样可以谋生的职业；被更多的金钱所围绕。然而，艺术界的引擎难以被控制，这20年来的产出已经被打上了审美的污点，如果存在的任何一个方向都可以被言说，那么，这就是坏的审美时代：这种时代之所以坏，似乎不仅仅是由于很少通过清晰的审美驱动力作为前导的方式而实现，而且还是因为，有这么多的轰动一时的坏的绘画在充塞着世界上的展览空间。"[①]

面临这种现状，丹托直接称这样的时代为"坏的审美时代"，并认定这样的历史语境是不利于艺术的拓展的。其实，"坏的审美时代"后来获得了许多艺术圈内人士令人不安的赞同。波普艺术家罗伊·利希滕斯坦（Roy Lichtenstein）就曾评价艺术界：1970年代乏善可陈并不足取，不知1970年代在想些什么，也不知道发生了什么；1980年代的艺术虽然有一些风格，但却似乎没有太多的实质，1980年代好像是失去了灵魂。这类消极的评价，正映射出当代欧美艺术曾面临的"时代情境"。

立足于当代中国艺术圈来看，丹托这一段精彩的论述，似乎并非在描述20世纪70年代到80年代欧美艺术的曾经的历史状态，而更像是描述千禧年之后当今中国艺术界的基本状况，尽管2008年国际金融危机也

---

① Arthur C. Danto, *Encounter & Reflections: Art in the Historical Present*, University of California Press, 1990, p. 297.

曾一度带来了阻碍但很快又得以恢复。从2005开始到2008年之前，当代大陆的艺术市场，在大量游资与赞助的支撑以及政府倡导文化产业的驱动下，持续火热。其中的一个重要现象，就是大量的画廊与艺术空间如雨后春笋般建立起来，798艺术区的艺术家们大量搬迁出去而让位给更有钱的画廊，宋庄艺术区随后聚集了几千名艺术家，而展览的空间也在艺术家的周围被纷纷建立起来。

对于当代中国艺术来说，这的确是一个"商业性凸现，学术性淡出"的时代。如果从中国的发展实情来看，这反倒也是好事，这是中国艺术开始摆脱"计划经济体制"与"传统学院建制"的必然结果。应该说，在中国的当代艺术尽管滋生于计划经济体制之内，但它的勃兴却是完全处于市场经济的新的阶段。然而，市场社会的来临却无疑是一把"双刃剑"，它既促使艺术的表达更为自由和舒展，又试图去削弱甚至剥夺艺术的学术性。

正如美国学者由外而内的观察所言，"市场为艺术家提供了满足全球市场的诱惑，从而不顾及艺术本身的意义，这个问题从年轻艺术家们一踏出校门就已经出现了，他们积极地投身于火热的当代艺术市场，在此之前，他们却并没有时间去展现和发展他们的理念和天分。"[①]的确，市场来临之后，中国出现了艺术圈的"下拉现象"：原来做艺术理论的人，现在开始做艺术批评了；原来做艺术批评的人，现在开始做艺术策展了；原来做艺术策展的人，现在直接成为画廊老板或者艺术机构的总监了；特别是最后一个倾向非常明显，许多策展人直接入主画廊或者成为国外画廊的大陆"代理商"，恰恰是市场这只"看不见的手"在下拉艺术界。

然而，在传统的学术建制之内，中国艺术的学术性主要是两方面赋予的：一方面是来自于延安"鲁艺（延安鲁迅艺术学院）传统"与欧洲"学院传统"的奇异结合的学院建制（还包括画院体制），另一方面是来自于诸如中国美术家协会在全国形成系统的独特体制。后者在国外皆为非政府组织（NGO）或非营利组织（NPO），但在中国则是由政府构建并掌管的学术团体。这些机构在"形式"上是学术团体，但其高级职务却由政府决

---

[①] Mary B. Wiseman and Liu Yuedi eds., *Subversive Strategies in Contemporary Chinese Art*, Leiden: Brill Academic Publishers, 2011, p.313.

定，内部组织架构与政府部门无异；在"内容"上与市场似乎毫无关联，但却可以实现一定程度的"权力寻租"。

然而，无论是学院的还是协会的力量，都已经在市场社会中走向一定程度的衰落并实现了一定程度的转向。这些都是既与国家艺术体制的改变内在相关，更与市场经济的抢滩直接关联。当代中国艺术的发展，既对传统"学术霸权"进行了解构，又对当代"市场霸权"进行了建构。但从积极的角度看，如果说，传统的艺术只是在理论上诉诸"为大众"的话，而实际上决定何为"好的艺术"的却是学院建制内的少数人，那么，在市场社会中才实现了决定"何为广被关注的艺术"的投票者的"多数化"，"大多数"终于真正参与到艺术的确定中。

面对市场的"下拉"，似乎当代国家艺术体制与之具有某种"同谋"的关系，因为艺术产业化已经成为大势所趋。但"过度产业化"的确是有风险的，最突出的例证就是"天津文交所"初建后所遇到的问题，这是文化产业"直接融资"中遭遇的现实难题。对文化产业采取"直接融资"的方式，这已是发达国家融资本和文化资源相互对接的成熟经验，但将艺术品直接"股份化"的方式仍在探索之中。在文化产业"直接融资"风行的背后，政府的作用无疑是巨大的，或者说，首先要有政府出台相关政策，才会有市场的逐步跟进。

2010年4月9日，中央宣传部、中国人民银行、财政部、文化部、广电总局、新闻出版总署、银监会、证监会、保监会九部委联合发布《关于金融支持文化产业振兴和发展繁荣的指导意见》。《意见》里有两个新的亮点，一个就是鼓励"私募股权基金"的建立，另一个是支持"文化产业投资基金"的设立，这两点恐怕对于目前中国文化产业的金融发展来说是至关重要的。然而，尽管发达国家文化产业"产融结合"的经验值得我们借鉴，中国文化产业法律政策环境却与国外存在差异。金融业应在学习成熟国家"产融结合"经验的同时，探索符合中国国情的"产融结合策略"。

毫无疑问，政府的文化与艺术的"自觉体制"与产业本身的"自发发展"之间，正在逐渐形成了一种"相互博弈"的关联，这本身就是趋于良性的。从艺术金融化的角度来看，当代中国文化产业的发展，既需要政府投资，也需要直接融资，并需要在二者之间达到一种平衡状态；与此同时，在更为微观的层面，在私募基金与银行贷款、文化基金会集资与上市募集资金之间，都应该力求达到一种调和与融合。多渠道与综合化地支持文化产业与艺术产业，才是未来的可行之路。

（原载《全球化的美学与艺术》，[斯洛文尼亚]阿莱斯·艾尔雅维茨、[美]柯提斯·卡特编，刘悦笛、许中云译，四川人民出版社2010年版，"译者导言"第二部分）

# 中国艺术家的"身份嬗变"

关于当代中国艺术家在这三十年之间身份的转换,笔者想援引当代社会学家齐格蒙·鲍曼(Zygmunt Bauman)的专著《立法者与阐释者》(*Legislators & Interpreters*, 1989)对于知识分子在"现代性"中的命运的说法[①],来说明理论在艺术实践里的角色转换。可以说,当代中国艺术家的身份,是从"立法者的衰落"(the fall of the Legislators)转到"阐释者的兴起"(the rise of the Interpreters),这种艺术家的身份变迁也是与国家体制内在相关的。

当代中国艺术史的发展与欧美艺术不同,其中一个重要主题就是国家与个人的关系、国家体制与个人发展的关系。与美国"文化研究"(cultural studies)关注性别(男/女)、种族(黑/白)问题迥异(近些年来也对当代美国艺术史的研究产生了横向影响),在中国,种族问题主要是汉族与少数民族的关系问题,女性主义也是近十年来刚刚兴起的事情。也就是说,性别与种族问题在当代中国文化中更多的是居于边缘的课题。而国家与作为个体的艺术家的关系,或者说,此类的中心与边缘的冲突问题,在当代中国艺术史中则占据非常重要的位置。

在当代中国艺术的第一个发展阶段,也就是从1978年到1984年,从"文革"之后到"八五美术运动"之前,个人无论是从现实身份还是文化身份上来说,都是隶属于国家的,"职业艺术家"在当时的中国只是为国家供养的。当时,社会主义现实主义的余绪仍占据主导,这是同当时的社会背景相匹配的。政治的高度集权、绝对计划经济体制,决定了文化的一元化和单维性,相应地,艺术也是以再现"社会生活"的现实主义为绝对主导。但在"文革"所造成的文化荒原之上,这批拥有国家身份的艺术家

---

① Zygmunt Bauman, *Legislators & Interpreters*, Polity Press, 1989, pp.110-148.

担当起中国的"启蒙重任"。这是由于中国自从 20 世纪初叶开始的"现代性"建设尚未完成,这些艺术家承担起相应的社会责任,力图以现实主义的手法去完成"五四"新文化运动尚未完成的部分。

有趣的是,在当代中国艺术的第二个阶段,从"八五美术运动"中脱颖而出的艺术家们,尽管在现实身份上开始摆脱了国家限制,但是,在精神和气质上却表现出与前代艺术家们同样的社会责任感。他们高调倡导在艺术中建构一种"人文精神",并自诩作为"文化精英"而进行创作,特别倡导一种"理性绘画"。因此,不仅是他们自己而且在别人看来,这些艺术家都是当代中国艺术的"立法者"。

按照"八五美术运动"主要参与者的意见:"八五美术运动是一种中国的人文主义。人文主义那批人我认为是有理想的、有抱负的。而且我认为有坚挺的内心态度。但是当然后来很快就变了,变成一种犬儒主义的东西。我觉得这还是跟解构有关系,就是自由,就是自由导致的。实际上自由是让你有新的选择,有选择的自由。"[①] 当时的艺术家们,无论是秉承现实主义,还是接受超现实主义,都力图在绘画语言中去表现某种"哲学纲领"的东西,在当时就被批评为思想大于手段、内容高于形式。然而,遗憾的是,当社会条件和艺术思潮变化的时候,当艺术家们获得了更多的自由和选择的时候,这些"八五派"的艺术家们却难以融入新的时代了。

在当代中国艺术的第三个阶段,艺术家们却提出了"清理人文精神"的口号,"逃避崇高"成为共同的选择,并且开始解构"理性绘画"所形成的宏大叙事。在这个阶段,独树一帜的"政治波普艺术"以美国波普作为范本,将政治意识形态与波普风格有机地结合起来。当王广义将"文革"宣传画与国际名牌并置的时候,当方立钧乐此不疲地去描绘北京秃头男人形象的时候,尽管两个人都不承认创作的意图具有突出的政治色彩,但其面对主流意识形态的态度却为接受者所确认。

这意味着,这一代艺术家已经自觉放弃了启蒙精英的角色,而是甘为专业的艺术制作者。他们非常厌恶在艺术中承载"艺术之外"的东西,并认定艺术创造不过是游戏而已。这样,从曾经的启蒙大众的"立法者",

---

① 舒群、郭晓彦:《关于"八五美术运动"的访谈》,2006 年 3 月 24 日,http://blog.sine.com.cn/s/blog_485dfa350100036u.html;另见高名潞(主编):《'85 美术运动》,广西师范大学出版社 2008 年版。

当代中国艺术家们就变而成为对于自身生活的"阐释者"了。不过,当艺术家们成为阐释者的同时,作为个体的他们也就完全摆脱了国家的限制。他们不仅脱离了国家,而且与大众也相互分离,成为仅仅关注个人生活的"常人"。

在当代中国艺术的第四个艺术阶段,作为个人的艺术家的身份基本与第三个阶段相似,唯一的变化就是某些成功的艺术家逐渐"国际化"。许多艺术家个体走向了世界,成为"全球化的个人",这种个人与国家的关系更为疏远了,但是,这些艺术家们却知道如何在国际上以一种具有"中国性"的民族身份来赢得认同与市场。

随着中国社会走向"市场社会",当代中国艺术也在实现自身的转换,即从摆脱政治的专权、逐步走向审美乌托邦发展到向政治意识的某种回归,尽管是以游戏性的态度来看待政治,而且如今又走向了一种无序而多元共生的状态。从艺术创作的空间来看,当代中国艺术的创作空间也在上述四个阶段中相应地发生了转变,从公共领域(Public Sphere)转向私人领域(Private Sphere)再到"公私两域"形成了某种融合。其中,个人与国家的关系在当代中国艺术中是非常重要的历史线索。

在当代中国艺术最早的阶段,艺术家们在共同空间中向社会、向官方"推销"自己的作品,他们以一种"征服大众"和"说服官方"的心态,在各级国立美术馆(当时私立美术馆被禁止建立)中出场。为了现代性启蒙的信念,这一代艺术家纷纷发表宣言,甚至直接到城市街道上宣传自己的作品。1979年9月"星星画派"(Star art school)就在中国美术馆旁的公共广场上举行展览,引起了轰动,次年才在中国美术馆举行了更大的展览。

如果说,"星星画派"的艺术家是由于进不了主流而不得已在露天办展览的话,那么,"八五美术运动"中的艺术家们则是主动远离美术馆和画廊,以表示一种游离出主流意识形态的姿态。他们将艺术搬上大街,当时的口号便是"艺术是生命的绝对占有,艺术是空间的绝对占有"。

1989年在中国美术馆举办的"中国现代艺术展",在艺术家肖鲁以开枪的方式完成了他的作品《对话》之后,这个著名的"枪击事件"也结束了当代中国艺术的第二个阶段,使得更多的前卫艺术不再能在主流美术馆中展出。

在第三个阶段，无论是仍在主流艺术空间中办展览的传统艺术家，还是蜗居在城市边缘的当代前卫艺术家们，都将视角转向了对日常生活的呈现，特别是后一种类型的艺术家们主动从公共空间中撤退而完全回到了私人领域。但随着市场要素在艺术圈内的滋生和普泛化，当代中国艺术家们进入到市场机制中，更多通过签约画廊与策展人的推介，而再度站到了公共空间中，甚至许多艺术家喜欢成为"艺术明星"。

在这种情况之下，许多艺术家都停止了真正的艺术创作，成立了自己的工作室，雇用了大批的艺术学徒来进行生产，然后再将已经成名的"艺术商标"贴在工作室的产品上面出售。或许这样说更为准确，当前的艺术创作从内容到创作空间来说都是私领的，但是被展示的场合却越来越"公域化"了，从而形成了某种奇异的"公与私"的结合。

（原载《全球化的美学与艺术》，[斯洛文尼亚]阿莱斯·艾尔雅维茨、[美]柯提斯·卡特编，刘悦笛、许中云译，四川人民出版社2010年版，"译者导言"第四部分）

# 库奈里斯贫穷艺术的"中国性"呈现

雅尼斯·库奈里斯（Jannis Kounellis）来中国了！

他在今日美术馆的大展被命名为《演绎中国》。这位"贫穷艺术"的当代大师与中国本土文化的"全接触"，可以被视为自1985年劳申伯格到中国美术馆办展以来又一次重要的"大师来华"事件。这是因为，他们皆为已登入艺术史殿堂的元老级艺术家，又都亲自来到中国举办了重要的个展。然而，这两位来中国之时都已过了他们艺术旅程的旺季，但其晚年创作与中国联系起来，却带来了独特的启示。

库奈里斯尽管成名于意大利，至今仍是"罗马艺术圈"的核心代言人，但他却是1936年生于希腊，1956年移居罗马后就读于罗马美术学院，从此希腊与意大利文化就交融在这位艺术家的血脉之中。库奈里斯始于1958年的最早创作仍是平面图绘，但对字母、数字与符码的使用却使画面充满了张力。1960年，他在乌龟画廊办了首个个展。然而，真正的创新在于对架上的突破，因为库奈里斯本人就认定，绘画本应图绘"生活"本身，生活最终应取代"艺术"的地位。所以，在此后的创作中，他开始大量使用煤块、石头、铁板、麻袋、棉花、羊毛、玉米、咖啡、仙人掌、石蜡灯，甚至是丙烷火炬和火车铁轨，这些低贱的日常物品才被他认为是"充满能量"的。

1967年，对于贫穷艺术与库奈里斯而言都是最重要的一年。就在这一年，"贫穷艺术"流派被标举出来。意大利艺术评论家切兰（Germano Celant）借用了回归原初情境的"贫穷戏剧"概念创造了这一新词，并用来概括在波特斯卡画廊举办的"贫穷艺术—空间"展览的整体取向，进而又用来言说一种使用最朴素的材料进行艺术创新的视觉风格。库奈里斯无疑成为其中最具代表性的角色，甚至推动当代意大利艺术流派第一次获得了世界性的肯定。实际上，质朴的废旧品和原生的日常物通常难以"入艺",选用它们作为创作的媒材进而重新界定艺术语言,不仅像西方史家所认定的那样可以被归属于观念艺术的支流,而且更符合意大利的美学传统。这一传统认为,使用何种媒材其实都并不重要,关键在于如何从创作上去加以"表现",如何在感受上给人以"直觉"。所以说,今日的意大利的观念艺术之所以出现了回归美学的趋势,就是因为在经历了"超前卫艺术"的反美学潮流之后对意大利本土传统的再度回顾。

库奈里斯所主导的贫穷艺术的创作对象,并不囿于静态的原始物品,使他获得更高知名度的乃是让动物进入其艺术情境。早在1967年,库奈里斯就在他的名为《无题》的装置里,将活鹦鹉置于烤漆铁板之前,此后他的作品也大量以"无题"来命名。其最为知名的前卫创作出现在1969年,库奈里斯将12匹活马牵入并拴在罗马的"阁楼画廊"之内。这个里程碑之作激进地反思了艺术与非艺术的边界问题,这其实也开启了如赫斯特、卡特兰这些艺术家用动物进行创作的先河。使用过马进行创作的库奈里斯与使用过狼进行创作的博依斯,在当时就被认为是大师级的艺术家。然而很明显,库奈里斯的艺术语言已被普遍接受,但博依斯的前卫方式却难以模仿;库奈里斯就像一片布满脚手架的工地等待后代去不断重建,而博依斯则像一座高耸入云的教堂等待后代仰头瞻仰。

目前,库奈里斯已成为在世界上最重量级的博物馆展出频率最高的艺术家之一,他不仅是卡塞尔文献展等国际级展览的参展次数最多的艺术家,而且他的艺术作品不断在艺术市场上得以高价流转。但有趣的是,在成名艺术家的创作流变里总有这种现象发生,他在未成功之前总是想有个新的标签,但成名之后,却往往要摆脱已有的招牌。库奈里斯正是如此,他通过在世界各地不断地旅行来接受文化撞击带来的震撼,由此试图突破自我。但事实证明,这种突破往往会遇到瓶颈,因为艺术观念的创新必定要难于材料的更新。这次库奈里斯来到中国仍延续了贫穷艺术的既有语言,但对于瓷片、瓷碗、白酒、茶叶、麻布、大衣的使用则令人有耳目一新之感,在京郊创作的杂乱环境似乎也激发出了他的艺术激情,最终,库奈里斯奉献出他旅居中国两年间所做的最新力作。

劳申伯格与库奈里斯,这两位大师来华的境遇竟然如此不同!劳申伯格来华时的巨大轰动,恰逢西方现代主义给本土艺术家以"条件反射"般的刺激之时,但库奈里斯来华的全球化时代,中国艺术界已经处于"八面来风"的时空语境之内了。然而,劳申伯格后来的西藏之行却更为有名,而此前悄然到安徽的生活并没有太多影响到他在中国的展览,但当时展场上对一把中国黄伞的"照搬"却让波普艺术初步介入了中国。库奈里斯则花费了长达两年的时间来体验中国,并将他的贫穷艺术"全方位"地融会到中国文化内部,从而呈现出一种置于文化间性视野中的"中国性"。库奈里斯的艺术融入中国的时代,也恰恰是中国艺术家对他的"艺术语言"司空见惯并已将之融化进自身话语的时候,比如2010年冬天笔者任学术主持的《迷途的羔羊》展就将一千只羊赶入了上上国际美术馆,这令人直接想起库奈里斯将12匹马牵入画廊的惊世之举。

如果说,波普艺术更多是援引大众文化而具有"流行性"的话,那么,贫穷艺术对于日常事物的现成性展现则凸显出某种"草根性";如果说,极简主义更像是符合中产阶级趣味的极度"形式主义"的话,那么,贫穷艺术则好似具有无产阶级风格的自然"呈现主义"。库奈里斯自己讲道:"我相信,关于'贫穷艺术'最重要的一点就是我们建构并找到了呈现我作品的方法,这种语言的命运就是向世界开放,绝不能局限于意大利本土。不论是过去,还是现在,'贫穷艺术'是欧洲人提出来的,用于辩证地对抗美国人提出的'极简主义'和'波普艺术'。"[①]波普艺术家往往是平视生活的,极简主义者则是蔑视生活的,他们对待日常物或加以赞扬或并无判断;贫穷艺术家们则是"自下而上"反思生活的,他们反击抽象表现主义的人造性与形式化,通过"自然呈现"物性而展现出一种"无意"的美学。

库奈里斯的《演绎中国》系列作品,在今日美术馆的白色立方空间中,充满了一种超越日常的"仪式感"与源自日常的"崇高感",显示出从"大处着眼"并于"小处着手"的力道。进入美术馆展出现场的那种震撼力,让人惊叹艺术家如何在呈现出物态的"精致与微妙"的同时,又能将物态的"原始与质朴"和盘托出,这与笔者刚刚在芝加哥当代艺术馆看到的"极少主义特展"所感到的那种纯粹而小气竟然完全不同!这位贫穷艺术大师的作品更像是具有"叙事风格"的宏大交响乐,而极少主义大家

---

① 《穿越时空,穿越记忆——雅尼斯·库奈里斯访谈》,载《演绎中国:雅尼斯·库奈里斯个展》,黄笃著,今日美术馆2011年版,第53页。

的作品则好似是"抽象抒情"的精巧四重奏。

库奈里斯在中国创作的最主要的作品，就是他对中国瓷片的大量运用与微妙摆设，它们处于钢板衬托与煤块重压之下，展现出一种对中国化的"物态生活美学"的本然关注。当然，库奈里斯呈现出来的"中国性"是处于文化互动之间的，艺术家本人原初的艺术是希腊与意大利文化的某种融合体，再加上从他的眼光所见的中国文化，从而形成了三方之间的文化交融；同时，他是从工业文明的视角来再度审视农业文明的。在与库奈里斯本人的对话中，他自己也承认这种"跨文化性"对他来说是必然的，而且在他眼里所呈现的中国美学也具有一种"生活化"的实用基础。

在展览后的小规模研讨会上，笔者曾对库奈里斯提问："很多访谈中您总是试图把传统置于一个危机中，甚至是一个危险中。在你的艺术当中的这种传统，包括东方的传统和你的当代呈现之间所产生的那些张力结构，特别是体现意大利的传统、希腊和意大利欧洲物的传统、中国物的传统，在创作过程当中加以利用时，你的内心有哪些差异？"这位艺术家回应说："这和意识形态特别有关系，我们通过这种客观性，这还要评估，进行相互的对比。到了中国，在中国感到这是一个非常喜庆的世界。而且存在一种美学，这种美学不是那种开会式的美学，这是每一种都有自己的实用基础。你可以看到中国这样的国家，就像风景画一样，这样一个字典就像一幅风景的百科全书一样。中国从文字的角度与生俱来就有绘画的感觉，很多时候因为艺术家也有认识，有这种看法和认识。你刚才也谈到了中国的文字，首先我有这种意愿去感受到这种文字，而不是把它隔绝开来看。这是好的旅行家非常好的一点，就是去接受，愿意跟外界进行交流，能够达到这种诗一般的境界和意境。这也是你从一个地方到另外一个地方，你就会被当地的趣味，它的一些事物驱使着你，我感受不到，我无法理解有人说绘画为什么没有趣味。比如说达达主义都能感受到这种触觉的感受，还同样能够感受到味觉在里面，因为这些都包含在当中，你从文字当中同样可以感受这种气味，包括那种学院化的文字当中，虽然好像感觉不到那种凝重感和气味，但事实是并非如此。同时，对我来说，这些中国的绘画和中国的文字，对我来说也是很大的吸引力，而且触手可及。比如说有一次我在电视当中听到谈到教皇、谈到天主教的时候，就谈到天主教不光是精神性的，但是你同样能够感受到天主教，因此又让我想到了那个圣母画，在其中就能感受到一种视觉、一种感觉，而且还有一种不可避免的诱惑力或者吸引力。对我来说当时那种感觉是一种原罪感，而在中国我也感到了这种精神的境界，而且我从来没有拒绝亲身感受吸引力的诱惑。"

尽管库奈里斯仍然使用他所熟悉的艺术语言来演绎中国，但他的最新创作却展现出一种前所未有的"新的中国性"。所谓"新的中国性"本是笔者在主编的英文著作《当代中国艺术激进策略》里提出的用以描述当代中国艺术的新概念，现在可以拓展开来。库奈里斯贫穷艺术的由外而内观照出来的"新的中国性"，主要体现在三个方面。

其一，生活性。

库奈里斯选择的"中国物"主要是破碎的瓷片、完整的瓷碗、陈旧的军衣、女性的衬衫、褶皱的麻布、铁质天平，然后再配之以他惯熟使用的钢板背景，这就将一种来自日常生活的中国之物纳入其新的艺术谱系当中。当代中国艺术似乎更偏重于对诸如书法这种文人生活之物的表现，而相对忽视了那些接近垃圾形态的生活废弃之物，当然瓷片如今也已成为美的收藏品。在这个意义上，库奈里斯更能与本土的生活论传统打通，它对于当代中国艺术具有"以旧翻新"的启示意义。正如策展人黄笃公正地评价说："作为一个艺术家，库奈里斯更多关注的是生活美的本质，更多表现的是纯粹的视觉经验。……这正呼应了他的美学观念，隐喻人类在现代社会中的混乱秩序状态。"① 库奈里斯在座谈会上还说，艺术理应是有味道的，所以他才使用了中国的茶与酒来做艺术。这也是为了展现出一种弥漫在空气中的中国气息，从而让他的艺术直呈出活生生的质感。

其二，物态性。

库奈里斯的艺术最直指人心的力量，就在于他将物态本身赤裸裸地"自然呈现"。然而，这种呈现绝不是对于外物的直接"再现"（如超级写实主义），也不是高蹈于形上抽象的"表现"（如抽象表现主义），而是致力于将生活美本身的质感原本性地呈现出来。这恰恰是最接近于中国传统文化对于日常物之赏玩传统的。库奈里斯自己更加明确地表示过，他的作品不是"被再现"的，而是要"被呈现"的，"重要的是不要再现，而要一种直接的姿态"。当然，艺术家的这种直接的呈现是与传统相连的，他

---

① 黄笃:《演绎中国：雅尼斯·库奈里斯个展》，今日美术馆2011年版，第53页。

在接受意大利媒体采访时就说，这次中国展览的一个目的就是"让传统处于危机当中"。如此这样，他才能在传统的"物的状态"与世界的"当代呈现"之间形成一种混合性与张力感，这就是他本人所说的将古代遗产与未来文化联通起来。

其三，审美性。

毫无疑问，库奈里斯如交响般的"复调作品"呈现，首先是一种"审美化"的呈现，其中一个重要的主题就是"时间的变迁"。贫穷艺术家所拿来的实物往往都是如垃圾这样的无用之物，瓷片由于丧失了实用性也往往被抛弃，但是，这些实物为何在大师手里"化腐朽为神奇"了呢？关键就在于如何审美地加以呈现。正如西域古城当年的垃圾堆现今成为古董堆一样，其中的物品今天都进入了博物馆，无用的瓷片的"实用非功利性"在艺术家那里也被转化为一种更高的"审美非功利性"，而这种更高的非功利性还被赋予了一种崇高化的精神意蕴。实际上是"星移"改变了"物转"，库奈里斯的贫穷之物充满了时间的隐喻，它们散发出一种"无声的戏剧"的壮美气息。

晚年的库奈里斯酷爱旅行，他试图与各种异质的文化相遇并形成新的文化融合，这次在中国的成熟大展正是他窥见出"新的中国性"的结果。尽管我们可以说，他的这种呈现仍是"由外而内"的，但是，他毕竟让贫穷艺术直接实现了"中国化"。这对于当代中国艺术来说真的还是第一次。当笔者问库奈里斯，为何不像他欣赏的理查德·朗一样将自己的旅行做成艺术品的时候，他又透露出他的艺术与理查德·朗所拥有的同样的艺术特质，那就是"流动性"，但库奈里斯却更偏重于文化的呈现。

或许，库奈里斯的《演绎中国》就是来自中西文化互动中的"艺术流动"，它从这种不同文化的交流中滋生出另一种"新的中国性"！

（原载《美术观察》2012年第1期、《东方艺术》2012年第3期，现合并为本文）

# 解构抽象表现模式，建构"自然呈现主义"

当代中国艺术，在新的世纪，需要新的突破。李广明的"后水墨"与"新语境"，恰恰成为这种突破的最新生长点。

经过了三十多年的"你方唱罢我登场"，当代艺术的创新何其难也？广明的艺术探索，一直在找寻这个创新点。《后水墨·新语境》一书通过"水·气·风·影"四个板块的设计，展现了广明近十年来整个艺术历程及其创办"上上美术馆"的经历。[①]真正发展到"冰墨"阶段，广明的艺术臻于成熟的高境，这位严谨的艺术家才第一次将他的艺术整体推出来。通过这次极其有力量的登场，广明终于找到了创新的那个"点"，笔者想直接将他的最新艺术称为"自然呈现主义"！

广明的"后水墨"，创新何在？

真正的创新，总是难以用传统的模式与词汇加以言说，广明的艺术给批评家提出的难题，就在于究竟该如何言说他的艺术。一方面，他的冰墨艺术一反"中国实验水墨"的惯常模式，因为这些水墨实验只要一落笔，就难逃东方笔墨的窠臼，而广明则独创出让"冰"融化为"墨"的自然笔法。另一方面，他又超越了"抽象观念"上的西方强大影响，特别是解构了居于主流的"抽象表现模式"的既定习惯，从而原创出一条独属于东方艺术的艺术新路。

按照艺术家本人的理解，当代全球艺术创新的气场目前就在东方。这是由于西方艺术经历了贡布里希意义上的再现阶段之后，进入到更为广义的表现阶段，而今则到了"让自然本身去说话"的时代。再现是主体面对客体的模仿，表现是主体对主体自我的表露，"呈现"则是让自然"作为自然"去自然性地呈现。即使是"抽象表现主义"仍是一种极端的表现主

---

① 参见刘悦笛:《后水墨·新语境》，金城出版社 2011 年版。

义，艺术家以抽象化的"滴彩"抑或"笔触"所表现的，无非还是主观的情感、思绪与无意识。即使是艺术家的"行动"也只是作为"姿态"而存在的，他的情绪到达什么状态，画面就能达到什么程度，这仍是无视于自然呈现的"自我表现主义"。

实际上，当代中国的抽象水墨继承了这种"抽象表现模式"，只不过，艺术家在运用这种模式时已将本土文化融会在内。中国抽象水墨的独特性究竟何在？这就是囿于西方视角所谓的"极多主义"（高名潞）与"第三种抽象"（朱青生），或者出自东方意味的"念珠与笔触"（栗宪庭），所试图要捕捉的那种东方的意味。但是，这种将"抽象表现"模式化的艺术，或者聚焦于抽象语言，或者侧重于文化显现，仍然在关注创作者对艺术材料的控制，然而，假如艺术家让材料本身去言说，那将会如何？广明的艺术创新正是在这里自然生长了出来。

质言之，由广明所独创的冰墨艺术，就是这样一种"自然而然的呈现主义"或者"呈现的自然而然主义"，简称为"自然呈现主义"。

广明让冰的融化本身来说话，他首先创造出冰墨的"三维装置"，让冰的融化自身形成一种"冰墨行为"，进而将三度空间化作二度的"冰墨抽象"平面。这意味着，广明突破水墨抽象艺术的第一步，就是先将水墨固化与立体化，从而再造出一个"第二自然"。在中国传统绘画语言被创新之后，第二步则是让这些立体的冰墨再度化作平面。在艺术家本人看来，这种对平面的回归其实更有意义，因为水墨艺术最终还是要"回到平面"来解决问题。

但是，广明所所回归的抽象水墨无疑成为"另一种平面"。在整个创作过程中，艺术家的参与也许只占到30%，更多的艺术效果则是冰墨融化本身塑造的，这个融化的时间可能要持续四到五天。广明这位有志气的艺术家，最终让他的艺术回归到平面来参与水墨艺术的竞争，而每张水墨及其背后的过程都是不可重复的。这种"偶然性"充盈在他的作品中，迥然不同于笔墨化的艺术的那种人手的制作，中国水墨由此获得了"新的生命"。

广明所原创的这套"绘画视觉语言"，关键就在于与自然的直接对话与融合关系，远离了那种人手对于颜料水墨及其在画布上的效果控制。这是只有东方水墨的"水之晕"与"墨之染"才能出来的效果，因为固态的油彩只要一经落在画布上就凝滞了，那种微妙与奇妙的水墨变化只能独属于东方。中国道家的"道法自然"的规律、"道之为道"的法则，都在广明的冰墨创作中得到自然的运用。

这里的"自然"是"自然而然"的自然（naturalness），广明的创作遵循的是一种顺应"自然性"规律的艺术之法，这种"无法之法，乃为至法"。在艺术家看来，水属阴，墨属阳，在"由冰化墨"的过程中形成了一种相互谦让与主动融会之势，这恰恰又是"阴阳相合"的东方智慧。与此同时，面对这种冰墨抽象的感悟，也就是在"自然化的感悟"当中又包孕了中国禅宗"顿悟"的神秘智慧，这是对于自然本身、对于道本身的尊重。所以说，广明对"水·气·风·影"这四种中国审美意象的灵性把握，都充满了阴阳庄禅的东方美学智慧。

艺术家的基本艺术诉求，就是希望"让自然本身来创造奇迹"。当冰墨从一个点逐渐扩散成为水线，又从一条条水线放射为墨面的时候，这种虚实相生的变化：从客观来看，就是道家的"道生万物"的融化过程；从主观来看，就是禅宗的"明心见性"的经验历程。广明的创造已经打造出一整套的"自然呈现主义"的艺术语言，他已经将东方文化的深度智慧浸渍在当代艺术之内，并用独有的表达方式独特地呈现出来，这才是一种对本土传统的"创造性的转化"与对艺术当代的"转化性的创造"。

广明的独创艺术，既是对"抽象表现模式"的解构，又是对"自然呈现主义"的建构，期待他在找到突破口之后，将自己的艺术激情更迅猛地喷发出来！

（原载《荣宝斋》2011 年第 12 期）

# "上水""上墨""上茶"之哲学

张羽的"指印",大家耳熟能详,我认为"指印"即"心印"。有趣的是,在张羽的工作室,笔者见到一本限量版的《心经》,打开一看,空无一字,分明就是由"指印"所按压成的《心印》!

"画乃心印",似乎成了中国古代绘画的某种共识。这句箴言来自宋人郭若虚:"谓之心印,本自心源,想成形迹,迹与心合,是之谓印。"然而,起码从"指印系列"开始,张羽就已经大张旗鼓地远离绘画之术,抑或背离图绘之道,而独辟出另一条得自"天机"、出于"灵府"的蹊径。

指印,就在张羽的指尖上,不用假借笔墨之功,因为他早就参透:哪怕是水墨艺术的自身"突围",契机早已不在笔端之下,而要采取某种当代艺术的方式。张羽在宣纸上按"动"的瞬间,并没有按照画家那种方式主观地想成"形迹",而是在"无形"的运作当中,心与"天"合,迹与"心"合,所以《指印》作品才真正发自于本真的"心源",而不似画家在运笔之前、内心其实已有"定形"的某种意念。从《指印》系列开始,张羽就开始了"突破画之界限"的努力,大多批评家和鉴赏者还是把它们当成画,但是,当沾水的指头从宣纸上"吸"出点状之时,张羽内心其实在以此来对抗平面艺术。

对笔者而言,更喜欢指印之后,张羽所独创的"上的系列"即"上墨""上水""上茶",因为它们的艺术呈现更为纯粹,干脆放弃了人为的图绘。"上"的艺术,的确构成了艺术家的一个内在的系列。在其中,笔者最青睐的就是"上茶"。因为这是一种新艺术方式的发见,一种新艺术语言的创生,一种新艺术思维的突破!

当代艺术家徐冰曾经说过:"艺术新方式的被发现,源于有才能的艺术家对其所处时代的敏感及对当下文化及环境的高出常人的认识;从而对旧有艺术在方法论上的改造",所以说,"好的艺术家是思想型的人,又是善于将思想转化为艺术语言的人"。①张羽在当代艺术领域，可谓是一位"思想型"的艺术家，这不仅凸显在他于"实验水墨"的实验中的引领之功，也显现在他如今仍在生机勃勃地延续着艺术创新，他不安于现状，不断实现突围。这种突围状态，首先就表现为张羽在艺术观念上的自我扬弃与拓展，然后再将新思想与新观念转化为崭新的艺术语言。

在台湾新竹这个灵气之地，张羽的新展命名为《超常》。何谓超常？超常就不是日常，超常就是超越日常。在一诺艺术中心的现场，张羽现场做了他的"上茶"艺术。众所周知，上茶乃是日常的，日常的行为在把茶上到碗里的时候，也是如此。然而，在茶碗下面所摆放的宣纸，则是非日常的，指向了艺术维度。所以，在这里的《上茶》恰恰是介于日常与非日常之间的。

然而，《上茶》对于东方本土艺术精神的阐扬，却不是仅仅是材质上的。在现场开幕时，有致辞者提到蔡国强的艺术，认为二者有近似之处。如果说，蔡国强是"火"墨的话，那么，我们可否说张羽是"茶"墨？但张羽的艺术，并不是如此简单，也绝不是只囿于材质的突破。"超越绘画"，才是他的本真想法：他并不是要最终归于画面，而是只把宣纸当成平面作品。张羽通过一种"自然呈现主义"的方式，从行为到装置再归于平面作品，从而展现了中土艺术中那种"自然而然"的艺术伟力。

美国领衔的抽象表现主义，是明确凸显人的"主体性"的，每幅画作的背后都站立着一位艺术家的"自我"。然而，以中土为底蕴的自然呈现主义，则是一种让自然的力量到自然呈现的艺术，更是一种"道法自然"的当代创新方式。笔者把自己命名的"自然呈现主义艺术"，翻译为Naturalness-Embodimentalism Art 或者 Embodimentalism Art with Naturalness，以区分于欧美的抽象表现主义（Abstract Expressionism）艺术，而张羽可谓这种艺术的东方代表之一。

笔者就以张羽的作品《上茶》为例，来阐释他所代表的"自然呈现主义"。从宏观方面说，"上的系列"在为当代中国艺术寻求一种新的"突围口"；从微观方面论，它是具有"新的中国性"当代水墨的拓展方式之一。

这件作品的名字被译成英文 Serving Tea，笔者觉得应该翻译成 Doing

---

① 徐冰：《致纽约年轻艺术家的信：你可以给社会什么》，《人民政协报》2010年2月23日。

Tea Up。这才是个更好的翻译,可以把"上"(up)的那个意思翻出来,因为解开他的作品的秘匙就在于这个"上"!

在重庆现代美术馆,张羽的作品是每排6个白碗,有32排,共192个碗;在新竹则是一个简约版,采取了4个玻璃碗,纵横各4列,共16个碗。有趣的是,艺术家总是就地取材,与本地发生关联,在重庆使用的是当地的沱茶,所以颜色更深厚一些,在新竹则用的是"东方美人茶"(膨风茶),就连碗也是使用了当地的玻璃工艺特别制作的,水更是当地取材,没想到这一本土的更换,就创造出了与以往不同的效果。

张羽的《上茶》这个小系列,其实更能呈现出他所要做的"上的哲学",因为其中,一共包含了五种"上"。

首先,上"茶"。

在中国倒茶,叫作"上茶",张羽的这个小系列大概就命名于此。无论是沱茶还是东方美人茶,都是一点一点地注入碗中,这种注入就是"上"。这是第一个"上"。艺术家在上茶时的动作与心境,值得注意。他总是慢慢地注入,当水在碗中形成"表面张力"的一瞬间,戛然而止。如果不足,再补之;足了,这一轮上茶就结束了,因为后面的艺术工作乃是"自然天成"的。当然,这种上茶还是有次序的,并不是上"一道茶"就结束了,而是根据气候环境与干湿条件以及画面效果的呈现,完成几轮,直到整个艺术臻于完满。

其次,蒸发向"上"。

上茶之后,那又如何?在整整一个月或者两个月的时间里,这些茶会慢慢地蒸发掉,逐渐向上升腾,用英文说就是 up and up,这也是"上",或者说,这才是最为核心的那个"上"。根据中国道家思想,就是那一重"上善若水"的意境。这是第二个"上",也是最重要的"上"。为何最为核心与重要?因为无论是后来茶色着色在碗际,还是落色在纸间,都是要通过蒸发作用来实现的。同理可证,《上水》与《上墨》两个系列也是有赖于水的蒸发。所以,在五台山峰顶,我们见到自然之水天上来,落到碗里,随后又蒸发上去,如此往复,"天何言哉,四时行焉,百物生焉,天何言哉"?!这就实现了张羽的艺术的"在地性",这种土著性质使得他的艺术,依赖于蒸发现场的大的气候与环境、小的温度与气压,便使得每一次《上茶》都成为地方性的《上茶》。

再次，碗上上"色"。

各个地方顶茶，在蒸发之后，那个茶垢会附着在碗的外部和碗的内部，这个碗本身就是精美的艺术品，这就好似一种自然性的"着色"或"上色"。有趣的是，在新竹的最新实验，取得了新的效果。这次张羽所采用的不是传统的罗汉大碗，而是当地具有标志性的玻璃工艺制成的碗。玻璃碗是透明的，所以每个观者可以蹲在旁侧，看到茶水注入的"内在过程"，这是以往只能"由上往下"的观看方式所不及的。更奇妙的是，在黄昏时，日光黯淡，在射灯下，碗下的宣纸上，形成了拱形的半圆环投影，色彩奇异，犹如佛光一般。这是第三个"上"，茶色"上"到了碗上。

第四，纸上上"墨"。

对于平面艺术语言而言，这个"上"也许更为核心。艺术家在所有的碗下面，铺了六层的宣纸，那个水与茶一层层的匀染形成了独特的画面，最终上茶的行为与装置会落归为纸上的画。在此，茶其实就是墨，可谓"茶分五采"。中国传统书画讲求"屋漏痕"，也就是下雨之后留在墙壁上的那种自然而然的痕迹。艺术大师达·芬奇在他的笔记中也讲到，让画家们在大理石的纹理中去发现扭动的人体运动、云的运动，也就是从自然痕迹中发现艺术。所以，一直坚持理论思考的张羽一直讲，其实这是"另一种"中国的水墨表达，水墨要走出"现代性"，而走向"当代性"，这才是"不用笔墨的笔墨"，才是自然形成的"大笔墨"。那么，水墨如何当代呢？张羽这里，茶就代替了墨，那个水慢慢地晕染，才形成最终画面上独特的肌理效果，那是一种中国式的"自然呈现主义"，完全不同于"抽象表现主义"那种人为的自然化。然后，这六层纸其实形成了六张大画，水墨在其中说话，而不是人为操控的笔墨。

最后，完成上"墙"。

当这些画挂在墙上，也就是"上墙"。上到墙上的时候，这个水和墨的交融又形成了独特的作品。打开之后，这六张画的色彩是从深到浅、渐次变化的。这就不同于传统的中国笔墨，张羽的《上茶》尽管抛弃了笔墨，但却呈现了中国水墨的精神。

最终，《上茶》《上墨》《上水》皆指向了什么？"上的系列"之意义何在？

茶水/墨水/清水的每一轮的注入与蒸发、再注入与再蒸发，就好似人生的来来去去，无往不复，生生灭灭，生生不息。用更哲学的话来说，最终每个容器中的水，皆会从满到"空"，最终归于"无"。在这个意义上，张羽的艺术乃是充满"存在感"的，称之为一种当代中国的"存在艺术"似乎也不为过，因为尽管这"上的系列"艺术乃是自然呈现的，但最终"呈现"的仍是人的存在本身。

所谓艺术即修行。张羽的艺术，让笔者想起2014年赴香港美术馆参加台湾老雕塑家朱铭先生的"雕刻人间"大展，那种生生的人间的气息，更想起这位老艺术家所说的那句箴言——"艺术就是一种修行"！

希望这位尚且不老的艺术家，思考不断，创新不息。张羽给当代中国艺术的启示就是：只有先有了深入的思考，才会有如此的突围，因为他的"存在艺术"就是思想的自然主义呈现。

（原载《今艺术》2018年第1期）

# 走向影像化的"上善若水"

自2013年以来,张羽开始了"上"的系列作品——"上墨""上茶""上水"——也就此开启了对"上"的思考。随着张羽艺术的拓展,逐步地从"上"的日常"上"到非日常,从"上"的动作"上"到自然,最终上升到"上"的精神!

于是,张羽秉承着一种"上的哲学",在五台山所拍摄了影片,继续表达他的艺术理念,或者说以影像化的方式来表达"上的哲学"。这一系列"上"的作品,围绕着"上"的思考而前行,一方面打开了他诸多作品之间的关系,另一方面也打开了当代艺术思考的方式。

在宣传片的字幕里,可以找到这位艺术家运思的痕迹:

> 上水是日常,也非日常。
> Filling-water-up is both ordinary and not ordinary.
>
> 上水是方式、是观念,也是文本。
> Filling-water-up is a mode, a concept, a text.
>
> 上水是一种时间性的动态。
> Filling-water-up is a motion based in time.
>
> 上水是自然、历史、现实与文明的一次重构。
> Filling-water-up is a reconstitution of nature, history, reality and civilization.

当艺术家把水注入罗汉碗中的时候,这本身乃是一种"日常"的行为,但在如此的艺术语境中,这上水就化作"非日常"的了。

"上"的日常如何化作"上"的非日常？这是由于艺术家把水注入碗中的这个"上"，与水在碗中自己蒸发向"上"，乃是两个不同的"上"。注水的英文原本是 Filling water，但笔者强烈建议，一定要用 Filling-water-up，关键就在于这个 up，也就是中文的"上"。

在整个艺术创作过程，这些水会慢慢地蒸发掉，逐渐向上升腾，用英文说就是 up and up。这才是最后整件作品中最为核心的那个"上"。

根据中国道家思想，这就是"上善若水"的意境，水终可归于天之"道"，又因其"德"而华育天下。老子《道德经》首倡"上善若水"，"水善利万物而不争……故几于道"，水近乎"道"，亦即近乎"道"之德本身。所谓"人无常在，心无常宽，上善若水，在乎人道之心境"。

"上"的系列便赖于水的蒸发。所以，在五台山翠岩峰，我们见到自然之水天上来，落到碗里，随后又蒸发上去，如此往复，这就是儒家所说的"天何言哉，四时行焉，百物生焉，天何言哉"，也是道家所说的"天地有大美而不言，四时有明法而不议，万物有成理而不说"！

有趣的是，在五台山上的创作，被张羽分为两个系列，一个是在佛教空间中出场的，一个是在自然时空中实现的。按照艺术家本人的陈述，在五台山"上水"关联着两条主线：一方面上水与寺庙文化的语境关系，也是人与寺庙文化的语境关系；另一方面上水与自然的宇宙关系，也是人与自然的宇宙关系。在"上水与寺庙文化"的语境关系中，选择了人群比较密集、建筑上有特殊规格并具内外贯通气场的南山寺之佑国寺。也就是说，在佑国寺"上水"主要针对的是"上水与寺庙文化的关系""上水与生命的关系""上水与自然的宇宙关系"。而"上水与自然的宇宙关系"在佑国寺的呈现是很容易被忽略的，因为芸芸众生不间断地穿行会遮蔽这个表达细节。为了能够使《上水》作品全面呈现"上水"的全部精神及境界，第二场"上水"选择在了相对远离寺庙、人烟稀少、云雾缭绕、视野开阔的中台翠岩峰，让"上水"直接关联"人与自然的宇宙关系"。这里不再有上香拜佛之念，观者的全部注意力只能集中在张羽的注水行为中，我们只能面对一把水壶、几千只瓷碗，以及我们的生命、天地、风雨、云雾和气温。

在佑国寺的三层平台之上，当张羽把盛满清水的罗汉碗，按照极其整齐与规矩的方式摆放出序列的时候，"上水与寺庙文化的关系"当然被凸显出来。每一位进入寺庙的人,皆被眼前的景象惊呆了,因为从来没有寺庙做过如此的活动。每个进入这个情境中的人,不仅仅是蹑手蹑脚起来,与此同时,在内心重燃起一种敬畏。这就与中国人在寺庙中那种"见佛拜佛"的实用主义形成了鲜明对照。

当张羽把"上水"的现场整个搬到翠岩峰顶的时候,整个语境就被彻底转化了。艺术家在摆放那些罗汉碗的时候,乃是按照自然的方式自由摆放的,而绝不是在寺庙摆放的那种横平竖直,因为自然本身之道就是如此自由的。于是,"上水与自然的宇宙关系"成为其中的主题,因为那里人迹罕至,人遁去了,自然便站到了前面。当散放的牛偶尔悠闲地出现在张羽的艺术中时,便有了"白牛常在白云中,人自无心牛亦同"之禅界;当人牛俱不在之时,那就进入了"人牛不见杳无踪,明月光舍万象空"之佛境。

"上水",的确就是这样一种"方式",一种艺术突围的"方式"。表面上看,"上水"乃是一场行为装置作品,但是,它的表达却呈现了"上水"整个过程的发生与关联,思考了更具观念性的问题。所以,"上水"同时又浸渍着"观念",并最终化作了"文本",从而成就出一种"文本化"的观念与"观念化"的文本。真正完成"上"的系列作品的主人公,不是人,也不是水,而是"时间"。"上水"就是一种时间的"动态"。

在佑国寺关注"上水与生命的关系"与翠岩峰聚焦"上水与自然的宇宙关系"之间,还有一重居于核心的关联,那就是"上水与生命的关系"。笔者认为,关注水与生命的关系,才是佑国寺与翠岩峰共同存在的一个维度。在这个意义上,毋宁称张羽的艺术为一种"存在艺术"。这种艺术倾向从"指印"系列就已经开始,到了"上"的系列则变得汪洋恣肆。

张羽的"存在艺术",的确就是一种"自然呈现主义"的艺术。

# 不"雕"不"塑",有"影"有"相"

张羽与东海,果然有一场"奇遇"!

在台湾的东海大学里,有一座可以写入世界建筑史的教堂,那就是路思义教堂。本来,建筑大师贝聿铭想用砖砌成哥特式,但因台湾多震而取消此意,后由陈其宽以"倒船底"的六角形状,形成了如今的双曲面的建造格局。

那么,当代艺术如何与这座伟大建筑"遭遇"?张羽以他的一种软性的智慧,回答了这个难题。因为这座建筑本已堪称完美,如何使之变得"灵动"起来,且能改变既然的局面,这就形成了一个巨大的挑战。

为了这次个展的核心作品,张羽最初向校方申请了两个艺术方案,一个是在路思义教堂周围的地面草坪上,摆满上百块圆状的镜子,让镜子反射天空和白云的影像,从而把"天"拉到地上;与此同时,也就把教堂"举"到了天上。中国禅宗讲,"云在青天水在瓶",而张羽则是"云在地面堂在天"!另一种还是惯常的思路,就像张羽在五台山上的寺庙抑或峰顶所做的那样,在教堂周围草坪上摆满几千只白色的罗汉碗,但这个想法,显然并没有镜子的创意那般适合教堂的整体语境。

遗憾的是,两个方案都没有获得校方宗教机构的通过。这就对艺术家自身有了更大的挑战,那究竟该如何呈现?后来,张羽创造出《相遇——行走的风景》这个更智慧的方式,也就是让八位参与者,手持圆镜,对着周遭的景致,也对着天空,围着教堂行走。

这就是张羽在台湾的新展《遇见》。

《遇见》,其实乃两个词,"遇"与"见",既遇又见,既见且遇。这行走的风景,就是一种遇见。八面镜子将景物吸纳进来,不断地遭"遇"。同时,每个观者在旁侧都可以"见"到,见到背后的风景与眼前的教堂合体,甚至见到镜中的自己。

于是,《相遇——行走的风景》就演变成一种当代艺术的"游观"。

众所周知,中国古典绘画特别是山水长卷,基本上都要采取"游观"的方式来赏析,随着画卷的徐徐展开,横着的山水就被纵深出去。独特的中国式的透视并不仅在于从右至左地看,而且在观看的时候,还在于各个透视点"远近高低各不同",或者说是自由游弋的,因而也是自然游移的。

由于散点透视点是跳跃散落在水平线上下各处的,空间因而表现出与线形透视相异的扭曲和偏离。由这种透视所见的时空,与埃及将树木"平躺"在池塘四周不同,因为埃及人要画其所知的东西,也不同于古希腊雕塑画其所见的"立体"东西,而是要"饱游饫看"从而体悟到内在意蕴,这就是华夏之观"道"。

张羽所做的行走,也构成了一种移动的风景,其内在就有这种游观的智慧,由此就可以"游观乎天地"也!与西方的那种"静观"主流传统不同,中国则是"动观"。这种音乐般的时间意识,使得"中国人不是向无边空间做无限制的追求,而是'留得无边在'的低徊之,玩味之,点化成为了音乐"[①]。恰恰是这种时间意识,使得当代艺术家在创作时也不自觉地加以运用,那移动的八面镜子就是围绕教堂转圈之散点透视。

无独有偶,艺术大师大卫·霍克尼在北京曾做过多镜头拍摄的影像作品,也就是面对同一幕英国乡村,使用多个镜头同时拍摄,每个角度不同的镜头慢慢地向前推进,如"九宫格"一般加以排列,形成了多元合一的视觉效果。据大卫·霍克尼自己说,这也是深受中国古典绘画透视法的影响。张羽的行走的风景中的镜子,不仅是移动的,而且是多样的,每个人手持的镜子所映照出来的风景与另一个不是相同的,这也是另一种散点透视。

镜子,乃是在张羽过去的创作中鲜有使用的媒材,属于这次在台湾的新创,但却使得镜子的魅力得到淋漓尽致的呈现。特别是在东海大学美术系美术馆中,精心布置了一系列的镜子,营造出奇佳的当代艺术氛围,甚至有一块映射出的泥巴就好似悬在空中的"阿凡达"圣山。

在欧美使用镜子映照天空与周遭环境的不算少,更多的是用不动的镜子来折射,如此动感地使用镜像的还没见过。张羽强调要形成移动的镜像

---

① 《宗白华全集》第2卷,安徽教育出版社1994年版,第444页。

组合，这就与西方式的那种"静观"之映射有着根本的不同。

这次张羽在台湾的"突围"，就在于对映射的使用，也就是对镜子的柔性的使用。如果原计划可以得以实施的话，那么，将会有什么样的艺术呈现？！当草坪上被镜子铺满之后，天空与云的飘动都会归在地上，天与地就联纵在一起了，或者说是反向了，因为天下来了，于是，教堂恰恰在天上，同时人也在天上，可惜这一切只能停留在想象以及张羽的手稿中。

实际上，张羽的"上茶""上水""上墨"都有这种智慧，因为茶色、水色与墨色都是往上走的。这个艺术文本其实也是语境化的，其中包孕着人与天的沟通，从行为、装置到平面作品都是内在相通的。同样，通过镜子的巧妙使用，也可以获得类似的功用，因为假如说水是向上的话，那么，镜子则把天向"下"，更何况，在路思义教堂内部本来也有"圣水"，这就构成了一种交互语境化的关联。

当笔者在东海大学美术馆现场拍摄并旁观艺术家创作的时候，拍摄到张羽在现场做作品，他的背景都映射在镜中，与此同时，我作为拍摄者也在镜中：我在拍摄张羽创作，张羽在与我交流，我们同时作为艺术品的一部分融入其中，而且乃是作为影像融入其中。这不禁令笔者想起西班牙大画家委拉斯凯兹晚期的一件重要作品《宫娥》，不仅皇帝和皇后就连画家自己都被映照在图像里，哲学家福柯在《词与物》中就分析了这种多重映射的关联，说是与现代性的建构相关。

这次张羽对泥的拿捏，也是他在台湾的另一个"突围"之处。对艺术家本人而言，这也许是未来的新生长点之一。如果说，对镜子的艺术使用，乃是有"影"有"相"的话，那么，对于泥的艺术运用，则是不"雕"不"塑"的张羽的创新之所在，也就是恰恰在于"超越雕塑"！

那么，何为"雕塑"？笔者曾指出，雕刻与铸塑之分，恰好就是雕塑之"雕"与"塑"的区分。早在1876年，日本成立了以教授西方艺术为主的工部美术学校，并开设油画与雕刻专业。"绘画"一词尚可在中国找到更早的渊源，但"雕塑"一语则绝对就是日本造，它是由"减少的雕刻"与"捏成的塑造"组合而成的。1894年，日本美术史家大村西崖在《京都美术协会杂志》第29期（明治二十七年10月号）最早提出"雕与塑"两种方法的区分，即雕是做减法，塑是做加法，合在一起才是"雕塑"。中国传统并没有这样的概念组合，也没有这种二合一的古典传统。

然而，这种自西方舶来并经过"日本桥"转化的观念，在一百年后的今天，却亟待突破。如何突破，才真是个大问题。首先就是要跨越边界，但又不仅仅要跨越，还有观念上的真正突围，这就要从根本的方法论上来入手。

张羽对手里的那块泥，既不做雕之"减法"，也不做塑的"加法"，而是不增也不减，更准确地说，是不雕也不塑，只是捏泥巴与按泥巴而已。说到这一点，在东海大学的研讨现场，就有台湾批评家迅速想起《心经》言说第八识的"不生不灭，不垢不净，不增不减"。尽管艺术家的这种拿捏乃是"走心"与"从心"的，但张羽在手拿这块泥巴的时候，内心是摒弃意象的，弃绝雕塑家在雕塑之前的那种主体构思，而是力求使得内心处于"无形"的状态，这也是一种内心的突破。

当然，东方一直讲求"身心合一"，这个《指印——注入泥土中的肉身之迹》也是另一种指印的方式，只不过对象是泥巴，从而呈现了一种东方的"身体美学"（somaesthetics）或者"通过身体的美学"（aesthetics through body）。这是因为，这个系列作品的重点并不在于最终形成了何种"造""型"，反而在于"拿""捏"的整个动态过程，其中艺术家的身体的痕迹慢慢地"化"入泥巴中，好比书法就是运动的痕迹一样，泥巴则是张羽的肉身的痕迹。

最终，成形的乃是一种"浑沌之形"，这个最终所"定"的那个形，你说它是什么，那么它同时就不是什么；你说它不是什么，它同时就是什么。这就是介于"有形"与"无形"之间。从创生的角度来看，张羽在挤捏与压按的过程中，内心是无定形的，随着自然在走，由此方能形成这种"居中形态"。

这不禁令人想起《庄子》关于浑沌之死的故事："南海之帝为倏，北海之帝为忽，中央之帝为浑沌。倏与忽时相与遇于浑沌之地，浑沌待之甚善。倏与忽谋报浑沌之德，曰：'人皆有七窍，以视、听、食、息，此独无有，尝试凿之。'日凿一窍，七日而浑沌死。"这意味着，浑沌本无形无状，当你强为形状，凿出七窍，进行人为塑造的时候，那么，浑沌必亡。

张羽这次的真正突围，更在于回到了本体，对于雕塑——从"泥性""水性"到"土性"——进行了整体的反思！

当艺术家把身体的痕迹留在泥巴中的时候，那是重思了土、泥和水在艺术中的当代关联，这可谓回到了艺术最原初的状态，也就是原始人在直面一块泥土时的原始状态，这是艺术的源发之所在。其实，土性与泥性的区分，就在于水性！当把水掺入土中时，就形成了泥，三者其实是内在关联的，但关键在于在当代艺术中如何掌控与运用。

张羽充分地运用身体，通过手尤其是手指感受泥巴的泥性、水性和土性，进行了一种"充分对话"。笔者在现场，见证了艺术家创作二十九块泥中的最后两块的过程，见到艺术家手上的纹路深深地印在泥巴上面。首先是土与水和成泥，在最初上泥的过程中，水性在其中起到润与滑的作用，然而，在用手指按压的细微过程中，艺术家却接触到了土性，那就是未湿的部分。张羽认为，他所发现的这种土性的质感就好似中国传统绘画的皴法一般，皴法本身就是把土石的质感呈现出来，但从传统艺术到当代艺术都没有充分意识到这"土性"的巨大价值，这也是艺术家在创作过程中的偶发"发见"。

张羽自己陈述了他的创作过程："我的方式是，首先去掉具体的形象；其次放弃雕塑创作中的雕之减法之说，放弃塑之加法之言，放弃人之外的工具；再就是不翻模让主体人直接在作品中。手持一块泥巴做到不增不减，不使用其他任何人以外的工具，只用手及手指特别是食指及拇指。就是说使用我自己的指印方法，用手指揉捏、摁、压及搓去感受泥巴的泥性、水性及土性，整个创作过程除去所有工艺，不加水洗，只是揉捏、摁、压和搓，目的更在于使用陶土进行表达过程中，是通过泥性、水性，呈现土性的一次性完成。在有意与无意、有常与无常、偶然与必然之间构成表达。赋予突围雕塑概念后的重新认知，以不是呈现是的所指。"[①]

这二十九块泥的干与湿的程度差异较大。在开幕当天所做的泥体上面，由于风干的时间较长，所以上面的细部发生了一些皲裂，就像陶瓷上的开片一般。其实，这里也隐含了张羽的"上"的哲学，因为无论是"上水""上墨"还是"上茶"，都是通过水的蒸发作用实现的，在他的泥巴中，其实水也是向上的，随着水分的抽离，泥性也就逐渐让位于土性。从一堆土开始，最终又回归于土，但已然不是原初的土，所谓"见山还是山，见水还是水"也！

---

① 张羽：《创作手记》（未刊稿）。

所以说，张羽的这次突围，实现了一种方法论上的超越。传统上，从西方到日本，从过去的雕刻到日本所提出的雕塑概念，直至今天，一直囿于传统的雕塑的观念与架构，如今可以通过将之还原为土性、水性和泥性来加以解构了。这其实也是指印的肉身化，同时也是试图实现对雕塑从根本方法论上的突围。

张羽说他是要将这些泥巴的作品烧成陶，以此保证对它的收藏。笔者也以为，张羽一定不会烧制成瓷，而是烧成陶。这是由于，中式陶瓷如玉一般的品质，使得其中的土性难以存在，也同时丧失了水性。与之相别，陶尽管也丧失了水性，但土性尚在，如此更能佐证艺术家自己要表达的艺术观念。这也就要在艺术中继续保持那种土性与泥性的原本张力，哪怕陶土本身就有裂痕，哪怕加釉的方式很粗糙，那也不要走向瓷那种形式感的方向，这就好似张羽本人要超越绘画、超越雕塑的一样。

张羽与东海的奇遇仅仅是一个开始，从土、水、泥还有镜，张羽又开始了新一轮的艺术探索。在与张羽的交流中，了解到张羽的泥土系列作品始于2006年，距今天的泥土系列作品已有12年了，他仍在前行、仍在继续思考中。他说目前关于泥巴的作品的题目，还没有完全想好。而我的建议是"入土入泥的肉身"，这样更简明而达意。

这个入土入泥的肉身，用张羽自己的话来加以总结就是："意图打破艺术史对雕塑这一古老概念的理解和判断，并赋予突围雕塑概念后的重新认知……通过不设定具象的表达对象，以主体的肉身在创作过程中对陶泥的水性、泥性、土性充分的体验，在体验的认知过程中完成表达。"① 这就是艺术新创的所在，当代艺术就渴求这种本根的创造性与创造的本根性！

---

① 张羽：《创作手记》（未刊稿）。

# 数码艺术的"新科技美学"之思

在人类艺术发展史上,只有到了数码艺术(digital art)的时代,技术的成分才在艺术中成了绝对的主宰。数码艺术本身就是一种真正意义上的"以技术为基础的艺术"(technology-based art),没有新技术的支撑数码艺术就难以成立,下面就从美学的角度对数码艺术加以解读。

从历史的角度看,随着新技术的发展数码艺术,产生了许多种类。早期就是"计算机艺术",它与现代主义艺术运动相系,在审美上力图靠近立体派和抽象派的美学原则。再有"由数码转化的摄影艺术",这与照相技术同计算机的联姻相关。当代盛行的是"www 艺术"或"internet 艺术",这与法国后现代主义者德里达(Jacques Derrida)"延异"理论所阐发的近似。至于"数码互动艺术",它与"主体间性""文本间性"理论都相关。虚拟现实(VR)所产生的艺术新形式,则特别与法国社会学大家波德里亚(Jean Baudrillard)的"超现实"理论直接相关。

这些数码艺术,我们就不一一举例说明了,但从理论上俯瞰,它们具有四种凸显的美学特质,可以分别陈述如下。

第一,艺术与技术的融合(confusion between art and technology)。

在数码艺术中,我们可以发现这样的趋势:艺术与技术之间的界限的消失(no limit between art and technology),而且技术在其中占据了越来越重要的位置。就发展趋势而言,这很可能体现为,当每种技术刚刚开发出来后,也就是在应用于艺术的起始阶段,技术问题占据主导;但有可能在技术问题被破解后,"非技术"问题就会逐渐占据主导。从人类艺术史的角度来看,越到后来,情况就会越演变为,技术一般而言都是从属于艺术的,从而成为"为了艺术的技术",而不是相反。就欧洲艺术乃至西方艺术来说,油画这种主流造型艺术形式,从一开始就比较注重诸如颜料、画布这些技术性的要素(文艺复兴开始的一些艺术大师都有自己研磨颜料和配色的独特方法），但这些技术要素毕竟都是辅助性的，艺术性是绝对的内涵。

数码艺术则彻底颠覆了这种既定结构。数码艺术成其为艺术，反倒是因为技术，而不是因为艺术，至少目前的情况就是如此。可见，数码艺术，至少目前还是"为了技术的艺术"，而非"为了艺术的艺术"，计算机技术构成了其革命性的基因。

第二，图像解码成为信息。

图像解码成为信息，亦即转化成所谓 1 和 0 两个数码，然后再编码成图像。前一个过程，就是"图像变信息"（images become information）；后一过程，则是"信息变图像"（information becomes images）。这里可以利用"解码—编码"理论的表面含义，数码艺术就是一种先解码、后编码的新媒体艺术形式。可以说，数码艺术基本上就是"computer-based art"（以计算机为基础的艺术），或者说，这些新技术为艺术的发展提供了真正的"数码平台"（electronic paletee）。

在数码艺术的早期发展过程中，计算机艺术经历了一种从抽象到具象的发展过程。这与技术条件的实现程度是直接相关的，因为最早的数码艺术无法实现图像的具象化，只能以点、线、面的简单形式出现，类似于无色彩的抽象画。但随着技术条件的成熟，数码艺术的造型能力越来越强，甚至能以"假"乱"真"。

第三，互动（interactive）或交互性的角色。

互动或交互性，在数码艺术中扮演了越来越重要的角色。应该说，在技术条件不成熟的初期，这种交互性并不存在，只有简单的"人→器"单向的输出。这种角色作用，是从"无"到"有"的，在"电子艺术"逐步发达的今天愈来愈重要。特别是在互动数码艺术、VR 艺术中，更体现出这种重要的互动价值。

由美学理论观之，从单向作用到互动作用，体现出数码艺术的主体间性和文本间性的特质。按照传统的艺术观，从艺术家到艺术品，再从艺术品到欣赏者，一脉相承。一般而言，这种过程是不可逆的，是一种顺势而下的次序关联。但是，在数码艺术中形成了两种互动关系，一方面，是艺术家与数码机器的互动，进而创造出另一种更重要的"人-机互动"；另一方面，则是观者参与的互动——观者根据指令，做出相应运动，观者参与进了前程序化的（pre-programmed）的路线当中。

第四，关于数码艺术的创作模式（the mode of creation）。

这种创作模式是"生产"（production），而非"复制"（reproduction）。这源自对瓦尔特·本雅明思想的独特改造。传统艺术只是"生产"，而且是一次性的、即时的、独一无二的创造，于是，所谓的"光晕"便被生产了出来。后来，则是所谓的"机械复制"（Mechanical Reproduction）时代的来临，从印刷术到电影技术都参与了其中的运作。

机械复制时代的艺术就是"复制化"的艺术。然而，数码艺术的时期，其优势却在于"生产"。这是由于，数码艺术并不是简单地复制或拷贝技术，而是在被创作和被接受的过程中都会产生信息"衍生"的现象。"传播也就是创作"，或者说亦是"再生产"。如此看来，从艺术传播的历史来看，经历的是"生产－复制－生产"的发展链条。当然，数码艺术的生产是远非传统艺术的生产所能比的，因为它是一种已以插上了信息技术翅膀的"再生产"。

（原载《艺术评论》2012 年第 8 期）

# 高科技能否"延展生命"？
# 新媒体如何"恢复美感"？

　　2011年夏在中国美术馆举办的国际新媒体艺术三年展，以"延展生命"作为主题，成为新媒体艺术在当代中国的高端平台，吸引了众多观者的眼光。这次相当成功的展览思考了艺术、科技与生命之间的关联，试图通过高科技的新媒介手段，为人类展现出尤金·撒克所说的"21世纪生物哲学"的艺术前景，同时也使得新媒体艺术在中国这个的古老国度里更不深地扎根，在当代中国新媒体艺术史上具有一定的标志性意义。

　　有趣的是，这次本属于"纯艺术界"的展览，却得到了大众的普遍关注。从笔者前后三次参观的经历来看，越来越多的孩子们参与了这次展览，而他们的家长也将美术馆直接当成了科技馆。与2008年以"合成时代"为主题的首届新媒体展特别类似的是，在大众与精英的博弈之间，人们似乎都在追问他们所身处的空间——到底是前卫艺术展，还是科技娱乐场？的确，新媒体艺术参展者绝对不是持有技术理性的科学家或工程师，而是拥有想象力与观念感的艺术家，但新媒体艺术的本性确实偏离了少数学者与多数大众的审美期待。

　　笔者的朋友、著名思想家李泽厚先生也饶有兴致地参观了新媒体展。在与他面对面的交流中，他从一位具有古典美学取向的美学家的角度对本次展览提出了两点看法：其一，他觉得新媒体艺术所运用的都是"假科技"，因此是"不真"的；其二，这些艺术作品都充溢着"丑感"，因而是"不美"的。从"求真"的传统认识论与"寻美"的古典美学观的角度来看，李泽厚先生的意见大概并没有错，但是，这种哲学化的外部质疑，也恰恰崭露出当代新媒体艺术发展所面临的多重难题。

　　这些难题在"延展生命"展中更突出地显露了出来。这次展览的宗旨就是要超越"肉体的局限",延展身体的潜力,消除"活体与非活体的界限",以促使"新生命形态"的出现。该展览直接采取了一种"直接介入"自然政治的方式,并将之作为一种"非再现美学"的诉求而疏离了传统。通过一系列倾向于呈现"自然维度"的展品,本次展览试图反思的还有"人类中心主义"的强势宇宙观,并将一种"生态政治学"的眼光纳入其中,从而试图以高科技来延展人类的"生命形态"。

然而,问题在于,"延展生命展"尽管在总体取向上是"走向自然"的,但仍然采取的是"人机互动"的艺术语言方式,仍然采取的是以科技"硬语言"来力求解决人性"软问题"的新媒体艺术的老路。但在本次展览中,也有几件稍微偏离了主题的成功作品值得加以言说,这些作品似乎可以崭露出新媒体艺术更趋近于人的新方向。

最具"人性化"温情的是澳大利亚艺术家玛丽·委珞娜吉、大卫·瑞和斯迪夫·谢迪克合作的《鱼与鸟系列》。鱼和鸟象征着无法在一起的恋人,两个角色互相爱慕,但却因为技术障碍而不能在一起,如此这样,两部以动态机械轮椅为代表的角色,就与对方及观众通过动作和文字的方式进行交流。同一系列的《D循环:易断的平衡》中的两个盒状发光体则隐喻着两个虚拟角色(鱼与鸟)之间传递密信,两个盒子被观者拿起来就会吐出绵绵情话,但任何突然的举动都会让情话变得无法辨读,继而中止交流而陷入沉默状态。

最具"生态学"意味的,则是芬兰艺术家特俐克·哈泊雅所独创的《解构景观》。该作品由大型的如绘画般的立体景观所构成,其中构成画面的是真正的土壤与真实的植物,整个画面内部的生命都是由自动化的浇水、换气、保温与光照来维系生命的。这个景观在立体画框的两边甚至是各个角度都是可以随意观看的。正是这件并不起眼的作品,它的一个与众不同之处就在于,它并没有将现代科技明晃晃地展露在外,而是将科技作为生态景观的内在的支撑而使之"潜存"。

众所周知,寻求一种具有后现代意义的"生态文明"正在成为全球性的某种共识。"延展生命展"正是要延续这种全球主流观念,通过科技手段来重寻艺术与生命的基本关联,而这种寻求本身就具有"跨界"的后现代性质。

延展生命(translife)的英文前缀trans,也意味着一种事物、状态、类别或者时刻的转变过程，意指一种处于运动中的模糊状态。但是，在这种寻求中，起码有三个问题需要深入反思。首先，"延展生命"展寻求的是一种"后现代"的理念，但却采取了冷冰冰的"现代主义"机械感的叙述方式；其次，"延展生命"展寻求的是一种"生态学"的意识，但却通过声光雷电的狂飙手段来加以直接实施；再次，"延展生命"展寻求的是一种对"生命体"的拓展，但对高端科技话语的强势运用最终倾轧了生命"本有维度"。

最终，通过本次国际新媒体艺术三年展，我们试图引发这样的追问——高科技能否"延展生命"？新媒体如何"恢复美感"？

（原载《中国社会科学报》，2012年12月27日，略有增加）

# 从"生活美学"定位公共艺术

**王洪义（《公共艺术》杂志副主编）**：关于"公共"这两个字的定义有很多种，您觉得应当如何定义公共艺术中的"公共"？

**刘悦笛**："公共艺术"（Public Art）就是"公共"的艺术，公共艺术要面对"公众"。所以说，"公共性"才是研究公共艺术的逻辑起点，这大概应该是毫无疑义的。但是，目前的主流意见却出现了这样一种趋势，那就是只赋予了公共艺术以某种"空间性"的定义，所谓的公共艺术往往被看作意图被置于"公共空间"（public space）之内的艺术品与设计品。然而，大家却都忽视了这样的基本事实：对于"公共艺术"概念本身而言，"公共"与"艺术"竟然是自相矛盾的，我想初步称之为——"公共艺术悖论"！

那么，究竟什么是我这里所说的"公共艺术悖论"（the antinomy of public art）呢？这种观点从何而来？理由是这样的，我们不仅仅要思考"公共性"到底是什么，而且更要从公共与艺术之间的"美学关联"来考察公共艺术的定位问题。公共艺术研究者赫尔德·哈恩（Hilde Hein）就认定，公共艺术都是按照"现代主义艺术原则与美学理论"构建起来的。这意味着，这类艺术品理应被视为个体表现的自律化产品，相应地，对其进行的欣赏也成为一种个体化的行为。然而，真正的问题在于，源发于现代主义艺术时期并被授予了现代主义原产品格的公共艺术，它更本体化的规定似乎又是"公共性"。

这就形成了"公共性"与"个体性"之间的根本对立。这种对立意味着，满足了艺术的自律性，就难以面对公众的公共诉求；满足了公众的公共性，就背离了现代的艺术原则。这就需要用历史的眼光来看待公共艺术，从公共艺术产生的源头与后来的延展两个方面来加以梳理。一方面就是现代主义之前，从古希腊罗马到中世纪文艺复兴以来早就已经形成了诸如"广场艺术"的西方公共化传统；另一方面则是现代主义之后，公共艺术已经被带入"后现代"的当代艺术语境中。如此来看，当代的公共艺术的首要任务，就是要走出"现代主义模式"，从而寻求一种回归"生活美学"的新路，由此再来重思"公共艺术"的美学定位问题，否则公共与艺术这二者仍是难以调和的。

**王洪义**：您在对生活美学的研究中是否关注到公共艺术问题？

**刘悦笛**：对于生活美学研究而言，公共艺术其实是一个重要的维度，而且理应构成一个重要的方面，这是后来我才逐渐意识到的。在拓展生活美学疆域的时候，这种研究对象的转变使我意识到，要把公共艺术置于更新的理论视野中。我们不能仅仅从艺术创作的角度来定位公共艺术品，这只是传统的界定方式，而更要从艺术接受的角度来看待公共艺术，这就涉及公共艺术的"生活本体"问题。在这个意义上说，我们不妨将公共艺术视为一种"生活美学景观"。

这种对于公共艺术的基本理解，并不是从理论到理论的空谈，而就是直接从生活中的艺术感受与体验那里得来的。去年的十月我到芝加哥看到了新建成的公共艺术品《永远的梦露》(*Forever Marilyn*)。这个最新的作品恐怕就是与两种生活直接关联的，一种就是外来人的生活，他们作为芝加哥的旅行者看到这个作品的时候，往往将它与美国流行文化联系起来，它之所以受到欢迎就是因为它成了美国文化的某种表征；另一种则是本地人的生活，芝加哥当地人则质疑《永远的梦露》与整个芝加哥的公共文化品位不相容，甚至降低了这座城市的公共艺术品格。然而，无论是接纳还是拒绝、内行抑或外行，公共艺术无疑都是与公众内在关联的，而公众也是从他们的生活出发来观照公共艺术品的。这是由于，公共艺术如若要自我实现就要被置于面对公众的开放空间中，它们都不是置身在美术馆与博物馆的封闭空间中的；与此同时，无论是各地的外来游客还是本地的上班族，他们都是从生活中、由生活出发、并回到生活来观照置于公共空间内的公共艺术品的。

所以说，从生活美学的新视角来看公共艺术的基本定位，我认为要走出两种模式，一个就是前面提到的"现代主义模式"，另一个则是要走出"精英审美模式"。这是因为，公共艺术始终要与公众趣味相连，它不再仅仅是艺术界的小圈子的事，公众生活的积极参与已经成为公共艺术的独特品质。这两种对于传统模式的超越，又都需要回到生活美学的理论新构，由此才能来重新思考公共艺术的"公共定位"问题，这是一种回归"生活世界"（Lifeworld）的本体定位。

**王洪义：** 可否介绍一下近些年来美学界对"环境美学""生态美学""生活美学""大众美学"等题目的关注情况？

**刘悦笛：** 这是个非常好的问题，因为当前的国际美学主流对于公共艺术研究具有很重要的启示意义。总体来看，当前国际美学界最重要的三个发展方向还是相当清晰的，它们分别是当代艺术哲学（Contemporary Art Philosophy）、环境美学（Environmental Aesthetics）与生活美学（Aesthetics of Everydaylife）。20世纪整个后半叶的国际美学研究的绝对主流，就是以分析美学（Analytic Aesthetics）作为基本方法的艺术哲学研究。然而，越是到了20世纪末期，东西方美学家们越意识到仅仅研究艺术是不够的。如此一来，"自然"与"生活"就成为艺术之外的两个重要的研究领域。首先是自然美学（Natural Aesthetics）最先出现了；当对于环境的理解拓展到人造物的领域时，环境美学就应运而生；当关注到环境保护的伦理维度时，生态学美学（Ecological Aesthetics）就适时出场。

从自然美学、环境美学到生态美学，已经历了三十多年的发展，而生活美学可谓方兴未艾，它刚刚成为21世纪的"新美学"，从2005年之后为中外美学家所广泛探讨。但是，生活美学并不是浅薄的直面大众文化（Mass Culture）的美学，因为大众生活的美学考察只构成了日常生活美学的组成部分，而作为哲学建构的生活美学则从根本上关系到美学回归到"生活世界"的本体论转向的问题。有趣的是，无论是环境美学还是生活美学都可以与公共艺术研究接轨。这是由于，公共艺术本身所创造出来的就是一种属人的环境，环境美学强调面对审美对象的身心全方位参与的"介入美学"原则，可以直接为公共艺术所直接援引与使用；而生活美学对于公共艺术的本体规定性就更不用说了，公共艺术理应以"生活本身"作为艺术本体，公共艺术最终要回归到公众的现实生活。

应该说，从生活美学来定位公共艺术，这是一种具有本土化的理论视野，它关系到具有中国性的视觉理论的建构。这种建构必须是以本土文化作为基石的，但又可能具有某种普遍性价值。关于生活美学的中国化建构，我已经在2005年哲学建构的《生活美学》与2007年体系化建构的

《生活美学与艺术经验：审美即生活，艺术即经验》两本书中系统论述过，大概因为这种观点具有某种原创性，所以《生活美学与艺术经验》还曾获得国家新闻出版总署颁布的"三个一百"原创工程图书奖。此外，我在2007年出版的《艺术终结之后》一书中所论述的"艺术终结观"也与之有关，因为艺术在未来的某一天如果真能终结了，那么，生活才是艺术的真正终结点：如果一切都成为艺术，那么一切都不再是艺术，艺术与生活的边界最终消解掉了。以乐观主义的眼光来前瞻，艺术终结之日，才是真正的生活开启之时！

**王洪义**：近些年来从社会学角度研究公共艺术的比较多见，如何从美学角度看待公共艺术？

**刘悦笛**：事实的确如此，你说得很对，这就使得大家的眼光都集中到对于公共性的探讨。尽管这无疑是正确的，但却忽视了美学的视角，毕竟公共艺术的"公共"并不能等同于政治学意义的"公共"，而是直接与公众的趣味形成了美学关联。必须承认，当代的"文化研究"与"视觉文化研究"在探讨公共艺术的社会维度方面很有启示价值，但是，关于公共艺术的"艺术之维"却少有涉及，特别是关于如何看待公共艺术中的艺术与美学的关联。这种对于公共艺术的探讨的偏狭趋向，理应从生活美学出发来加以某种纠偏与矫正。无论怎么说，在定位公共艺术的时候，社会学与美学研究理应达到某种平衡。

这就关系到"公共文化之争"的问题。我们发现，似乎没有哪种艺术类型会像公共艺术那样在公众那里引发出如此巨大的争议，美术馆与博物馆的小圈子的事件是难以与大众的生活发生直接关联的。从公共艺术开始建构之初直到现今，出现了许许多多关于公共艺术的争论。最新的争论就是关于我刚在芝加哥街头见到的公共艺术《永远的梦露》。但是，在公共艺术发展史上，持续时间最长与最久的著名争论，则是起源于理查德·塞纳（Richard Serra）创作的《倾斜的弧线》（*Tilted Arc*）。这个具有极少主义风格的著名公共艺术品，自从1981年伫立在纽约市的联邦广场（Federal Plaza）之后就争议不断，在反复博弈甚至对簿公堂之后，它终于在1989年3月15日的夜晚被悄然拆除。这成了公共艺术领域最重要的一个公案。

从美学的角度来看，《倾斜的弧线》这个著名公案提出了什么问题呢？我认为，首先，对于公共艺术的选择，究竟是取决于公众趣味（the tastes of the public）呢，还是公共艺术应成为对公众趣味的塑造？其次，在对公共艺术的运作中，公众的趣味是自我决定艺术的呢，还是通过艺术家来决定的呢？这就要继续追问，公共艺术的"决定权"究竟由谁来主导？到底谁才是真正的公众，谁才能代表公众呢？如果说，公共艺术最终要寻求与某个社群的互动关系的话，那么还可以追问，艺术家通过艺术品究竟要与哪部分大众互动呢？那种民主选择的结果，是否能折射出对公共艺术的正确选择？从公众的角度看，我们如何通过程序来确定艺术家及其创作的艺术品呢？从艺术家的角度看，个体艺术家的选择究竟在多大程度上代表了"公共意志"（public will）呢？这些可以说都是公共艺术至今难以解决的难题，它们需要美学家们与公共艺术家们共同来探讨。但似乎可以肯定的是，公共艺术的难题始终是开放的，就像公共艺术必然与公众趣味相连一样。如果有那么一天，这样的公共艺术之争停止了，不是公共艺术做得太好了，公众不必为此争议了，就是公共艺术不被关注了，公众无须对此论争了。

**王洪义**：文化艺术作为一种精神福利现象，如何使之能惠及更广大的人群？

**刘悦笛**：我赞同你的意见，将文化艺术当作一种福利，这无疑是正确的选择。由此出发，我觉得还需要进一步进行更细化的分析。文化与艺术尽管都是福利，但却不是一样的福利。换句话说，公共艺术所提供给大众的福利，不是一般的"文化福利"，而更具体地说，它应该是"审美福利"（aesthetic welfare）。我们不妨将公共艺术当作一种具有前沿性的"审美福利"，这无疑是一种崭新的观念——艺术不仅是福利，而且更是审美福利。

那究竟什么是审美福利呢？"审美"本身怎么就变成"福利"了？实际上，所谓的审美福利这个说法，它是美国分析美学家门罗·比尔兹利（Monroe C. Beardsley）最早提出的。他在《审美福利、审美公正与教育政策》（Aesthetic Welfare, Aesthetic Justice, and Educational Policy）一文中指出，审美福利是由特定社会里的、特定时期的社会成员所共同拥有的"全部审美体验水平"组成的。比尔兹利的这篇文章收入《公共政策与审美兴趣》（Public Policy and the Aesthetic Interest）文集中，这部文集关注到审美的公共性的政治问题。由此来看，公共艺术理应成为"普遍福利"得以实现的艺术前沿，因为它会直接影响到公众的生活品质的提升抑或降低。从这个新的角度来看，公共艺术作为一种审美福利，就要一方面取决于公众的"审美体验"的水平，另一方面则取决于公共艺术品本身的"审美价值"，通过艺术品与公众之间的良性循环，由此公共艺术才能逐渐累积成为当代社会的"审美财富"（aesthetic wealth），从而能为广大的公众所共享与分享。

**王洪义：** 传统的艺术创作活动及结果总是服务于少数人，推动公共艺术的发展意味着将艺术的接受群体扩大至一切人。您认为这样的事业有怎样的意义？

**刘悦笛：** 你说得非常正确，传统的艺术是少数人的艺术，毕竟是"与少乐乐"的艺术，而公共艺术的服务则是为了公众来实现的，最终是"与众乐乐"的艺术。但是，似乎为一切人提供服务也是不太可能的，这是由于，尽管艺术能呈现某种普遍性价值，然而，毕竟每种艺术都是从本土生长出来的。这便是伟大的德国哲学家与美学家康德所论及的审美之"普遍宣称"的难题。

在审美的"主观的普遍性"（subjective universality）的诉求里，应该区分出不同的层级，也就是从"个体性""公共性"到"普遍性"的不同层次，这才是更合理的。如果说，个体性判断是对"一"的单称判断、"公共性"判断则是对"一些"的特称判断，那么，普遍性判断则是对于"一切"的全称判断。审美的活动看似是单称判断，但其实更是期待"普遍赞同"的特称判断。康德所希望的那种审美成为全称判断是难以最终得以落实的。一种属于全人类的共通的审美标准与模式实际上不可能出现，也从来没有出现过。

由此可见，公共艺术就是建基在一个又一个文化共同体的基础上的，这些共同体可能有大有小，大到某个民族的文化，小到某个街道的社区文化。这些文化共同体是既以普遍的审美判断作为宏观预设，又以个体的审美判断作为微观根基，但是，主要指向了公共性的维度。无论怎么说，任何成功的公共艺术都是需要具有"土著性"的，也就是需要从当地的文化的"风土"中自然地生长出来。这都需要将公共艺术与当地的文化融合与贯通起来。无论是外来移植还是篡改传统的公共艺术品，都会由于文化的异质性与变动性而难以成为更适合的艺术对象，这恐怕也是公共艺术的文化之争的某种历史来源。

**王洪义**：对中国现实而言，政府在公共艺术事业中应当担负怎样的角色？

**刘悦笛**：从政府职能的实施角度来看，公共艺术要成为一种公共文化服务。刚才谈到，从接受的角度来看，公共艺术应被视为一种审美福利。从这种审美福利的提供者那里看来，政府应该充当重要的调控角色。过去我们的公共艺术建设，采取了"大政府、小社会"的基本模式，现在应该翻过来，采取"大社会、小政府"的崭新模式。这意味着，政府在公共艺术建设中，既要"出场"又要"退位"。

首先，我呼吁政府为公共艺术立法，为公共艺术建设提供法律保障的服务。目前，据我所知，世界上只有韩国与中国台湾地区设立了《公共艺术法》，就连那些公共艺术发达的欧美国家也没有专门为公共艺术立法。亚洲艺术协会总干事潘幡先生曾向我介绍过台湾的情况，20世纪90年代颁布的《公共艺术法》首先要规定各地区建设比如建筑物的建设，需要将其中资金的至少1%用于公共艺术建设。相关的建设机构需通过"公共艺术审议委员会"来进行公共艺术建设；如果没有相应的条件，则需要将这笔资金注入该城市县的公共艺术基金会，采取统筹的方式在该地区进行公共艺术建设。

其次，我呼吁建设公共艺术委员会，公共艺术基金会的建设也迫在眉睫。这里还是以台湾地区的情况为例，我在台湾参观的时候，潘幡先生曾在现场向我介绍公共艺术委员会的运作情况。公共艺术委员会不仅要提供咨询与咨讯，更要在公共艺术建设过程中做出审议工作。在海选公共艺术设计图之后，委员会将会提供给初步入选的创作者以基本的模型制作费，同时征求相关地区的民众对于公共艺术的需求。当最终入选的作品提供给委员会的时候，相关建设机构的负责人就要向委员会陈述，委员会最后决定入选者并提出相关的修改意见，最后则是公示的阶段。台湾地区的每个县市都已设立文化委员会与公共艺术委员会两个部门，公共艺术的法律与法规需要在各个层面来加以建设。

再次，公共艺术委员会的建设，还应该实现一种职能的转换。目前台湾地区的委员会主要是"公共艺术审议委员会"，这些委员都需要向社会聘请，但是，不同的委员负责不同的职能。其中，既有善于理论与法规探讨的学者，也有致力于建筑与环境研究的建筑师与设计师。这个委员会曾被命名为"公共艺术审查委员会",从审查到审议,尽管一字之别,但其功能却产生了根本转变。审查具有更大的权能,甚至能直接决定公共艺术的创作者,但是,随着公共艺术建设的成熟,审议机制理应成为公共艺术建设的体制保障。中国大陆的公共艺术建设现在要充分发挥公共艺术委员会的职能,那就要从设立"公共艺术审查委员会"开始做起。

最后,我还想追问的是,由政府提供的公共文化服务,到底是文化的"公共服务",还是"公共文化"的服务?在当代中国文化建设中,这二者仍是混为一谈。然而,以国家财政支撑的"公益性文化事业"一则在形式上不能覆盖文化公共性的全面领域,二则在内容上也无法满足广大民众的文化需求。在文化市场必须大量填补低俗文化需求的地方,就出现了政府失灵的现象;在市场失灵的地方,文化的公共服务则需要政府去加以支撑。可以肯定的是,文化的"公共服务"也是目前推进服务型政府的一个环节,与此同时,"公共艺术立法""公共艺术基金""公共艺术委员会"的建设都应该迎头赶上。

**王洪义**:作为一名美学家,您对公共艺术的创作者——艺术家有怎样的建议?

**刘悦笛**:我觉得,面对作为公共艺术的创作者,最重要的建议就是——融入你要建成的公共艺术品当地的文化之中,并与其中的文化共同体形成积极的互动!这就关系到公共艺术的"成功标准"究竟是什么?

一件公共艺术品的成功,究竟是由公众所决定的,还是由艺术家自己决定的呢?答案显然是,要在艺术家与公众之间形成良性的交互作用。与社区实现了全面交流的艺术,才是真正的公共艺术。目前,在欧美社会所谓的"社区艺术"(Community Art)方兴未艾并走在了前列,正如帕卡·吉伦(Pascal Gielen)在《为社区艺术绘图》(*Mapping Community Art*)一文中所认为的那样,这种新的公共艺术形式已经超出"自我关联的美学"(auto-relational aesthetics),从而成为另一种"变体关联的艺术"(allo-relational art)。所以,我还是要大声呼吁,公共艺术的创造者们,无论是艺术家还是设计师,回到你们所致力于创作的公共生活中去吧!

我们还是举《倾斜的弧线》的例子,它最终被身处公共艺术的公共空间内的社群拒绝了,因为它横亘在广场中央,直接阻碍了上班族的出行路线,而且那种极少主义的风格也偏离了大众的审美趣味。那么,这种公众的拒绝从美学的角度来看，是否意味着这件艺术品本身失败了呢？如果这就意味着艺术品的失败，《倾斜的弧线》毫无疑问就成了所谓"坏的艺术"（bad art），那么，这种失败究竟是谁所认为的失败呢？艺术家本人绝不会认同这种失败，而大众所认定的"坏的艺术"真的就是坏的艺术吗？还是按照艺术家的眼光来看，这种最终拒绝的选择，体现的只是公众的"坏的趣味"（bad taste）？当这种论争真正出场的时候，唯一的解决途径就是让艺术家与社区公众进行真正意义上的互动，而不是艺术家将自己的趣味强加给公众，抑或公众以大众的趣味的多数来压倒艺术家。这两种极端的情况会使公共艺术失去平衡。公共艺术最终仍要化为"公众生活"的艺术，目标就在于提升公众的"生活质量"（quality of life）。

所以说，如果我们要解决这种至今仍愈演愈烈的"公共艺术悖论"，就需要一方面走出公共艺术的"现代美学"模式，另一方面走向"生活美学"的当代话语，由此来重新追问应该如何定位"当代公共艺术"？当然，以上只是我的个人观点而已，希望对于公共艺术界能有一点点参考价值，而你们《公共艺术》杂志在这方面已经做了大量非常优秀的工作，真的可喜可贺！

希望今后中国美学界与公共艺术界通力合作，为公共艺术的发展继续献计献策！

（原载《公共艺术》2012年第1期，系《公共艺术》杂志王洪义副主编对笔者所做的访谈）

# 第八辑

## 门类艺术：影视、舞蹈与设计

# 电影媒介：从"现实"还是"世界"出发？

当代的电影本体论在分析美学那里实现了新旧更替。哈佛大学教授斯坦利·卡维尔（Stanley Cavell）是当今著名的哲学家和美学家，他的电影哲学思想在分析美学当中独树一帜，[①] 对电影理论也产生了深刻影响。他是在巴赞之后将电影本体论研究提升到一个新的台阶的重要人物。

卡维尔反思电影本体论的起点，是电影理论家巴赞与艺术史家潘诺夫斯基的电影论说。潘诺夫斯基认为，电影媒介就是"如此这般的物质现实"。[②] 巴赞也认为，电影媒介就是"自然"的演出法而已。卡维尔由此认为，二者的理论是一致的：电影媒介的基础是摄影，而摄影所拍摄的就是现实与自然。在此，西文意义上的自然并不是指天地大自然，而就是指现实本身。由此，卡维尔所追问的核心问题就是：当电影被投射到银幕之时，现实到底发生了什么改变？

这就关系到电影的"现实性"难题：电影到底是真实的？还是虚幻的？卡维尔似乎更倾向于后者，他给出的比喻是：电影如梦，即电影片段经常闪现在你脑海当中，但电影却如梦般难以被记住。由此，论述电影的出发点——"现实的投射"（the projection of reality）——就变得高度可疑。在这一点上，卡维尔就与巴赞不同了：后者认为电影是直呈自然本身，而前者则认定电影同样可以描绘幻想。巴赞的观点又被称为"照相现实主义"。在巴赞看来，摄影与绘画的区分在于，照片不是让人们看到照片与现实是相似的，而就是呈献给人们现实本身。

与英国著名分析美学家理查德·沃尔海姆（Richard Wollheim）一

---

[①] Stanley Cavell, *The World Viewed: Reflections on the Ontology of Film*, Harvard University Press, 1979.

[②] Erwin Panofsky, "Style and Medium in the Moving Pictures," in Daniel Talbot ed., *Film*, New York: Simon and Schuster, 1959, p. 31.

样，卡维尔也反对用"相似性"（resemblance）来阐发艺术再现问题。所谓"相似性"，也就是认为艺术的再现与被再现对象之间的关系是相似的。对于将"再现"归结为"相似"的理论，沃尔海姆曾提出了令人信服的批驳。

卡维尔的否定则更为直接。当处理相片与被照对象的关联时，绝不能用"类似"（likeness）这一说法来应对。因为这种图像并不是对象的复制、留存或者影子，比如某位电影明星的照片就并不等同于明星本人，围绕着它周围有魔术般的"光晕"或者历史。

更巧妙的是，卡维尔将摄影与录像进行了比照来继续论证。这就关系到视听的两种本质。听的本质是听从某个地方传来的，而看则直接诉诸眼球；听本身就是不可见的，但看之为看即在目前。所以，录音与原音之间，我们可以说前者复制了后者的声音，但照片与对象的关系却不同，因为不可以说前者复制了后者的景象、外观抑或表象。景象往往是更大的范围，摄影仅仅取其一隅，而难以呈现对象的全部；摄影捕捉的也非表象，因为如此一来好像摄影机本身具有某种摄取结构似的——拍摄与世界的关系需要重新加以厘定。巴赞的电影理论是从"现实"出发，而卡维尔的电影哲学则是从"世界"出发，从而凸显出两种电影本体论的本然差异。

（原载《电影艺术》2016 年第 4 期，《作为"看见世界"与"假扮成真"的电影——再论走向新的"电影本体论"》一文的第一部分）

# 电影拍摄：不在场却在存留世界

卡维尔的电影哲学是建基于他的"世界观"基础上的，也就是他关于世界的看法之上的，首先就关乎世界与世界之景象的关联。"事实上，对象并不能制造出景象，也不会拥有景象。我更愿意这样说，对象与其景象之间如此接近，以至于使得人们放弃了对它们的景象的再现；为了再现对象（假定如此的话）制造的景象，你不得不去再现对象本身——这就需要做出一个模子，或者做出一个印模。"①

在这个意义上，卡维尔就将摄影机看成摄取世界的"模子"。这种观点仍是源于巴赞，但又推进了巴赞。巴赞曾把照片想象成视觉的模子或者印模，但其缺失却在于，他认为照相经过特定程序呈现之后可以脱离原物而存在。事实恰恰相反，"在摄影当中，被摄后的原物仍如此前一样存在于那里。并非是面对相机那样的存在；然而，相机只是制模机器，而不是模子本身。"② 卡维尔的洞见就在这里，因为相机拍摄不是图画手绘，相片不是手作的而是制造的，摄影制造出来的乃是"这个世界的影像"（image of the world），这个世界乃是从模子中所窥见的世界。

尽管卡维尔是当今美国的学院哲学家，但他仍接受了海德格尔的存在论，将巴赞意义上的现实感转化为世界意义上的"在场感"（sense of presentness），接近于海德格尔意义上的"此在"。维特根斯坦也有关于"世界"的论述，卡维尔正试图在欧洲大陆与英美传统之间搭建哲学桥梁。按照他的意见，绘画的在场感就在于：不是确信世界对我们而言是在场的，而是确信我们对于世界而言是在场的。这种绘画的在场感，显然在世界与我们之间凸显了后者，卡维尔称之为"主观性"。

那么，电影的"在场感"究竟如何呈现呢？在电影中，我们与世界的

---

① Stanley Cavell, *The World Viewed: Reflections on the Ontology of Film*, Harvard University Press, 1979, p. 20.
② Stanley Cavell, *The World Viewed: Reflections on the Ontology of Film*, Harvard University Press, 1979, p. 20.

关联又如何呢？为了阐明摄影的"去主观性"，卡维尔先是讨论了绘画的主观性。"以绘画所梦想不到的方式，摄影战胜了主观性，这种方式不能满足绘画，这种方式并没有打倒绘画的行为，而是逃离了绘画的行为：通过自动主义（automatism）的方式，通过在再现任务中移除人工代理的方式。"[①] 这意味着，绘画中的人工性是非常之强的，为了保存我们的在场感，绘画接受了世界的退隐；然而，电影却恰恰相反，它接受了我们"不在世界"当中。或者说，电影中的现实对我们而言是在场的，但我们却不在那个现实中，前者是显在的，后者则是隐身的。

电影要通过自动的力量来实现这种显与隐，那么，究竟什么是"自动主义"呢？卡维尔后面的结论更为绝对，他认为电影"自动"所做的唯一的事情：那就是去"再现这个世界"（reproducing the world）。[②] 所以说，"自动主义"言说的仍是人们与世界的基本关系。这就是我们所建构的与世界的关联：通过观看世界，或者通过观看世界而拥有之。从卡维尔上升到的哲学高度来看，我们希望看到世界本身，就是我们希望看到如此观看世界的条件。但条件的转变就在于：人们观看的最自然模式，却是人们感到自己不被观看到。在灰暗的电影院中看电影，就好似是从洞穴中向外观看，只见到洞外的景致，但自己却隐匿在周遭环境之中。

感到自己不被看的情况下去看世界，这就不是我们作为旁观者在一般地看世界（这就好似电影的"客观镜头"），而是从我们自己背后向外看世界（这更接近电影的"主观镜头"），这是符合人类心理本性的。然而，更重要的是，我们身后的投影机呈现了在场的东西，尽管我们并不在其中，但保存的仍是世界的存在。电影摄影正是如此，它通过接受我们的不在场，来保存世界的在场。这在场与不在场的辩证法，在电影当中实现了——我们所知所见的电影中的世界，即使我们在其中不在场，它们也仍作为过去的世界，续存了这个世界的存在。

（原载《电影艺术》2016年第4期，《作为"看见世界"与"假扮成真"的电影——再论走向新的"电影本体论"》一文的第二部分）

---

① Stanley Cavell, *The World Viewed: Reflections on the Ontology of Film*, Harvard University Press, 1979, p. 23.

② Stanley Cavell, *The World Viewed: Reflections on the Ontology of Film*, Harvard University Press, 1979, p. 103.

# 电影银幕：遮蔽在场与框架结构

电影银幕，从物质本性上来看究竟有何存在意义？这个问题似乎从未被电影理论家置于核心地位，因为，银幕不过是为了影像投射而设置的一块幕布而已。但是，卡维尔却赋予了电影银幕以本体论的价值，这的确出人意料。

卡维尔运思的起点，还是比较看一张照片与看一幅画。如今出现一种摄影新潮，将过去拍摄的照片拿到拍摄现场，然后与背景重新匹配起来，形成了一种新旧比照。当我们观看一张照片的时候，我们可以去追问，这张照片的边缘是什么？照片所遮住的"外面的世界"是什么？卡维尔甚至把照相机比喻为盒子里的一条缝或者一个洞，在拍下某一对象时，也排除了世界的其他部分。然而，一幅画就没有这个问题，画面本身就是自足的，画幅的边缘也就是画作的世界的边缘。卡维尔的结论就是：一幅画本身就是"一个世界"，一张照片则是"关于世界"的照片。[①]

那么，摄影机所投影的银幕呢？移动影像的世界，也就是银幕上的世界，是投影下来的世界。但是，银幕不同于雕塑的基座，它不是支撑物；银幕也是不是油画的画布，它不是绘画的背景。银幕只是光的投影的平面，所以，卡维尔明确指出，银幕就是一道屏障。从物质性来说，这并没有错，但同样从物质性来看，银幕背后空空如也。然而，卡维尔却不这么看，他追问的是，银幕到底遮挡住了什么？

这种对世界的"不在场"的追问，直接引发了对电影与世界的另一种关联的阐发。银幕"在其所映出的世界前挡住了我——亦即它使我变得不可见。它在我前面挡住了那个世界——亦即不让我看见它的存在。放映出

---

① Stanley Cavell, *The World Viewed: Reflections on the Ontology of Film*, Harvard University Press, 1979, p. 24.

来的世界（现在）是不存在的世界，这是唯一与现实不同的地方。"[1] 这就意味着，银幕不是呈现，而是遮挡——不仅对银幕本身视而不见，而且挡在了我们与世界之间，从而对于真正的世界也难以得见。所以，电影所呈现的世界，并不是巴赞所言的那般真实。按照世界本身形象来重造世界，此种"完整电影的神话"在卡维尔那里也是不可能的，因为电影的世界并不是完整的世界，反而是遮蔽了世界之后的世界呈现。

银幕的客观的"界限"与主观的"视域"，应该近似于照片，它们并不是如绘画那般有着框架，就像画框所起到的框定作用一样，电影摄影与照相都是没有边界的。因此，卡维尔给出了一个比较形象的比喻，即电影的边界不是如有形状的边缘（如画框），而更像是容器的界限或者容量，它是如水被容器所塑形那般是随着世界而变化的。由此，"银幕就是一个框架（frame）；这个框架就是银幕的整个区域——好似一个电影的框架就是一张照片的整个区域，就像一台织布机与一座房子的框架。在这个意义上，银幕–框架（the screen-frame）就是一个模子，抑或塑形。"[2]

这个"银幕–框架"论的提出，的确独具眼光。被卡维尔称为现象学的框架论，具有丰富的阐释力。首先，在固定的银幕–框架之内，一帧接一帧的画面在移动。其次，银幕–框架的大小可以无限伸缩，可以将广阔天地与宏阔场景加以广角的呈现，也可以将微小的物体与表情进行特写呈现。再次，银幕–框架也是可以前后延伸的，比如后拉或摇动镜头都带来框架的变化。由此可见，卡维尔所提出的并不是静态理论，而是动态框架论。

（原载《电影艺术》2016年第4期，《作为"看见世界"与"假扮成真"的电影——再论走向新的"电影本体论"》一文的第三部分）

---

[1] Stanley Cavell, *The World Viewed: Reflections on the Ontology of Film*, Harvard University Press, 1979, p. 24.

[2] Stanley Cavell, *The World Viewed: Reflections on the Ontology of Film*, Harvard University Press, 1979, p. 25.

# 观众与演员：电影内外的"人之要素"

在银幕上进行呈现的是职业演员抑或非职业演员，在场的都不是真实的人。这是最素朴的事实，这都关系到电影世界与人的世界的关系，其中最重要的两个角色，就是演员与观众。

最常见的比照，就是电影与戏剧。最明显的差异就在于，当观众看戏剧时，演员就在你眼前；看电影时，演员不在面前。

在戏剧场所中，演员对于观众是在场的；反过来，观众对于演员来说却不在场——当然，这是卡维尔的意见，在强调与观众互动性的"交互戏剧"中，演员当然不能忽视观众的存在，而且观众的参与本身就是戏剧的一部分。不过，在电影院里面，对于电影演出者而言，机器的力量使得观众不在场，观众"在固定位置上不可被见也不可被听"，[①] 这却是千真万确的；反过来看，对于电影观众来说，演员也不是真实在场的，因为演员不在观众眼前，在眼前的只是演员的影像。更明显的差异就在于，对观众而言，戏剧有真人在，而电影里没有真人。

巴赞在《电影是什么？》中较早地意识到了这一点，他认为，电影银幕不能把观众置于"演员在场"的地方，片场是观众不能抵达也无须抵达的地方。我们看着电影上的演员，但对他们而言，观众并不存在。更有趣的是，巴赞还采取了艺术再现的"镜子说"，说尽管观众不在片场，但却通过镜子那般把演员的在场重演给观众。卡维尔却并不赞同巴赞的说法，因为"镜子般再现"的说法用以描述电视的现场直播更贴切。问题是直播电视就呈现了这个世界吗？卡维尔的答案是否定的。电视直播中发生的只

---

① Stanley Cavell, *The World Viewed: Reflections on the Ontology of Film*, Harvard University Press, 1979, pp. 25-26.

是世界的某个事件,电视更像是用枪去瞄准,从而将该事件直呈眼前。电视不能揭示真实、再现世界,但电影却可以。

卡维尔进一步区分了"角色"(character)与"演员"(actor)。由此,是不是可以说,戏剧中在场的是角色,而电影中在场的演员呢?或者说,无论在戏剧还电影中,角色与演员都同时在场呢?从本体论的角度,卡维尔思考的更多。譬如,在电影《活着》里,葛优出演了男主角福贵——卡维尔赞同的是这样的说法:电影中的角色,不是葛优所扮演的福贵这个实体,而是葛优这个实体以被称为福贵的形象出现。所以,角色可以随着演员而生死,反过来,演员也可以随着角色而生死。真正的差异在于,"在舞台之上,演员使自身融入角色;在银幕之中,演出者让角色融入自身"。①

这一点未必被普遍赞同,关键在于,这位演员或者演出者到底是本色出演(以自我为主),还是演绎角色(以角色为主)。其实无论是让自己融入角色,还是让角色融入自己,在戏剧与电影中都是存在的,只不过电影为某位演员"量身定做"的情况更多些罢了。然而,卡维尔却坚持己见,在他看来,舞台上,角色与演员是同在的;不过,二者的关系是前者攻击后者,演员越退却、越让位给角色,那就越成功。电影则要反过来看,卡维尔甚至认为,电影演出者更需要规划而非训练,因为戏剧演员要研究角色,而电影演出者根本不是演员,他本身就是研究对象。即使认为电影演出者是创造角色的话,那么,他们也是在创造特定真人的种类,也就是一种"类型"(type)。②这种观点显然无视电影演员的创造性而将之类型化了,因为卡维尔将电影所依赖的形式也视为类型。③

此外,还有一个重要区别,在舞台之上,演员本身就是"放映者"(projector),他们自己放映着自己;电影演出者自己却不能放映,必须由别人去放映他们。这又关涉到电影播放的事实。反例就是戏剧演出被进行影视录播。那应该算什么?分析美学家大都认为,录播的戏剧表演并不等

---

① Stanley Cavell, *The World Viewed: Reflections on the Ontology of Film*, Harvard University Press, 1979, p. 27.

② Stanley Cavell, *The World Viewed: Reflections on the Ontology of Film*, Harvard University Press, 1979, p. 29.

③ 卡维尔甚至认为,电影中的某一系列(如恐怖片)就是一个类型,而一个类型就是一个媒介,电影有着根据类型来选择演员的惯例,这也是电影所具有的缺陷。

同于现场演出，特别是加上了特写的录播离现场感那就更远了，它只是演出的一次视觉记录而已。

（原载《电影艺术》2016年第4期，《作为"看见世界"与"假扮成真"的电影——再论走向新的"电影本体论"》一文的第四部分）

# 电影也是"假装的视觉游戏"

如果说,卡维尔通过电影论述的是艺术与世界的关系的话,那么,另一位当今美国著名哲学家肯达尔·沃尔顿(Kendall L. Walton)同样是关注电影呈现的内容维度,但却提出了另一套电影本体论。作为电影本体论的另一种形态,它来自另一个电影问题。

在美国美学界曾经有一次争论:诸如电影这样的移动图像,特别是电影叙事,到底是不是有生理根基的?阿瑟·丹托等美国著名分析美学家都参与到这场争论中,因为很多美学家和艺术理论家都相信:观众之所以看懂了电影,乃是文化塑造的结果。然而,另一批美学家提出了这样的事实:为何从没有看到过影视作品的非洲人,第一次就能看懂电影和电视呢?

事实也是如此。一位从来没有看过影视的人士,在无须别人教会他的情况下,就能看懂电影情节抑或电视故事。难道叙事性的影视,就是日常时间的压缩与剪辑吗?还有一个华人的例证也能说明问题:20世纪80年代初,老年华人到美国第一次看电视:一位明星既演出了军事题材电视剧又出演了商业广告,当二者连续出现时,他的疑惑就在于:为何刚才那个人不穿(剧中)军服了,而改成现代的妆容了?第一个例证是说,观看移动影像从而相信其中所呈现的,乃是出于人类观看的生理本能;另一个例证是说,当两种电视叙事结构进行插播时,会引起作为新手的观众的疑惑:为何没有整一的叙事?前者是无须教育塑造的,后者则需要文化学习,但观看影像的移动也是人类进化所拥有的本性能力。

在解决这个问题之前,先回到一般意义上的视觉理论来加以言说。像贡布里希这样的致力于再现研究的著名艺术史家,仍然执着于"看见画布"(seeing canvas)与"看见自然"(seeing nature)的两分。这种传统的并被广为接受的看法,就是将对于绘画的"再现性的观看"等同于对于

"鸭—兔图"（著名心理图示）的观看，或者看到鸭子，或者看到兔子，而没有第三种选择。然而，依据沃尔海姆所见，事实正好相反。

由此，沃尔海姆提出了"视觉双重性"理论。在看画的时候，我们既能看到画布表面，又能看到画中内容。这种现象并不仅仅囿于观看绘画的现象：人们在观看的是表面上被标记了的绘画里面的对象，同时亦看到那些标记。这被沃尔海姆当作原初性的人类活动，当人们观看云朵的表面的时候，在那些云朵里面看到了诸如城堡或动物之类的时候，他们就是在练习这种能力。再如，当人们在布满污点的墙上，看出一幅风景画或者一副面孔的时候，其实也是在践行这种人类的基本能力。同理可证，人们在画面里面可以看到画面之外的形象。所谓视觉的"双重性"正是要道明这个看似简单的事实。

当然，这种理论所说的是绘画的"相信"，在电影中，观众却无须看到银幕的表面——这个表面只是一个被投射的幕布，观众无须从上面看到绘画的笔触之类的表现抑或抽象的要素。如果说，沃尔海姆的双重性理论旨在解决如何既看到绘画画面又看到绘画内容的悖论的话，那么，沃尔顿提出了一种不同于沃尔海姆的理论。沃尔顿在1990年出版的重要著作《扮假作真的模仿》，就是从这个角度开始再现理论的建构的。[①]

沃尔顿认为，其实人们"看懂"了绘画，乃是由于"扮假成真"。"看再现性绘画的人会假装看画就是看画的再现内容。他想象，看精心安排的画表面就是看画的主题。"[②] 用沃尔顿自己的独特语汇来说，他始终相信——图像再现依赖于接受者的"假装的视觉游戏"（visual games of Make-believe）抑或"假装的知觉游戏"（perceptual games of Make-believe）。[③] 简言之，观者（viewer）或者观照者（spectator）假装他们自己看到了画中的内容。这是由于，"观赏者的游戏的作品包含着虚构的真实，这种虚构的真实是被观赏者与作品共同生产的，同时也是被二者的结合所产生的。"[④]

同理，对电影而言，这就回到了近似的问题：观者如何相信电影所

---

① Kendall L. Walton, *Mimesis as Make-believe*, Harvard University Press, 1990.
② [美] 斯蒂芬·戴维斯：《艺术哲学》，王燕飞译，上海人民美术出版社2008年版，第167页。
③ Kendall L. Walton, "Looking at Picture and Looking at Things", in Philip Alperson ed., *The Philosophy of the Visual Arts*, Oxford University Press, 1992, p. 112.
④ Kendall L. Walton, "Looking at Picture and Looking at Things", in Philip Alperson ed., *The Philosophy of the Visual Arts*, Oxford University Press, 1992, p. 103.

呈现的？导演如何让从演员到观者都相信其所要呈现的？沃尔顿的"假扮理论"（Pretend Theory）正适合于此，这个理论的核心概念就是"假装（Make-believe）"。实际上，看电影与观画的道理是一样的，观众假装他们看的电影里面所呈现的东西是真的。沃尔顿从蒙太奇的加速镜头出发，对电影的影像次序的发生做出了这样的描述与定位："在电影《红色》中，阿贝尔·冈斯运用了逐渐加快的蒙太奇，两个镜头间的切换速度不断加快，借以暗示出火车逐渐加快的行进速度。不过，这并不是一个直接生成的明确的例子。蒙太奇的加速度，包含在连续生成的虚构真实中明显非连续性的、不断攀高的频率当中。故而这个事实，即火车虚拟地加速，详述了另外的虚构事实。当然，亦非简单地详述其他虚构真理所发生的真实。它主要论述它们生成中的次序。因此，影像的次序要归因于虚构真实的直接的生成，而非借助于影像对生成其他虚构真实的贡献。无论如何，我们总能够找到一个生成虚构真实的手段。"[①]

沃尔顿始终相信，无论静止还是移动的图像再现，其实都依赖于接受者的"假装的视觉游戏"。更简明地说，观者或者观照者假装他们看到了画面中的内容。所有的图像再现，无论是静止图像还是移动图像，都将观者带入虚构中，带入假装的游戏中。只有这样，观者才能在画中看到得到描绘的人与物。于是，艺术家与观众之间共有"互信原则"："作为一种手段，艺术家借助它得以引导欣赏者展开想象，当互信原则发挥效力时，欣赏者能够更加轻易地成功想象出虚构物，以及再现作品引导他们想象出来的内容，当他们这样做的时候，更像是在想象艺术家期望他们想象到的东西。"[②] 按照此种理解，艺术家"制造"虚构，欣赏者"想象"虚构，二者是互信的，所以大家才共同融入了电影中。

（原载《电影艺术》2016年第4期，《作为"看见世界"与"假扮成真"的电影——再论走向新的"电影本体论"》一文的第五、六部分）

---

[①] ［美］肯达尔·L.沃尔顿:《扮假作真的模仿》，赵新宇等译，商务印书馆2013年版，第227页。

[②] ［美］肯达尔·L.沃尔顿:《扮假作真的模仿》，赵新宇等译，商务印书馆2013年版，第218页。

# "非人工性"：再看电影与绘画之分

尽管电影与绘画都是"假装的视觉游戏"，但从本体论观之，二者仍是不同的。巴赞曾提出电影"有不让人介入的特权"（绘画则往往是手绘的），①这便凸显出"机器制造"与"人工制造"的两类图像的差异，而且是在本体论层面上的差异。电影与绘画无疑是两类图像的典范。

实际上，这种根本差异可以归纳为三个方面：首先，从创造上来说，绘画所描绘的对象，并不完全取决于所见的对象，而电影则取决于所见，无论对场景与人物进行了多么大的改造。贡布里希早已在艺术史研究中证明，画家无法完全呈现其所要再现的，他既要根据自己的"心理图示"对于对象进行不自觉的择取，也要依据自身的意向与想象进行自觉的选择。其次，从接受上来说，观者在电影中通常能看到直接的现实，而绘画的观者并不能从中直接地看到现实。这也是"接受美学"的基本观念，绘画只提供给观者对所观看之物的意向，这就意味着，观者往往看到画家希望你能看到的聚焦之处。再次，从作品来说，绘画较之电影更具有视觉上的创造性。尽管在电影史上，抽象与立体电影致力于造型突破，达达与超现实电影致力于心理拓展，但都无法与同类型的绘画相媲美。况且，绘画也可能走向一种象征，而电影在德国表现主义之后才更具表现力。

影像与绘画的这种差异，可以举例来说明，比如电影里面的"穿帮"镜头，绘画里会有吗？像好莱坞电影《特洛伊》中主人公阿喀琉斯特写镜头的天空中出现了飞机，《加勒比海盗》杰克船长的帽子上有 adidas 商标，国产古装片《英雄》镜头里面竟出现了步话机。这种情况在绘画中一般不会出现（除非画家故意为之）。画家当然也会被自己的画吓到，比如康定斯基一次偶见其抽象画获得的意外效果，但却不可能被画中的"意外

---

① ［法］安德烈·巴赞：《电影是什么》，崔君衍译，中国电影出版社1987年版，第12页。

之物"吓到；电影观众则会在古装片中被所发现的现代物吓到。因为作为手工作品的绘画，里面的内容皆在画家意料之内，绘者的意图决定了所绘的内容。但是，由于人们的"注意力中心"原则，观者却难以在电影镜头中注意到焦点之外的失误处。这些穿帮的地方绝非是导演和摄影师有意为之的，反倒是刻意避免的。绘画由于画家的精心安排，根本没有穿帮的顾虑，这恰恰反证了电影与绘画之别。

总而言之，在当代分析美学中，电影本体论不仅在物质本性上被定位为"移动影像"，而且从内容本性上更有推进。斯坦利·卡维尔认为，电影是作为"看见的世界"而存在的，这就回应在银幕上现实发生了什么转变的问题，而肯达尔·沃尔顿则将电影视为"假扮成真"，这就回答了观众为何相信电影所呈现的内容的问题。

（原载《电影艺术》2016年第4期，《作为"看见世界"与"假扮成真"的电影——再论走向新的"电影本体论"》一文的第七部分）

# 巴赞的电影本体论：新旧与对错

巴赞的旧本体论，曾被极端地归纳为：摄影、电影影像与现实中的被摄物是同一的。这来自巴赞本人的说法：影像"毕竟产生了被拍摄物的本体，影像就是这件被拍摄物"，① 所谓本体就是存在。

然而，通观《电影是什么》这一文本，巴赞本人的立场似乎并没有如此绝对，他也强调电影语言本身的多义性与暧昧性。但为了区分电影与其他艺术形态的本体差异，巴赞还是确认："摄影与绘画不同，它的独特性就在于它本质上的客观性。……一切艺术都是以人的参与为基础的；唯独在摄影中，我们有不让人介入的特权。"② 这就关系到两种差异，一个是电影与绘画的差异在于"是否客观"，另一个是一切艺术与电影的差异在于"是否人为"。

巴赞着重论述的还是电影不同于绘画："在达到形似效果方面，绘画只能作为一种较低级的技巧，作为复现手段的一种替代品。唯有摄影机拍下的客体影像能够满足我们潜意识提出的再现原物的需要，它比几可乱真的仿印更真切：因为它就是这件实物的原型。"③ 这种论述只适合于纯再现性的绘画，抽象绘画则更接近于费尔南·莱谢尔的"纯电影"先锋实验，但这类绘画与电影都不在巴赞视野之内。而问题是，摄影机下的对象就是真实的再现吗？摄影图像就是物体本身抑或原型吗？

从分析美学的角度看，如果说绘画与其对象之间只是相似性（resemblance）的话，那么，摄影和电影图像与其参照物之间的关系就是同一性（identity）。由此可见，绘画似乎皆是使用某种颜料之类来对所描绘对象进行仿造，照相与拍摄术则使得再现者与被再现者高度同一，但这种观

---

① ［法］安德烈·巴赞:《电影是什么》，崔君衍译，中国电影出版社1987年版，第13页。
② ［法］安德烈·巴赞:《电影是什么》，崔君衍译，中国电影出版社1987年版，第11—12页。
③ ［法］安德烈·巴赞:《电影是什么》，崔君衍译，中国电影出版社1987年版，第13页。

点难以成立。在人们的通常的观念里面,对于某物是另一物再现的最基本的解释、最简单的事实就是:二者是"相似的"。沃尔海姆则对"相似论"(the resemblance thoery)进行了批判,他举出的例子就是拿破仑的绘画,如果说,一幅图片或者绘画是对拿破仑的再现的话,那么,唯一的理由就是它与拿破仑本人是相似的,所以,我们才将图像当中的人"视为"是拿破仑。①

然而,"相似论"的错位在于,相似本身就意味着某物与被再现的物的不同。当用"相似"来阐释再现的时候,往往是具有"约略性"的,因为一切再现性绘画都是对所描绘对象的"简约化"。沃尔海姆还发现了这样的现象,我们常常说:某幅画里面加以再现的某个人——"这个人像某某",但却很少说"这外形像某某"。由此可见,当人们如此运用语言的时候,认定"相似性"是属于内部的。② 这也可以从另外的事实来证明,谈论相似的时候,背后意指的是一种"对称"关系,但在真正使用的时候,我们只能说"这像拿破仑",不能反过来说"拿破仑像这幅画"。然而,绘画与对象之间绝非此类的"对称相似"关联。

进一步说,巴赞认定认为电影与一切艺术的区别在于,摄影师的个性是在"选择拍摄对象""确定拍摄角度"和"对对象的解释"中出现的,这种个性即使再丰富,也没法与绘画之类的人为艺术相比拟。但事实并非如此,极具表现性的电影也是要比高度再现的绘画有个性的。巴赞的潜台词仍是在说,照相与拍摄术可以把对象如实地转现到摹本之上,而绘画之类尽管具有个性表达的优势,但却无法达到照相与拍摄术的"真实的再现"。

由此可见,巴赞电影本体论之所以旧,不仅在于未能考虑新的电影类型;之所以错,更在于他以"电影再现物之原貌"作为其理论基础。如此一来;在客观上,巴赞就过度强调了照相与拍摄术所拍得的影像是具有"自然属性"的,在主观上,也就只能将电影追溯到"再现完整电影"的神话心理了。

(原载《电影艺术》2015年第3期,《将电影还原为"移动影像"——新旧"电影本体论"的交替》一文的第二部分)

---

① [英]理查德·沃尔海姆:《艺术及其对象》,刘悦笛译,北京大学出版社2012年版,第18页。

② [英]理查德·沃尔海姆:《艺术及其对象》,刘悦笛译,北京大学出版社2012年版,第19页。

# 反思巴赞的"照相写实主义"

电影图像在巴赞那里被视为是"真实的",因为他将电影的基础还原为摄影图像。这种观点被当代分析美学称之为"照相写实主义"(photographic realism)。这一术语原是用以特指20世纪60年代美国的一种艺术流派,该流派的绘画使用了将相片进行放大复制的新手法。在电影理论中,将其称为"照相实在论"似乎更为贴切。但是,这种实在论却又不符合事实,反倒是"非实在主义"对待电影本体的考量,(non-realism)的视角更为适合。

这种"照相实在论"首先把电影的本质还原为照片。这就意味着,电影的本质乃是照相。由此可以认为:电影的"照相基础"才是电影的本质条件,也就是说,如果没有照相,电影并没有其决定性的"艺术风格"。巴赞基本上持这种观点。然而,电影与照相的最本质差异仍在于运动与否,丹托解决了这个问题。

"照相实在论"进而把摄影图像视为与对象一样是实在的。因此,电影图像本身才被视为是"真实的"或者"透明的",即电影所呈现的不仅是真实的影像,而且是透明的影像。当人们通过视觉看到透明影像的时候,就有了两种观看方式:第一种就是所谓的"通常视觉"(normal vision),也就是裸眼观看;但戴眼镜就不是裸眼了,更不用说佩戴3D立体电影抑或"虚拟现实"眼镜了。第二种则是通过技术手段去观看,就好像眼睛被辅助仪器所延伸,术语上称作"假体视觉"(prosthetic vision)。

按照电影实在论,无论是裸眼观看,还是假体观看,都是"所见为实"的。电影镜头本身就好似将人们的肉眼进行了无限延伸。实在论者对电影进行了各种比喻,他们把电影比做望远镜,可以看到远方;比做显微镜,可以看到细节;比做潜望镜,可以在被呈现对象未意识到的情况下对其加以观看。通过望远镜、显微镜与潜望镜的比喻,实在论者旨在说明:

电影使人看到的是对象本身,而非对象的表象。

卡罗尔认为,如果说 X 是真实图像,或者 X 被透明地呈现,那么必须符合如下两个条件:"1. X 使得我们与其对象有机械上的关联;2. X 与事物之间保持了真实类似的关联。"① 电影用机械化方式把观者与所见之物联系起来,并力求提供事物之间的相似性。由此可见,如果说电影是真实的,就会指向以下三个方面。

首先,电影的拍摄术是真实的,由此观者可以真实地看到其中的人物、事件及物体。这也就是巴赞意义上的实在论,即摄影图像与其所指是同一的,而非是不同的。其次,电影图像本身是现实的,观者所直接见到的就是真实的东西,而不是象征之物。再次,电影图像由此成为"透明的"图像,不同于绘画那类"再现的"图像,而且透明的程度也是有等级的:电影比摄影更透明,显微镜比望远镜更透明,如此等等。

然而,卡罗尔雄辩地论述了电影并非是真实的。电影图像首先就是"分离的图像"(detached display),这才是电影本体首要的必要条件。因为看似电影与其所呈现的是同一的,但其实却是经过了技术手段转化的图像,它仍是与现实脱离的影像,这是巴赞之后的电影理论界所形成的公论。电影是真实或透明理论的重要反例,就是数字合成电影的出现与普及。目前电影中运用数字图像的比重也越来越大,那种可以被还原为 0 与 1 两个数字的影像本身就是虚拟的。这样,卡罗尔试图证明所有电影与摄影都是"分离的图像",这就显得有点过了。尽管"电影是真实世界"的观点值得商榷,但毕竟还有高度写实的纪录片是接近现实的。当然,数字动画电影却更远离现实,这里存在一个程度递进的"电影序列"。

尽管卡罗尔认定,观看电影图像的过程中必定包含"异化的视觉"(alienated vision),② 但并非所有电影都是脱离现实而存在的。然而,对作为"分离的图像"的电影影像的观看,与凝视写实照相相比较,整体上都包孕着脱离了实体形态的虚幻视觉,这本来是没有异议的。但卡罗尔与巴赞

---

① Noël Carroll, "Defining the Moving Image", *Theorizing The Moving Image*, Cambridge University Press, 1996, pp. 59-60.

② "异化的视觉"是弗朗西斯·斯帕肖特(Francis Sparshott)的观点,卡罗尔将之引入到对电影图像的观看理论当中。参见 Noël Carroll, "Defining the Moving Image", *Theorizing The Moving Image*, Cambridge University Press, 1996, p. 62。

的这种论辩在当今分析美学的电影本体论中并不是重心所在，因为电影本体论的问题意识已经转换了。

（原载《电影艺术》2015年第3期，《将电影还原为"移动影像"——新旧"电影本体论"的交替》一文的第三部分）

# 本体问题转换：电影的边界在哪里？

20世纪后期，分析美学的艺术本体论追问实现了问题的转换。过去对于艺术的本体确定，基本上是聚焦于艺术靶心的，但随着当代艺术的展开，艺术家致力于在艺术与非艺术的边界上工作，所以艺术本体论转而关注艺术的边界在哪里？艺术与非艺术的区分在哪里？电影本体论也随之产生了转变。

艺术本体论与电影本体论的这种转变，皆与美国著名分析哲学家和美学家丹托有关。1964年，波普艺术家安迪·沃霍尔从美国的超级市场里购买到印有Brillo商标牌子的肥皂包装纸质盒子，然后用木板复制，或者单个地摆放，或者多个地叠码在一起，拿到美术馆加以展示，举办《布乐利盒子》展。丹托看过这个展览后，提出了这样的本体论问题：为何"感觉上不可分辨"的两个物（作为艺术品的《布乐利盒子》与商场里面的布乐利牌盒子），看似完全相同的两个物，其中一个却被艺术家带到了"艺术界"中而成了艺术品呢？更简单地说，为何一个是艺术品，另一个则不是，原因何在？

丹托实际上率先提出了"感觉上不可分辨原则"[①]，也就是为何两个表面上无法区分的东西，一件是艺术品而另一件是平凡物，究竟该如何处理这个问题呢？如果要解决这种表面的相似，就要诉诸这些作品是否是关于某物并呈现意义，否则它就必定已是"单纯的实物"（mere real things）而无法变形为艺术品。[②] 从创作的角度，丹托认为这是"平凡物的变形"；从接受的角度，那是由于"艺术界"接受了这个物。所以，丹托所考虑的是视觉艺术的边界问题，即划定艺术与非艺术那条线究竟在哪里。

---

① 刘悦笛：《分析美学史》，北京大学出版社2009年版，第213页。
② Arthur C. Danto, "Art Works and Real Things," in *Theoria*, 1973, pp.1-17.

丹托关于绘画的例证更复杂，就是九张看起来类似的涂满红色的长方形画布：或者它是极少主义艺术品《红色画布》，或者是某艺术家所创作的《无题》，或者是不是艺术品而只是为画家准备的画布背景，或者是野兽派的情绪激昂的作品，或者是印度文化涅槃的象征，或者是莫斯科红场的一道风景，或者是象征了以色列人被红海吞没的圣经题材，或者是存在主义哲学家的躁动心情的象征。丹托的电影本体论如出一辙，与他的绘画解析理路是相通的。电影的例证更简单，丹托给出了一个新的假设：一部长达八小时的电影《战争与和平》（改编自托尔斯泰的长篇小说），但整个影片由始至终就是托尔斯泰那本原著的封面这一个画面，静止的长镜头从头至尾从未改变，那么，究竟该如何从本体论层面上确定电影作品的身份呢？

丹托再度触及了艺术的边界，既然绝大多数的电影画面都是运动的，那么当电影画面看似不动的时候，电影与非电影的界限在哪里？相对而言，电影如何区分于静止的照片（因为照片本身不动）？又如何区分于看似不动其实又在动的幻灯片（因为光在闪烁变化）？当电影画面静止下来，当整部电影都是长镜头的时候，丹托假定了电影的某种极端状态，即把静止长镜头等同于一部电影的时候，电影当中的动与静到底是什么？如果画面里的对象静止了，电影作为动态本性到底在哪里？照片是不动的，把照片悬挂起来，显然不同于电影放映，这毋庸置疑。幻灯片其实是动的，但哪怕是《战争与和平》小说封面这一张幻灯片被播放八小时，那也不同于丹托所假定的连续影像的《战争与和平》长镜头播放——因为卷片始终是动的，直到播放结束才静止下来；观看这部电影的观众，也是按照观看电影的规矩在观看的，起码期待其画面有所变化，这就导出了分析美学的本体论追问，也就是要将电影首先还原为"移动影像"。

（原载《电影艺术》2015年第3期，《将电影还原为"移动影像"——新旧"电影本体论"的交替》一文的第四部分）

# 作为"移动影像"的电影存在

丹托是一位极具开拓性的分析美学家,他首先认定,电影是作为"移动图像"(moving pictures)而存在的;[1]卡罗尔则进而认定,电影是作为"移动影像"(moving image)而存在的[2]。他们都没有给电影下一个明确的定义,而是给出了本体论之反思:电影一定是移动图像抑或移动影像,但反过来,未必所有的移动图像或者移动影像都是电影,如录像机、DVD机与电脑的图像或影像就属于此类。

丹托与卡罗尔共用了"移动的"(moving)这个关键词,也可以翻成"运动的"。近似的词还有"活动的"(motion),如活动图像(motion pictures)一语也被使用过。但"活动"更有生命的主动之意,而"移动"因其客观化的内涵而更被接受。这些词语的不同组合(移动/活动的图像/影像),在电影发明之初的美国是曾经被普遍使用的。无论是早期的电影标识广告,还是后来的电影杂志名称都在使用,因为那时的电影作为"巧技"与"奇观",就是被视为移动的图片抑或活动的图像。

丹托与卡罗尔更重要的差异在于"图像"与"影像"之别。实际上,"图像"是更为广义的概念,是指在视网膜上成像的任何之"像",而作为狭义概念的"影像"则更多被用来指由摄影、电影、电视、数码成像、电脑绘图、网络图像所形成的复制性之"像"。丹托取其广义,他的电影哲学从属于更广义的视觉理论;卡罗尔取其狭义,他的艺术哲学以电影研究作为圆心。但无论取其广义还是狭义,当今分析美学的电影本体论已呈主流之势,不仅在英美电影理论中得到首肯,而且也得到了欧洲电影理论的

---

[1] Arthur C. Danto, "Moving Pictures," *Quarterly Review of Film Studies* 4 (1), Winter 1979, pp. 1-21.

[2] Noël Carroll, "Defining the Moving Image," *Theorizing The Moving Image*, Cambridge University Press, 1996, pp. 49-74.

部分认同。

影像还有"移动影像"与"静止影像"之别。当然,静止影像绝不只是从胶片上洗印出来的照片,还有各种数字化的影像文本。移动影像被停止下来,得到的也是静止影像,无论是一格一格的胶片,还是一帧一帧的电子影像。对电影进行本体论上的最核心规定,那就是电影不是静止的,这就关系到电影与运动的动态关联。

这一点是丹托最早洞见到的,他在著名的论文《移动图像》中对移动图像进行了如下的界定:"移动图像恰恰是:活动的图像,而不只(或者根本不必)是移动事物的图像。"[①] 实际上,丹托直接道明了一个最简单的事实:从肯定方面说,移动图像就是"移动的图像";从否定方面说,移动图像不是"移动事物"的图像。这就是素朴的现实:图像本身是动的,所以才成了移动或活动的影像。

卡罗尔将这种动态定位加以拓展,从而认定电影其实是"技术可能性"(technically possible)的"运动印象"(impression of movement)。[②] 简而言之,电影图像拥有技术上运动的可能性,而恰恰由于这种运动,使得电影与其他静止图形在根本上区分开来。

这里就出现了疑问,移动影像显然不能为电影所垄断。在电影出现之初,如果说,电影是唯一的移动影像,那也大致也符合历史事实,因为各种保存与传播移动影像的技术手段尚未产生。随着技术革新的历史发展,除电影之外,起码还有电视机、录像机、光盘所播放的影像。在电脑产生之后,电脑动图使图像得以数字化,互联网的兴起更使得移动影像蔚为大观。在如今的"自媒体"时代,每个手机都有摄影的功能,这就使得移动影像的技术可能性落实到大众的日常生活中。事实上,目前世界上的手机屏幕显现的移动影像之数量,远远大于电影银幕的数量。当然,质量是另外的问题,电影仍是其中"最高质量"的那部分移动影像,复杂的电影工业造就了这种高端品质。

更关键的质疑在于,电影一定都是运动的吗?电影影像必定皆为移动

---

① Arthur C. Danto, "Moving Pictures," in Noël Carroll and Jinhee Choi eds., *Philosophy of Film and Motion Pictures*, Blackwell Publishing, 2006, p. 108.
② Noël Carroll, "Defining the Moving Image," *Theorizing The Moving Image*, Cambridge University Press, 1996, pp. 66, 70.

的吗？丹托的答案是肯定的。即使在电影史上，"早期的移动图像，也去展示事物的移动：并不是火车被展示为正在移动……而是我们看到了移动的火车；不是移动的马，而是马在移动，诸如此类"①。这让人想起1896年的早期电影《火车进站》，当时就把信以为真的观众吓坏了。人们一般认为，观众看到的是移动火车向自己开来，所以出现了恐慌。但丹托却给出了哲学上的另样洞见，电影中"真正动的"并不是被映射进来的对象，而是图像本身是动态的。丹托退一步认为，未必是移动的摄影才能成为电影，以特定速度移动的图画也可以，早期迪斯尼的卡通片即属此类原始技术的影像发展。

在卡罗尔那里，所给出的答案却是未定的。因为，从局部来讲，并不是每一格电影影像都有运动；从整体来讲，也并不是每一部电影都包孕运动。在此，是否存在反例，是首先要考虑的。卡罗尔考虑的是先锋电影导演克里斯·马克的《堤》——这部电影看似没有运动，以静止图片讲述故事。笔者所想起的例子则是安迪·沃霍尔的《帝国大厦》——看似定拍大厦是不动的，但如果采用快放的话，一天的朝暮阴晴还是变化颇大的，就像纪录片快放鲜花盛开一样。这两个例子是不同的，前者是导演故意使用静止画面，对象在屏幕上是不动的；后者是导演定拍运动不大的对象，对象却总还是在动的。

然而，难道克里斯·马克的《堤》就是没有运动的吗？恐怕事实与卡罗尔所想的相反。从创作的角度来看，《堤》所播放的定格影像，其实仍是在运动的，因为它并不是幻灯片放映，胶片仍在匀速运动。从接受的角度观之，即使观众所见的电影影像看似不动，但他们仍以"观看移动影像"的惯例在看电影，起码他们期待着画面的变化。当然，《堤》也并不是单一影像播放到底，更像是由几米动画改编的电影《星空》末端一页页地播放动画那般。

所以，在所有成功的电影播放中，电影影像都是移动的，静止状态也可以被视为是移动的极端状态。定格（移动影像突然停在某一个固定画面上）是电影常用的手段，定格动画（stop-motion Animation）就是逐格拍摄

---

① Arthur C. Danto, "Moving Pictures," in Noël Carroll and Jinhee Choi eds., *Philosophy of Film and Motion Pictures*, Blackwell Publishing, 2006, p. 110.

的连续播放，主动定格也并不是被动的"卡壳"。而那些先锋实验的所谓"静止电影"，毕竟并不等同于幻灯片播放，它仍是"期待运动"的电影之某种特殊形式。质言之，电影就是"移动的"，电影不是静止图片，"移动影像"才是电影的最具本体性的规定。

（原载《电影艺术》2015年第3期，《将电影还原为"移动影像"——新旧"电影本体论"的交替》一文的第五、六部分）

# 作为"大众艺术品"的电影播放

电影是最典型的大众艺术品——传统的非数字电影是通过不同的拷贝放映的,数字化的电影则直接采取了"数字复制"的格式,但都是将同一电影的"模版"进行反复复制。随着技术的不断更新,如今的"模版复制品"不仅包括电影胶片、磁带与光盘这样的物质载体,而且也可以由电脑程序直接生成,数字电影技术逐渐得到了普及。但毫无疑问,无论在电影院这类公共空间使用电影拷贝,还是在家庭影院这样的私人空间使用录像带或激光影碟,每场播放的都是"模版"的复制品。无论是拷贝的机械复制,还是电脑的电子复制,皆为从"模版"进行不同的技术化复制,特别是后者使得观众可以采用回播快进、调整效果等衍生功能来自由观看。

无疑,电影作为"大众艺术"显然不同于作为"高雅艺术"的戏剧。即使同一出戏剧也可能采用不同的演员(许多戏剧当中都有二号主角以备选择,或者一号主角与二号主角在不同场次中进行演出),采取不同的场景(今年与明年的同一戏剧的演出,完全可能被美工赋予不同的场景设计)。电影与戏剧更关键的差异在于,"戏剧的相同演出(如果它们没有拍成电影或录像)无法同时被传送到两个或者两个以上不同的互不重叠的接受场所"[1]。也就是说,在剧场现场演出、观众现场观看的戏剧,不可能出现在另外的时空中,这就不同于同一部电影在不同场所同时放映,或者同一个电视节目直播传遍全球。

卡罗尔甚至认为,电影"作为表演性的殊例取决于它是殊例的模板"[2]。这里就进而指明,电影不仅是对"模板"的复制,而且是对于作为

---

[1] [美]诺埃尔·卡罗尔:《大众艺术哲学论纲》,严志忠译,商务印书馆2010年版,第281页。

[2] Noël Carroll, "Defining the Moving Image," *Theorizing The Moving Image*, Cambridge University Press, 1996, p. 70.

"殊例"(token)的模板之复制。很多研究者误解了所谓的"殊例"之义,从而误读了电影本体论。实际上,例是与类型相对而言的,这个词来自美国哲学家皮尔士。他指出,通俗来讲,"士兵"这个词都是有客观普遍性的,很多不同的人都可以归属为士兵,而"乔治·华盛顿"则单指历史上特定个体,前者就是类型,后者则为殊例。① 沃尔海姆将这种两分移植到艺术划分上,殊例将每一件艺术品都归属于"同一范畴"之下,而类型则分为"各种各样"的艺术:"所有的绘画,并非只是某些绘画,都是个别的;而所有的歌剧,并非只是某些歌剧,都是类型。"② 显然,沃尔海姆的艺术本体论也是以"单一"艺术与"复合"艺术的划分作为前提的:绘画被绘制出来就是原作,此后都是赝品;而歌剧的每次演出都是原作,每次演出也都不可能是相同的。

同理可证,电影也是"殊例",戏剧乃是"类型"。道理如上所述,因为电影是由"模版"而生的,尽管每次播放都有技术上的损耗,但每次的播出几乎都是相同的(当然技术条件的差异也会使之有差异),而电影中演员的表演却不会因为每次播出而有所改变。戏剧就根本不同,每次戏剧演出是需要不同的"演绎"的,而每次演绎造就了不同的演出,但这些演出却被归之于同一出戏剧。这就是戏剧与电影的另一个本体差异:电影是仿制"模版",戏剧则是演绎"类型"。

演员的是否真实出场,在电影与戏剧之间,成为区分二者的关键。电影作为对影像的摄取,并没法使得真实的人(无论是演员还是被拍摄者)实实在在地置于观者眼前,我们看到的只是演员或者被拍者的"表象"而已。卡罗尔就表露了类似的意思,他的结论是:"表演性殊例自身并不是艺术品"③,由此也就将电影视为与艺术不同的存在。

按照这种理解,移动影像的表演和戏剧表演之所以不同,一个是戏剧表演是艺术,而移动影像的表演不是;另一个是移动影像的表演不是艺术价值的主题,而戏剧表演则是。这就是说,电影不属于表演艺术的范畴,

---

① C. S. Peirce, "The Essentials of Pragmatism," in J. Buchler ed., *The Philosophy of Peirce: Selected Writings*, Routledge and Kegan Paul Ltd, 1956.
② [英]理查德·沃尔海姆:《艺术及其对象》,刘悦笛译,北京大学出版社2012年版,第142页。
③ Noël Carroll, "Defining the Moving Image," *Theorizing The Moving Image*, Cambridge University Press, 1996, p. 70.

只有戏剧表演才能提供艺术品位；成功的电影播放不需要审美欣赏，而成功的戏剧表演才是适当的审美对象。然而，这种排他的观点实在让人难以信服。出演《圆明园》女主角的赫蕾，在戏剧舞台上曾有出色的演出，这种精彩照样在电影屏幕上被复现了出来，难道她在《恋爱的犀牛》中的戏剧出演是艺术，而在电影《圆明园》中的饰演则是非艺术了？这种把电影排除在"第七艺术"之外的做法，假如只是为了区分电影与戏剧的话，那就显得太过勉强了。

关键的区分在于如下的差异，"剧院里，戏剧、演绎和表演是分开的"，① 而电影并非如此。的确，批评家可以说某个剧本演绎得不好，但表演还可以；反过来这样说也可以，它们确实是可以分开来的。但电影却不同：首先，电影的剧本和导演的演绎实在是不可分割的，剧本与分镜头本属于相同艺术工种，它们只是分工不同而已。其次，电影表演一经拍摄完成，就被镌刻在胶片上了，表演不能从电影中分离出去，而戏剧表演却可以，因为每次演出都在演绎同一出戏剧。再次，电影表演产生于仿制模版，依赖于机械、化学与电子的诸种程序，而戏剧表演则产生于"表演类型"，取决于演员每次的演绎是否成功。戏剧演出是对"表演类型"进行符号化解释，电影则是对"殊例模版"进行技术复制。

质言之，当今"分析美学"实现了电影本体论的新旧交替，电影本体论的新构出现在物质本性和内容本性两个层面上。

（原载《电影艺术》2015年第3期，《将电影还原为"移动影像"——新旧"电影本体论"的交替》一文的第七部分）

---

① Noël Carroll, "Defining the Moving Image," *Theorizing The Moving Image*, Cambridge University Press, 1996, p. 58.

# 旧电视本体论：从技术到文化的规定

最早对于电视的本体规定，主要是从技术角度做出的，这大致是20世纪70年代及之前的主流思想。文化研究的重要奠基人雷蒙·威廉斯（Raymond Henry Williams）1975年出版的文集《电视：技术与文化形式》，正是从技术"制度化"的角度来界定电视的。威廉斯认为，"电视的发明，绝不是单一的事件或者一系列的事件，它依赖于电子、电报、摄影、移动图像和无线电的发明与发展的复合体。"① 然而，这位早期的文化研究者却并不是纯粹的媒介主义者，他并不认为传播系统的创新与发展会历史性地创造出了崭新的社会状态。其原因就在于，"工业生产的决定性的、更早的转型及其新社会形式，已从资本积累和劳动技术进步的长期历史中生长出来，它们不仅创造了新的需要而且创造了新的可能性，而传播系统，直至电视，都是其内在的结果。"② 无疑，电视是技术革新的产物，但技术只是个架构而已，电视更是作为"内容工业"而存在的。没有内容的技术，永远不可能成为有文化的技术，"电视文化"也不能由此而生。因此，后代的文化研究者尽管继承了威廉斯的制度性批判，但却更倾向于从文化内蕴而非技术形式角度来界定电视。

从英国伯明翰学派第二代掌门人斯图亚特·霍尔（Stuart Hall）到美国大众文化的重要研究者约翰·菲斯克（John Fiske）都继承了这种理路。霍尔1973年写就的代表作《电视话语的编码和解码》，突破了传统的电视内容研究范式，将电视话语流动置于"编码—成品—解码"的架构之内。电视文本被视为编码者对于日常生活原材料的编码，在观众与文本形成的话语关系与运作当中，电视观众通过解码而获得文本的意义。比如，"电视

---

① Raymond Williams, *Television: Technology and Cultural Forms,* Routledge, 2005, p. 7.
② Raymond Williams, *Television: Technology and Cultural Forms,* Routledge, 2005, p. 11.

观众直接从电视新闻广播或者时事节目中获取内涵的意义,根据用以信息编码的参照符码来对信息解码时,就可以说电视观众是在主导符码之内进行操作的"[1],当然编码与解码的不平等关系还有多重模式。菲斯克于1987年出版的《电视文化》则是从文化角度规定电视本体的代表作之一。这本书吸纳了霍尔符码理论的精髓,认为"如果经过了编码的现实被搬到了电视上面,媒体艺术的技术符码和表现常规就对其产生了影响:目的是(a)使之技术上得以传播,(b)向其观众提供适当的文化内容"[2]。菲斯克的贡献在于区分出社会符码被电视编码的三个层级:一级符码是"现实"(如语言姿态、表情声音、服装外表、行为环境等),二级符码是"呈现"(如使用了叙事、冲突、动作、人物、对白、场景等手法的常规呈现符码),三级符码则是为社会所接受而组织起来的"意识形态符码"。由此可见,对电视的文化规定的突出创新之处就在于符码学的解析,然而,这种研究如今业已落潮。

目前,对于电视的规定,已从原初的"技术规定"经过"文化规定"转向了最新的"生活规定"。这是由于,当今最新的电视研究开始扬弃解码模式中干瘪的决定因素研究,也放弃了编码与解码过程中阶级与意识形态的抽象解析,转而关注电视消费的具体地点与接受情境,受众研究也推展到了休闲活动和身份认同之间的关联考量。在这方面,伯明翰学派的后继者大卫·莫利(David Morley)1986年的《家庭电视:文化权力和家庭休闲》是一个开端。他把家庭看作解码的社会化语境,将观看电视作为家庭内部的策略性行为,转向了对电视实践与家庭过程的具体关联研究。[3]莫利1992年出版的《电视、受众与文化研究》更是向多方面拓展,日常生活的建构、私人领域与公共领域的接合、家庭收视行为和家庭内部传播等问题皆被关注。[4]此后,《电视、文化与日常生活》这样的追随性的著作,直接考虑的就是电视与日常生活行为的匹配性,比如电视对日常时间的组构:"电视节目,特别是新闻和肥皂剧,在每日的时间表中提供了固定的

---

[1] Stuart Hall, *Encoding and Decoding in the Television Discourse*, University of Birmingham, Centre for Contemporary Cultural Studies, September 1973.
[2] John Fiske, *Television Culture*, Methuen, 1987, p. 4.
[3] David Morley, *Family Television: Cultural Power and Domestic Leisure*, Comedia, 1986.
[4] David Morley, *Television, Audiences and Cultural Studies*, Routledge, 2005, chapter 6, 7, 9, 11, 12.

标记。某些人坐下来聚焦电视，其他人则去做不相干的活动，接近电视却看得很少。"① 由此看来，电视研究目前的主流认定：电视就是"最生活化"的当代文化形式之一。

结合中西方理论前沿与现实语境，我们倾向于认定，电视是以生活作为其本体的。最核心的理由就在于电视已经融入了大众的日常生活中，或者说，电视成为当今大众的基本"生活方式"之一，尽管如今的大众生活方式开始受到自媒体的"微时代"之挑战。"微时代"的美学症候就在于既小（传播内容小）且快（传播速度快）又即时（传播瞬间发生），电视传播的内容不仅被压缩得精简且被切割得零碎，而与此同时，通过微博与微信的终端在生活中的延伸，电视与大众的日常生活的关联愈加亲密。"微时代"对于电视而言可谓是一把双刃剑：一面是电脑与手机屏幕正在"抢占"电视屏幕的占有量，另一面则是电视又借助互联网与手机网得以二次传播，这真是一种新时代的博弈。

（原载《现代传播》2015年第6期，《走向"生活美学"的新电视本体论》一文的第一部分）

---

① David Gauntlett and Annette Hill, *Television, Culture and Everyday Life*, Routledge, 1999, p. 51.

# 以技术本体为基：作为"移动影像"的电视

尽管电视本体的研究范式实现了逐层转换，但是，对于电视的技术本体研究仍是不能摒弃的。对于电视本体论研究而言，可资借鉴的是，当今的电影本体论已出现了新旧交替，核心规定就是将电影还原为"移动影像"。丹托首先认定电影属于"移动图像"，卡罗尔则直接规定电影就是"移动影像"。同理，电视也属于移动图像，也是移动影像。

移动图像或者影像不是静止的，当然就不同于作为静止图像的照片，也不同于作为静止影像的幻灯片播放，影视影像无疑都是运动的。丹托在《移动图像》一文里率先提出：移动图像恰恰是活动的图像，而不只（或者根本不必）是移动事物的图像。丹托的深意在于，移动图像（从肯定方面）就是"移动的图像"。这不是同语反复，因为（从否定方面）它就不是"移动事物"的图像。也就是说，不是被拍摄的对象是动的，而是拍摄出来的影像本身就是动的。

影像本身是运动的，由此才成为"移动的"影像。无论对于电影还是电视，这都是最基础性的本体规定。在丹托思想的基础上，卡罗尔继续推论：电影其实是"技术可能性"（technically possible）之下的"运动印象"（impression of movement）。这意味着，电影影像具有技术上运动之可能性，运动性使得电影与其他静止影像得以区分。电视也是如此，同样具有技术上的运动可能性。

尽管影像运动原理一致，但电影与电视的技术原理却不相同。为了使得影像显示出运动，电影每秒放映 24 格画面，电视则要每秒播出 30 个画框，也就是每秒放映 30 幅画面，每幅画面即称为一个画框。这只是格数的差异，更重要的差异在于：电影是投射光影，而电视屏幕上落下的则是电子枪射出的电子束，经过磁场偏向后打在屏幕上形成发光效果。这就意味着，电视的每个画框都是电子枪的扫描线"画"出来的，每个画框的扫描线数是 525 条（美国标准）或 625 条（部分欧洲标准），这显然不同于电影的投影原理。

既然电视就是移动影像，那么，反例在此就出现了。这里我们可以举出两种反例的存在：一种是电视台播出后或者检修时的停台现象，电视屏幕上出现检验图（Test Card）抑或出现满屏"雪花"；另一种则是电视出现故障时图像静止下来，有时看似彻底静止，有时也在闪动。可以追问的是：电视不也可能成为静止影像吗？电视与非电视的边界在哪里？上面的两个反例都无法否定电视作为移动影像的存在。电视检测图其实是一张测色板，用以专门测试电视机颜色是否标准的图像。但这种彩色条纹讯号（color bar）也不是静止的，某些电视台除了出现台标之外还附有时间显示，即使没有秒表在动，这幅图像也是电子束不断扫现的结果。同样的道理，即使是由于卡壳而电视画面静止，抑或由于传输问题出现了雪花，也都是电子束的运动所形成的。这不同于早期检验图所使用的飞点扫描器（Flying spot scanner）或影片放映机组，那才是借助光线的反射或幻灯片照射而产生的静态图像。

因此，电视本体论的物质规定就在于技术本体：电视不是静止影像，而是移动影像，而且这种影像的"传输基本上是即时的（以电子速度得以运动）：因而这成为'即刻'和'现场'的视觉性之技术基础。"[1] 但必须承认，影像移动与即时传送的本体规定仅仅是基础而已——电视影像是电子运动的而不是静止的，且是即时性传输的，否则典型意义上的电视影像就无法存在。

（原载《现代传播》2015 年第 6 期，《走向"生活美学"的新电视本体论》一文的第二部分）

---

[1] Richard Dienst, *Still Life in Real Time: Theory After Television*, Duke University Press, 1995, p. 18.

# 媒介融合的挑战：电视"模板"的数位化拓展

当今时代，电视并不囿于荧屏的典型化存在，而是在做着历史性的拓展。"电视机和计算机终端正变得越来越难以区分：它们的外观越来越相似，它们所具有的共同功能越来越多"①，如今手机更是成为后起之秀。在电脑、网络和手机上播放的电视节目（以及按照电视规则所制作的网络节目）成为电视的某种延伸。尽管它们不是电子移动影像，但却仍是这种移动影像的变体，电视由此逐步形成了数字化的生存。随着电视、互联网与手机网在未来的"三网合一"，电视的命运也在悄然转变。

一方面，从电视技术的角度来说，如今出现了两个电视革新。一是"数位电视"的出现，二是互联网"入侵"电视与电视"入侵"手机网。前者是电视自身之变，后者则是电视的不得不变。对电视本身编码而言，这实乃从以电子技术为基础的"屏艺术"（screen based arts）向数字编码艺术的转化，从电子束的"实存"转向了数字化的"虚存"。这也需要电视在新语境下做出相应的调整，旨在夺取曾经失去的观众群体，同时也对电视本体论提出了挑战，即当今的电视究竟是何种存在？

另一方面，随着"自媒体"时代的曙光初露，电视文化与日常生活的关联变得愈来愈紧密了。至少在目前，"三网融合"并不是互联网吞噬电视网，手机网取替电视网更不可能，相对独立的三网仍在相互制衡的"媒介融合"过程当中。电视网在受到互联网与手机网的双重挤压之后，通过进军后两者的方式而继续拓展着自己的疆域。大众可以不再守在电视荧屏前面凝视了，而是在任何网络终端和手机屏幕上都可以接受电视节目，这是电视荧屏向电脑与手机"双屏"的扩展。

---

① ［澳大利亚］帕特里克·休斯：《今日的电视，明天的世界》，载《电视的真相：电视文化批评入门》，［英］安德鲁·古德温、加里·惠内尔编著，魏礼庆、王丽丽译，中央编译出版社2000年版，第162页。

如果说，电视本身就好比"模版"的话，那么，传统的非数字电视是通过发送电子束来实现的，而崭新的"数位电视"则直接采取了"数字复制"的格式。"0"与"1"的数字串所构成的二进制数字流取替了电子束，但仍是将电视"模版"进行横向复制。随着技术的不断更新，如今的"模版复制品"不仅包括磁带与光盘这样的物质载体，而且也可以由电脑程序直接产生，数位电视技术逐渐得到了普及，从而为电视进入到互联网与手机网制造了技术可能性。

由此，传统电视的"即时传输"也受到了质疑。无论是数位电视的回看与重播功能的设置，还是互联网与手机网可以随时观看电视节目，都使得电视传输的"即时性"被打破了。实际上，这也使得电视文化与大众生活变得更加亲和了，因为大众无须在固定时间内收看预定的电视节目了，对于电视的"消费"可以出现在大众的任何闲暇时间中。无论是录像带、光碟光盘所录制并播放的非数字电视，还是硬盘里被数字化播放出来的电视，尽管并不等同于电子束打出的有线或无线电视，但皆为从电视"模版"而来的不同的技术化复制，它们是电视的"横移"而并未改变电视本体。但与大众更加亲和的改变还是有的，观众可以采用回播快进、调整效果等衍生功能来自由观看，这显然不同于传统电视的"固定模式"。

（原载《现代传播》2015 年第 6 期，《走向"生活美学"的新电视本体论》一文的第三部分）

# 回归到生活本体：趋向"生活美学"的电视

影视在当代大众生活中，占据了无可替代的位置。由于与生活愈加紧密的契合性，它们恰恰都可以被视为"生活美学"的当代呈现。"生活美学"是近十年来在中西方同时兴起的新世纪美学思潮，它反对只将艺术作为美学的研究对象，而将美学的视野拓展到了更为广阔的世界。2014年笔者邀请国际美学协会主席柯提斯·卡特合编的《生活美学：东方与西方》英文文集，也是在推动这个最新的发展趋势。从"生活美学"来返观电视，就不能只将电视囿于狭义的艺术门类来考察，而更应把电视看作广义的"生活美学"来研究。

对于电视本体论的基本规定，不仅要有技术本体的物质基石，而且更要有生活本体的"上层构建"。电影与电视在过去就是不同的，电视往往是播放在私域空间的，而电影则是放映在公共空间。电视从一开始就与大众的生活更为紧密，因为"电视是你的家庭的一部分，就像你的汽车和洗衣机一样，是属于你的。……电视安放在你自己的起居室里，它加入了你的生活，它上面出现的形象也可以说是属于你的"[1]。如今，大屏幕电视也开始在公共广场播放，电影也可以实现在个人的私密空间之内，而且电视上也开辟出电影频道，电视节目也被拍成电影。这种影、视时空之间的融合，其实也是为了更接近大众生活。

尽管公域与私域的分离在逐渐弥合，但从受众的人群数量与普及程度来看，电影恐怕永远追不上电视。电视收视率的一个百分点可能就等于一部热映电影的票房总量。从大众接受来说，"在我们的现代个体主义文明开始以来，电影是第一种为大量的公众生产的艺术（art for a mass

---

[1] ［美］弗雷德里克·詹姆逊：《后现代主义与文化理论》，唐小兵译，陕西师范大学出版社1986年版，第211页。

public )"①，电视进而取代了电影的这种为大众生产的主流地位。原来那种类型的艺术受众，往往被看作是介于"艺术生产者"与对艺术真正冷漠的"社会阶层"之间的缓冲地带。然而，这种中介功能随着当代社会逐渐增长的艺术和文化享受的平民化而慢慢消失了。"电影时代"（Film Age）也就让位给了所谓的"电视时代"（TV Era），如今则步入了"后电视时代"（Post-TV Era）。

实际上，电影与电视两个时代的特质仍是一贯的，都是"影像化"在当今社会所取得的胜利。单从美学特质来说，电影本身展现出来的"时间特质"是符合新时代精神的："新的时间观念，它的基本的要素就是'同时发生性'，它的本质包含在时间要素的空间化那里。……电影的技术手段与这种新的时间观念结合得如此紧密，以至于令人感到现代艺术的时间范畴一定来自电影形式的精神。"②电视不仅继承了这种精神，而且将其更加普泛化。简单说来，影、视里面的空间与时间的界限，都是流动的，这就造成了空间有如时间、时间亦带有空间色彩的境况。比如，特写镜头在影、视里面的普遍运用，就不仅仅包孕空间的标准，而且还要在时间延展过程中达到新的阶段。正因为时空在电影里面是可以互换的，时间便拥有了空间的特征，空间亦染上了时间的色彩，"自由度"就被带入影、视中。

从影、视的创造来看，它们呈现出了"集体生产主义"的特性。换言之，在一个高度分工化、个人主义横行的年代，如何才能将每个人的能力都结合起来呢？影、视艺术似乎可以解答这个难题。因为19世纪的艺术几乎都是个体劳动的结果，而且只是个人灵感的产物，创作者也不会与外部世界妥协。影、视却逆这种专制性原则而动，原著作者、制片、导演、编剧、摄影师、艺术指导以及所有的技术人员，都需要通力合作，为了同一部影视作品贡献出自己应做的那份工作。电视更可以被视为"后工业"时代的产物。作为电影的技术基础的"新的移动性，以及与之相关的淡入淡出、叠化、切换、闪回、画外音、蒙太奇，这些都是技术形式，但同时

---

① Arnold Hauser, *The Social History of Art IV: Naturalism, Impressionism, The Film Ages*, Routledge & Kegen Paul, 1962, p. 218.

② Arnold Hauser, *The Social History of Art IV: Naturalism, Impressionism, The Film Ages*, Routledge & Kegen Paul, 1962, p. 219.

也是我们从新的角度感知、叙述、运思和发现出路的技术方式"①，这些都被电视得心应手地运用起来并加上了新的拓展。

电视是作为"生活的原态"而存在的，它所呈现内容与表象都是最接近生活原本形态的，不仅新闻直播（较之已成过去时的电影纪录片）是如此，电视剧集（较之时空更为压缩的大屏电影）也是如此。直播的现场感也是最接近生活时间的，更多的录播节目也拉伸了生活的时间。无论是叙事性的连续剧，还是非叙事性的综艺节目，无论是作为被凝视的焦点，还是作为无关紧要的生活背景，电视都是作为"生活本身"的样态而存在的，它已成为具有"综合性"的广义的艺术形态。

质言之，有什么样的电视形态就折射出什么样的生活品质；同样，电视对于大众而言更是作为一种"生活方式"而存在的。与诸如电影这样的"第七艺术"比较，也与其他各种大众文化形态比照，电视似乎都是最为接近生活本身的原生状态的。如果电视能成为"第八艺术"，那么电视也应该是"生活的艺术"。

（原载《现代传播》2015年第6期，《走向"生活美学"的新电视本体论》一文的第四部分）

---

① ［英］雷蒙·威廉斯:《戏剧化社会中的戏剧》（1974年10月29日），赵国新译，文化研究网，参见 http://www.culstudies.com。

# 看电视的生活：在"电视世界"中来存留世界

从"生活美学"的角度看，观看电视，实乃人处理与世界的关系的一种方式。这种方式是如此的现实，又是这般的虚拟。法国后现代著名社会学家让·鲍德里亚（Jean Baudrillard）曾明确指出：今天的文化现实就是"超真实"的，不仅真实本身在超真实中得以陷落，而且真实与想象之间的矛盾亦被消解了。按照这种理解，"我们生活在一个符号与影像流动的无深度的文化中，在里面'电视即世界'，我们所能做的一切就是以一种美学化的幻觉看看无穷无尽的符号之流，也无法诉诸道德的评判。"①

实际上，电视文化是当今社会最重要的"类像文化"之一。这就意味着，类像与真实之间的界限在电视那里"内爆"了，同时，类像与大众之间的距离也被销蚀了。类像已内化为观众自我经验的一部分，现实与虚拟也被混淆起来。在文化被高度类像化的境遇中，大众只有在当下的直接经验里体验时间的断裂感和无深度感，实现审美日常生活的虚拟化。电视文化首当其冲，恰恰是因为"在电视这一媒介中，所有其他媒介中所罕有的与现实的距离感完全消失了"②。

大众观看电视的封闭房间，也就是所谓的"电视世界"（Televisual World），既是作为"社会事实"，也是作为"戏剧事实"而存在的。戏剧舞台上早就有"第四堵墙"（fourth wall）的说法，指的是在三壁镜框式的舞台中那堵虚构的"墙"，而拆除第四堵墙的原意就是要打破观众与演员的距离。这也来自戏剧艺术的历史惯例，德国戏剧理论家贝尔托·布莱希

---

① ［英］迈克·费瑟斯通：《消解文化：全球化、后现代主义与认同》，杨渝东译，北京大学出版社 2009 年版，第 61 页。
② ［美］弗雷德里克·詹姆逊：《后现代主义与文化理论》，唐小兵译，陕西师范大学出版社 1986 年版，第 211 页。

特（Bertolt Brecht）就明确了这一点。然而，回归生活时空的电视恰恰是在拆除这堵透明的墙，"因为房间在那里存在，不是作为可能存在的一个舞台背景的惯例，而是因为它是一个塑造的环境——我们于中生活的特殊结构——并且它还继续存在，被继承下来，处于危机之中——它是我们怎样生活以及我们有什么价值的固定形式和惯用的宣言"[①]。实际上，看电视的空间就是日常生活空间，但大众究竟在这个空间当中透过电视看到了什么？

卡维尔在他的电影哲学名著《看见的世界》里面，曾经分析过电影观看的本体论，对于电视本体研究也很有借鉴意义。卡维尔将摄像机看成摄取世界的"模子"，因为在拍摄之后，被拍摄的原物仍存在于那里，摄影机只是"制模机器"而已。它所拍摄出来的乃是"这个世界的影像"（image of the world），这个世界则是由模子中所窥见的世界，电影与电视的摄像机的机器原理是一样的。电影具有一种独特的"在场感"，因为电影接受了观众并"不在世界"之中，也就是不在拍摄现场的世界中。或者说，电影中的现实，对观众而言是在场的，但是观众却不在那个现实中。

电视也是如此，观众也不在电视拍摄的现场，无论是新闻突发事件的现场，还是电视剧的实拍现场，但他们却看到了"这个世界"。"电视的主要优势在于，它能够使我们看到远方发生的事件。……我们在一个地方，通常是在家里观看另一个地方发生的事情，虽说距离变化不等，可是通常这并不重要，因为科技已经弥合了差距，建立了亲近的关系。这关系可能是一种幻觉，但是，当我们真正看到远方的事情，通常质的变化就很明显了。我们在电视中见过人在太空中和在地球上行走。我们能够从外层空间看到整个地球。并且时不时地，我们看到人在战争中厮杀，实际上经常可以看到。"[②] 在传递现实给观众的同时，电视屏幕也的确挡在了观众与世界之间，使得真正的世界难以得见，这也是电视现实的"虚拟性"之来源。

质言之，电视通过接受观众的"不在现场"，来保存世界的"在场"。

---

[①] ［英］雷蒙·威廉斯：《戏剧化社会中的戏剧》（1974年10月29日），赵国新译，文化研究网，参见 http://www.culstudies.com。

[②] ［英］雷蒙·威廉斯：《距离》（1982年6月17日—30日），赵国新译，文化研究网，参见 http://www.culstudies.com。

观众身处"电视世界"当中，却通过电视来存留这个世界。这种在场与不在场的辩证法，在电视中实现了。这是因为日常生活中的观众所见到的电视中的世界，即便观众在其中并不在场，它们也都是正在过去或者已经过去的世界，由此续存了"这个世界"的存在。[①] 这才是"电视本体论"的存在论的意义，电视是用来在"生活世界"中来存留世界的，而他们所生活的世界就是"电视世界"。

（原载《现代传播》2015 年第 6 期，《走向"生活美学"的新电视本体论》一文的第五部分）

---

[①] 从消极方面来看，在"电视世界"中存在也有危险的一面，需要加以正反两面的考察。参见 Richard Dienst, *Still Life in Real Time: Theory After Television*, Durham & London: Duke University Press, 1995, pp. 103-127。

# 设计：在审美自律与社会他律之间

在全球化的语境里，我们正经历着"审美泛化"的质变：一方面是"生活的艺术化"，特别是"日常生活审美化"的蔓延，大众化的设计正是其中的急先锋；另一方面则是"艺术的生活化"，艺术摘掉了头上的神圣"光晕"而逐渐向生活靠近，设计与日常生活的界限也在日渐模糊，这便是"审美日常生活化"。

然而，在这种历史境域之中，现代设计也在实现一种双重的运动：或者逆审美泛化浪潮而动，单单追求个体的风格、表现、技巧而走向"为设计而设计"的道路；或者迎合生活审美化的潮流，单纯追求经济利益而步入"为实用而设计"的通途。

追本溯源，这两条设计之路都是与现代社会文化的变迁息息相关的。根据日本学者大木武男的观点：在近代的设计中，"美""物""型"基本上是三位一体的，当近代设计的"型"与事物的本质相符时，"美"也便由此而生。① 行至现代，设计行为却日渐脱离了实际存在的"物"，"现代设计在全然不见'物'的世界里，追求纯'型'的、抽象的'美'——剩余装饰、流行、为样式而样式。"② "为设计而设计"的道路正背靠和延续了这种历史趋势。就理论而言，它的缺陷也在于把"物"本身抽离后，而仅仅关注于形式化和唯美化的设计表象，从而有可能背离设计的"用"的初衷和"物"的基础功能。

比较典型的对"物"的疏异是，影视图像设计的"类像"（Simulacrum）

---

① ［日］大木武男：《设计的哲学》，载《设计概论》，［日］大智浩、佐口七朗编，张福昌译，浙江人民美术出版社1991年版，第50页。

② ［日］大木武男：《设计的哲学》，载《设计概论》，［日］大智浩、佐口七朗编，张福昌译，浙江人民美术出版社1991年版，第49页。

的生产对大众日常生活的包围，就创造出一种无限复制影像、摹本与原本相互疏离的"第二自然"，使得大众沉溺其中看到的不是现实本身而只是脱离现实的"类像世界"。

与此同时，现代社会中"消费文化"的兴起，更加助长了仅"为实用而设计"的风气。为了经济效益的直接目的，在这个"机械复制"风行的时代，许多大众化的设计不惜降低自身的艺术品格和审美质素，采取粗制滥造和呆板拷贝的方式，而对设计本身所具有的"美的机能"降格以求乃至根本忽视。当这样的设计品质充满了大众的日常生活时，它对我们的"视觉污染"无疑是巨大的：从时装的"身体包装"到工业设计、工艺品的"外在成品"，从室内装潢、城市建筑的"空间结构"再到包装、陈列和图像的"视觉表象"，都存在着这种审美质量较差的问题。对设计自身发展的危害，比起"为设计而设计"更是有过之而无不及。

从美学的角度看，"为设计而设计"可以视之为"审美自律"的极致之途，它倡导审美不依赖于外部因素为参照的一种"孤立主义"（isolationism）。这种审美的孤立性追求，很可能导致美学家罗杰·弗莱（Roger Fry）所说的一种"双重生活"的断裂，走向了一种纯粹形式的"想象生活"，而根本否认了"现实生活"的实存。"为实用而设计"可以称之为"社会他律"的极端之路，它力主以历史本文或者文化环境为参照的一种"外缘主义"（contextualism）。这种对外缘性的过分归依，则有可能导致一种社会性因素对内在审美的戕害和吞噬，甚至为了某种外在功利目的而干脆否定掉"审美之维"。

由此，我们理应提倡一种"设计的整体性"。这种"整体性"应当既包孕"审美自律"的适当诉求，又涵盖"社会自律"的必要维度，也就是在"为设计而设计"与"为实用而设计"两端之间尽量走一条折中的路线。

这是由于，"审美自律"，按照康德美学的"审美非功利"原则的规定，追求的是一种"无目的性"；"社会他律"，按照实用主义的功利考虑，则以"有目的性"为诉求。而现代设计作为美的机能与实用技术技能的结晶，它恰恰要求的是在两者之间"调和持中"，从而呈现出一种"有目的的无目的性"的完美融合。这才是"设计的整体性"的最本原的美学内涵。

可以说,设计本身既构成了一种"自律实体"(autonomous entity),又成为与我们日常生活相关的"社会事实"(social fact)。

(原载《美术观察》2004 年第 4 期)

# 当代"舞蹈理论"如何生长

2010年,世界美学大会第一次在中国召开。这是第18届世界美学大会,主题是"美学的多样性"(Aesthetics in diversity),顺应了国际美学界"文化间性转向"(the intercultural turn)的历史大势。这种最新的转向赞同一种文化间的"杂语"(polylogue)纷呈而并不仅仅是"对话"(dialogue),从第17届土耳其大会所呼吁的在东西文化之间"架设桥梁"转化到了对不同文化之间差异性的深度关注。中国舞蹈美学界也积极参与其中。

在这次世界美学大会上,中国舞蹈美学界不仅开设了"舞蹈美学与舞蹈教育"这个最大的分会场,而且提供了"共享世界舞蹈艺术,展示中国舞蹈世界"的巨大舞台。在此前的任何一次大会上,门类美学都没有获得如此重要的地位。中国舞蹈界与世界美学界的这种互动,一方面凸显了以中国为代表的东方文化对于美学多样性的丰富,另一方面展示出美学多样性也是通过诸如舞蹈美学这样的门类美学具体实现出来的。

所以,中国舞蹈美学对于"美学的多样性"的贡献,既在于中国文化对于"文化的多样性"的宏观贡献,也在于中国舞蹈对于"艺术的多样性"的微观贡献。然而,这种中国对于世界的独特贡献也要翻过来看,由此可以追问,国际美学最新的前沿发展,到底对中国化的舞蹈理论与舞蹈美学有哪些重要启示呢?

实际上,国际"大美学"观念与中国"大舞蹈"观念的相遇,必将带来更新的融合,带来崭新的美学生长点。这就需要我们中国舞蹈美学界继续向世界开放,借鉴西方美学的理论成果,植根本土美学的文化资源,从而形成介于东西美学之间的"视界融合"。这些最新的国际美学发展的前沿成果,笔者认为可以直接为中国化的舞蹈美学吸纳与拓展,主要包括如下四个层面。

**其一,"分析美学"与"动作语言"。**

"动作语言"与"语言思维"之间的关系,或者说,舞蹈作为一种"非言语语言"(non-verbal language)是如何存在的,历来为舞蹈理论和舞蹈美学所关注。而本身就关注语言问题的当代欧美分析美学(Analytic Aesthetics)对此做出了非凡的贡献。对于分析美学的历史研究,笔者已在《分析美学史》[①]中给出了全面的梳理。分析美学的"学科性的目标既在于语言的精确又在于语言的明晰。这种目标,通过拒斥建基在语言和概念基础上的形而上学理论而不将之轻易地还原为可量化的经验主义的逻辑语言术语,或者辅之以通过检验日常语言当中诸如'美'和'艺术'之类术语的运用而对其加以明晰化的方式而得以实现。"[②]然而,自从20世纪80年代以来,受到李泽厚主编的"美学译文丛书"中的几本译著的影响(主要是阿恩海姆的《艺术与视知觉》、苏珊·朗格的《艺术问题》与《情感与形式》等),无论是美学界还是舞蹈学界,对于舞蹈的基本界定都形成了某种共识,也就是使用阿恩海姆的"力场的划破"与苏珊·朗格的"虚幻的空间"说来阐明舞蹈的本质。

当中国舞蹈美学界采取格式塔与符号学美学的成果来阐释舞蹈的时候,却忽视了这两种美学理论只是20世纪中叶的旧有美学成果,而整个后半世纪的欧美美学几乎都转向了"分析传统",也就是转向了美学与语言的关联。从维特根斯坦的"美学话语"分析、理查德·沃尔海姆的"艺术对象"探讨到纳尔逊·古德曼的"艺术语言"勘察,正是这些美学家在整体上实现了美学的"语言学转向"。从分析美学视角出发,可以确定"动作作为一门语言"究竟是如何与语言思维相关的,这方面的研究有着巨大的发展空间。

中国的舞蹈美学界也关注语言问题,但却往往借用一般语言学或者普遍语言学的相关成果,比如通过修辞学研究来言说舞蹈理论。然而,问题在于,身体话语并没有那么多明确的"语素"可以加以言说。对舞蹈与语言之间对应关系的说明,只能囿于比喻甚至隐喻的意义。这种用语言学来比拟舞蹈学的做法,如加以拓展,常会遇到发展的瓶颈。其实,与其分析

---

① 刘悦笛:《分析美学史》,北京大学出版社2009年版。
② [美]柯提斯·卡特:《分析"分析美学史"的价值——序刘悦笛〈分析美学史〉》,《沈阳工程学院学报》2011年第4期。

动作语言的"语义学",不如去探索身体话语的"语用学"(Pragmatics)。当代分析美学界继承了语用学的思路,将艺术作为一种语用的"述行"活动①,这启发舞蹈美学提出了"舞蹈语用学"的新方向。舞蹈研究走向语用学,意味着语用学的"说话就是行事"的原则可以翻过来用,动作也是说话、也是一种语用行为,"语言思维"其实是内在于"动作语言"中的。

**其二,"视觉美学"与"动作思维"。**

舞蹈理论都是以身体作为逻辑起点的,但更准确地说,是以"身体化的动作"与"动作化的身体"作为研究对象的,这就关乎"动作思维"的问题。中国美学家早在20世纪中叶就赋予了动作思维以"历史实践"的内涵,李泽厚在给笔者过目的未刊稿《60年代残稿》中认为:"动作是思维的物质承担者即外壳,这也就是思维的最原始的形式的动作思维。它与一般使用工具活动动作的区分就在于,它是从后者中逐渐提取出来,有更少的盲目性和尝试性,有更多的概括性和目的性,已开始成为客观因果联系和规律的主观反映模式。"这就确定了动作思维起源于使用工具的劳动活动,它最初与人类最早的巫术礼仪内在相连,但它的反复与进化形成了一种实践过程,从而最终成为"象征性的符号结构"。

对于舞蹈的活动而言,动作思维与视觉思维之间的关联至关重要。视觉思维(Visual Thinking)认定,视觉就是一种思维方式,视觉美学也要从"审美直觉心理学"的角度来加以看待。按照格式塔心理学的理解,所谓"视知觉"就是一种视觉思维,这种知觉的思维本身就是趋向于"可视的",而且"知觉与思维相互需求。它们互相完善对方的功能。知觉的任务应该只限于收集认识的原始材料。一旦材料收集完毕,思维就开始在一个更高的认识水平上出现,进行加工处理的工作。离开思维的知觉会是没有用处的,离开知觉的思维则会失去内容。"②随着"视觉文化"在当代的展开与普泛化,视觉思维的问题再度得到关注,笔者在《视觉美学史:从前现代、现代到后现代》的结语里曾指出,作为视觉美学的核心的"审美之眼",绝不是生理学意义上的那种视觉"接受器",也不是玄学意义上的

---

① David Davies, *Art as Performance*, Blackwell Publishing Ltd, 2004.
② [美]阿恩海姆:《艺术心理学新论》,郭小平、翟灿译,商务印书馆1994年版,第184页。

那种心灵"灵动"的眼睛，而是架设在心与脑之间的津梁。①

从表面上看，动作思维与视觉思维似乎是相互割裂的：动作思维是"做"的，是舞蹈创作时使用的；视觉思维则是"看"的，是舞蹈欣赏时使用的。但是，在舞蹈活动的真实过程中却并非如此。一方面，看舞蹈的过程里也有身体的"内模仿"参与其中，从而形成了一种动作参与的积极思维；另一方面，在跳舞蹈的过程中，视觉的内在思维也是起作用的。尽管随着舞者的熟能生巧，视觉控制下降，动觉控制上升，但舞者内心总具有一种"内视"的功能，这种"观看自己身体"的视觉思维可以操控舞者的姿态与韵律。由此可见，"动作思维"与"视觉思维"在舞蹈的创生与欣赏中都是合一的，尽管究竟如何统一还需要更多的科学论据来加以证明，但视觉心理学研究在此理应首当其冲。在当代西方美学界，科学主义化的研究思路其实一直未曾中断，此类的心理学研究还期待着脑科学研究的突破。

**其三，"生活美学"与"身体美学"。**

作为当代国内外最新的美学主潮，"生活美学"超出了以往的美学以艺术为研究中心的藩篱，开始以"生活世界"作为研究对象。自 2005 年始，中外学者开始出版以"生活美学"为主题的专著，哥伦比亚大学出版社出版的《日常生活美学》(*The Aesthetics of Everyday Life*) 文集与笔者所独立撰写的《生活美学》相映成趣。"生活美学"又与"艺术终结"问题相关，因为艺术如果真能在未来终结的话，那么，回到生活将是艺术终结的唯一通途。美国著名美学家阿瑟·丹托在论述艺术终结的时候，主要是指视觉作品与现成物之间界限的消抹。在《艺术终结之后》这本专著里，他谈到属于波普艺术的盒子、罐头瓶与日常用品之间难以分辨的视觉差异的时候，还提到了舞蹈与动作 (movement)、音乐与噪音、文学与一般写作 (mere writing) 之间界限的模糊。② 可见，艺术终结的观念也与舞蹈的生活化、舞蹈与日常动作的界限有关。③ 当代舞蹈也展现出一种不断拓展的

---

① 刘悦笛：《视觉美学史：从前现代、现代到后现代》，山东文艺出版社 2008 年版，第 445 页。

② Arthur C. Danto, *After the End of Art: Contemporary Art and the Pale of History*, Princeton University Press, 1997, p. 35.

③ 舞蹈的"动作的本质"一直为以往的舞蹈理论所追问并与日常动作区分开来，参见 John Martin, *Dance in Theory,* Princeton Book Company, 1989, pp.1-25。

姿态。过去总是说杂技是"技艺"而不是艺术，舞蹈之所以为舞蹈在于区分于身体的实用技艺，但是，曾获得国际杂技节金奖的高端中国杂技"肩上芭蕾"，在形态上却更接近于舞蹈。德国美学家沃尔夫冈·韦尔施也争辩说体育也应审美化地加以观照，甚至体育本身也是艺术。[1]他曾在国际美学大会上提出这种主张并引发轩然大波，但毕竟要承认，诸如花样滑冰这样的竞技性体育一定要吸纳大量的舞蹈要素在其中。现代城市的"广场舞蹈"之所以有存在价值，也是因为它尚未斩断生活的根基，就像少数民族舞蹈田野调查中所谓"无节（日）无舞（蹈）"一样，广场舞蹈也好似都市大众的娱乐聚会的日常节日。这些都说明在舞蹈与生活美学的交叉的边缘地带还有许多尚待阐释的空间。

"身体美学"（somaesthetics）也是生活美学的有机组成部分，它所言说的是"通过身体"来实施的那种生活化的美学形态。身体美学与舞蹈美学几乎是同一的，但是，舞蹈美学仍是艺术研究，身体美学则是对生活形态的研究，它关注的是生活语境中如何运用身体的日常智慧。舞蹈美学将身体作为舞蹈的实施者，而身体美学则将身体作为生活的行动者。由此看来，"舞蹈身体美学"的用法倒更像是同义反复，因为舞蹈就是"舞在"人的身体上，就像艺术来源于生活一样，"身体美学"实际上构成了舞蹈美学的更为广阔的生活景深。

**其四，"进化模式"与"历史叙事"。**

"在中国"的舞蹈历史研究中，无论是西方舞蹈史还是中国舞蹈史，舞蹈所形成的历史通常都被描述为一种按照"线性历史"绵延的、"由低向高"的发展格局。这种"历史叙事"模式深受黑格尔化的历史哲学的影响，但更深层则是受到了来自欧洲的进化论的影响。然而，舞蹈史的这种"进化模式"却需要更深入的反思，因为舞蹈发展的历史逻辑并不能完全线性地加以梳理，还有许多"共时性"的结构嵌于历史缝隙之间。

当代艺术史的反思者的确看到了这样的事实：艺术的发展并非自低向高、以今胜古之"线性进步"，而是波峰式、非进化地演化着的，正如历史并不能造就第二个米开朗琪罗、贝多芬或者伊莎多拉·邓肯一样。这是

---

[1] Wolfgang Welsch, "Sport Viewed Aesthetically, and Even as Art?", in Andrew Light and Jonathan M. Smith ed., *The Aesthetics of Everyday Life*, Columbia University Press, 2005, p. 135.

由于，不断更新的艺术史理应"对抗着进步的范式"，艺术史上的事件与作品应该"一个接一个散落在一连串的个别活动中"，由此看来，"艺术史决无某种可以推测的未来"，[①] 这种新的历史观往往导向了所谓的"艺术史终结论"（the end of art history）。但可以肯定的是，在舞蹈史的研究范围之内，至今尚未出现新的历史叙事模式能够像视觉艺术领域当中的"新艺术史"（New Art History）那样取代旧有的进化论模式。舞蹈史究竟该按照何种历史的模式进行撰写，亟待进一步的反思。

总而言之，透过国际美学最新的前沿发展趋势，我们可以展望到未来舞蹈理论的新生长点。这种生长既需要美学与舞蹈之间进行对话，也需要中西美学之间展开互动。

（原载《北京舞蹈学院学报》2012年第2期）

---

① ［美］阿瑟·丹托：《艺术的终结》，欧阳英译，江苏人民出版社2001年版，第100页。

# 大舞蹈与大美学的本土融合

从审美的角度观照舞蹈,自吴晓邦那一代的新中国舞蹈的开拓者那里就已经开始了,但是,"舞蹈美学"这门学科的建设却始于 20 世纪 90 年代,真正成熟则要等到 21 世纪。吕艺生的新著《舞蹈美学》①,可以被看作是"中国化"舞蹈美学的集大成之作,它是"大美学"与"大舞蹈"两种观念联姻之后的产物。

在吕艺生撰写这部大著的全球化时代,整个舞蹈学界都开始直面外来的八面来风。2010 年中国舞蹈界还整体参加了第 18 届世界美学大会,这也可能是舞蹈界学者参与国际美学大会人数最多的一次,展现出了中国舞蹈美学的力量。

舞蹈美学作为"门类美学"的重要部门之一,从时间上来说它的成熟的确是最晚的,但在形态上来看却可能是最为成熟的。因为这门美学的新构可以吸纳从(古典美学)以康德和黑格尔美学作为代表的、现代美学(以阿恩海姆和苏珊·朗格美学为重点的)到当代理论(以多元智能理论为表征的)的各种理论资源,从而能够直接跳过 20 世纪 80 年代美学旧构的那种封闭性与初步化。《舞蹈美学》力求将这些西方理论与中国国情融会贯通起来,其整个理论构架与细节的辩证综合与黑格尔的《美学演讲录》多有神似之处。

我们可以先横向比较一下各个"门类美学"的成熟时代与成果含量,门类美学在中国的研究始于三十多年前。根据笔者与李修建合著的《当代中国美学研究(1949—2009)》②的统计,"书法美学"从刘纲纪 1979 年的《书法美学简论》算起共有专著 25 部,"绘画美学"从郭因 1981 年的

---

① 吕艺生:《舞蹈美学》,中央民族大学出版社 2011 年版。
② 刘悦笛、李修建:《当代中国美学研究(1949—2009)》,中国社会科学出版社 2011 年版。

《中国绘画美学史稿》算起共有专著 18 部,"音乐美学"从于润洋 1987 年的《音乐美学史学论稿》算起共有专著 47 部,"建筑美学"从王世仁 1987 年的《理性与浪漫的交织——中国建筑美学论文集》算起共有专著 36 部,而舞蹈美学迄今为止却只有专著 6 部。

舞蹈美学专著的真正出现,还要从朱立人 1990 年选编的《现代西方艺术美学文选·舞蹈美学卷》开始算起,其后主要有欧建平的《舞蹈美学》(1991)、林君桓的《当代舞蹈美学》(2003)、郭勇健的《作为艺术的舞蹈:舞蹈美学引论》(2006)、袁禾的《中国舞蹈美学》(2011)等。相形之下,舞蹈美学的确是门类美学中被关注最少的,也是成熟得相对较晚的,它的留有大量空白的学术领域更需要成熟的建设。

吕艺生的专著《舞蹈美学》的出现,的确弥补了舞蹈美学"本体论"这个高端空白,而这本专著所建构的恰恰就是舞蹈美学"金字塔尖"上的形而上学。这种高屋建瓴的哲学美学建构,绝不是面对舞蹈现象空洞地套用美学规律与规则。事实证明,《舞蹈美学》是一部与舞蹈的本土实践和当代实际相匹配的精品力作。

《舞蹈美学》是吕艺生"大舞蹈观"的集中展现,他以本土化的审美观作为基础,以作为感性材料的人体自身为逻辑起点,以明快的美学语言深刻地把握了舞蹈这门被误解最深的非语言艺术,将舞蹈这门舞出来的艺术最终全面深入地"言说了出来"。实际上,他的舞蹈美学建基在一种文化人类学的基础上,将舞蹈的"本体独立"与"外延拓展"的历史逻辑与发展线索都梳理了出来,进而提出了建构"舞蹈思维"甚至是焕发起具有普遍性的"舞蹈基因"的新问题,的确展现出一种当代美学建构的前沿意识与开发姿态。

这部专著不仅继承了此前 60 年的舞蹈理论成果,而且也是近 30 年舞蹈理论"逐步走向美学"的总结之作。这种贡献不仅仅是独属中国的,同时亦表露了东亚美学的独特贡献,它集中显现了舞蹈美学建构的"中国化"(走中西融合的道路)、"集大成"(涵盖百家的情怀)与"前沿性"(开放自信的胸怀),从而也为将来的舞蹈美学"在中国"的发展奠定了坚实的基础。《舞蹈美学》的历史意义,可谓是继往开来的。

《舞蹈美学》的学科定位首先是非常准确的,它一方面仍认定舞蹈美学是舞蹈学的门类,另一方面又把它作为艺术哲学的分支。实际上,英美学界倒很少使用舞蹈美学的说法，而将接近舞蹈实践的理论反思称作"舞蹈理论"，将"分析美学"（analytic aesthetics）视野内的舞蹈研究称作"舞蹈哲学"。吕艺生更多的是在后者的意义上定位舞蹈美学本身的，正如当前的中国音乐美学界也出现了以音乐哲学来替代音乐美学的做法。然而，早已实现了"语言学转向"的英美分析美学界，却更倾向于研究视觉艺术与音乐这两个重点领域，而从审美角度来论述舞蹈美学在东亚学界才是主导形态，这是由于我们拥有自身的强大文化传统并可以由此将其发扬光大。

吕艺生从"本质论""本体论""审美论"的现代构架，梳理了舞蹈美学的整体结构与各个层面，它们分别回答了"舞蹈（作为一类美学研究对象）究竟是什么""舞蹈（作为一门独特艺术形态）究竟是如此存在的"和"究竟如何对于舞蹈（作为一种审美的对象）进行审美"的这三大核心问题。其中，对于舞蹈审美心理学的解析，是目前笔者所见最为全面与深入的研究。该书将舞蹈审美心理的"直觉与动觉""移情与内模仿""知觉完形与视觉思维""无意识与潜能""审美关系"的各个层级一一梳理出来，而且将中国古典美学的"立象尽意"与"无言之美"融汇其中，从而形成了"中国化"的舞蹈美学的一种独特形态。

这部专著不仅关注了舞蹈美学的核心层面，而且以开发的心态关注到了诸如舞蹈边缘地带的问题。我们知道，国际美学界当前的热点就是"生活美学""艺术终结"及"身体美学"的话题，这些话题都是从边缘地带出现并逐渐成为当代美学研究的主流。其实，吕艺生的大作已经在他的舞蹈美学描述中，触及了这些最新的美学前沿问题。

吕艺生对舞蹈与非舞蹈的界限问题做出了自己的理解，昭示了舞蹈回归生活世界的必然之途，这就与"艺术终结"论题相关；他关注到舞蹈中的"身心一元论"，凸显了东方美学的身心互动智慧，这也是"身体美学"的主题；他注意到城市民间舞与民族民间舞的当代问题，这也与"生活美学"问题直接相关，因为舞蹈美学恰恰也应建基在生活的基石之上；特别是他从独创"两类三层说"到提出"学院派民间舞"的新论，都展露出一种对于舞蹈与生活的关系的崭新理解，充分说明这部专著是具有前瞻视角与当代价值的。

总而言之，《舞蹈美学》这部专著的出现，不仅提升了舞蹈"美学"

在舞蹈界的美学地位，而且也提升了"舞蹈"美学在美学界的艺术地位。作为积极参与了中国舞蹈实践、舞蹈理论与舞蹈美学的历史进程的"过来人"，吕艺生不仅身临其境地为读者展现了中国舞蹈的思想建构过程，而且巧妙运用了从古典、现代到当代美学的各种话语，将美学之"道"与舞蹈之"器"巧妙地结合起来，展现出舞蹈美学建构的当代性、前沿性与全面性。《舞蹈美学》的更大的历史价值，将会在今后的历史时光中进一步展现出来。

吕艺生的《舞蹈美学》给舞蹈界与美学界所带来的双重启示在于：一方面，如何将"大美学"与"大舞蹈"观念更深入地结合起来；另一方面，如何在这种结合中走出一条"中国化"之路？只有这两个基本任务初步完成了，舞蹈美学界才能真正树立起自身的"文化自觉"。

（原载《舞蹈》2012年第1期）

# "科学之美"与"美的真理"

当今时代,科学与艺术之关系,应该说愈来愈紧密了,二者发展的大势所趋乃是相互融合。当代科学家越来越意识到"科学之美",而当代艺术家也在创作中更多使用了科学成果。回溯历史,每个时代的艺术家都善于使用那个时代的前沿科技,17世纪的光学与19世纪的投射原理都曾为欧洲艺术家们所使用,如今的时代概莫能外。

有趣的是,率先直觉地意识到"科学之美",乃至将美作为科学"极高境界"的,许多都是物理学家抑或数学家,其中就有获得诺贝尔奖的华裔科学家。近十年来,杨振宁一直在做题为《美与物理学》的演讲,其核心观点就是认为,"物理学的发展有4个阶段:先是实验,或者是与实验有关系的一类活动。从实验里的结果提炼出来一些理论叫唯象理论,唯象理论成熟后又把其中的精华抽出来,就变成理论架构,最后理论架构要跟数学发生关系。在这4个不同步骤里都有美,美的性质当然也不完全相同。"于是,整个科学研究的过程都充满了"美"意。

科学与艺术的相通与交融,形成了所谓"科艺相通论"。这个理论的倡导者中就有李政道。这位物理学家首创性地认定:"艺术与科学是一枚硬币的两面,它们源于人类活动最高尚的部分,都追求着深刻性、普遍性、永恒性。艺术和科学的共同基础是人类的创造力,它们追求的目标都是真理的普遍性。"艺术家们对此也有"通感",吴冠中就认为,"科学探索宇宙之奥秘,艺术探索感情之奥秘,奥秘与奥秘间隐有通途。"

在笔者看来,真理至少有两种,一种是"指引道路"的真理即科学真理,另一种则是"照亮生活"的真理,这两方面其实是异曲同工的,具有同样的终极追求。苏霍金就曾有言,"一切科学和艺术的使命都是要尽力了解整个世界的和谐,透过事物和感受的五光十色的外壳发现它们之间的简单关系，透过漫无头绪的各种事件去寻找其中的规律"①，这就是科学与真理之"奥秘"的关联。

为了深入探讨艺术与科学的共同基础和目标，展现艺术与科学的互动与互补，2001年清华大学曾主办"艺术与科学国际作品展暨学术研讨会"，并于5月31日至6月17日在北京中国美术馆举行了国际作品展，直至2013年已办了三届。艺术与科学的融合早已为前卫艺术家们所实验，而且并不简单等同于用水墨笔法去呈现正负电子对撞机的原理。真正具有标志性的，乃是2002年5月4日到9月1日在德国卡尔斯鲁厄举办的"打破偶像，科学、宗教和艺术的图像的制造与摧毁"展览，由谙熟现代科技的前卫艺术家彼得·维贝尔（Peter Weibel）主办，明示了科学与艺术之融合的新趋势。

当代科学知识社会学的重要代表人物布鲁诺·拉图尔（Bruno Latour）做过一次素描式的回顾："25年来，艺术史家和科学史家之间的联系多不胜数。比如我们想到斯维特拉娜·阿尔珀斯（S. Alpers）这样的人，他那本关于荷兰绘画的名著，就是一部科学史。反过来，达斯顿（Lorraine Daston）和彼得·盖里森（Peter Galison）合写的《客观性》（*Objectivity*）一书，既是科学的历史也是艺术的历史。在实践中科学和艺术从来不分家。是教育、教育系统让人们将它们分开，有很多人，尤其在政治学院里，对艺术史或科学史特别无知，这并不能损害它们之间的联系。"②这恰恰说明，科学与艺术正在逐渐走上并轨的康庄大道。

实际上，科学与艺术都是人类重要的造物。英国历史哲学家科林伍德将人类的精神生活区分为艺术、宗教、科学、历史、哲学五个类别，认为人类历史的发展也分为这前后五个阶段。其中，每一类活动都是以那些逻辑上居先的活动为先决条件，并在它自身中包含前者，如宗教以艺术为条件并包含艺术。同时，每一类活动都在某种意义上追随它的一切活动，正如掌握宗教也就是掌握了某种哲学，从而共同构成了所谓"精神生活的统一体"。但在终极关怀意义上来看，科学和历史生活能否成为其系统中的主要成员，亦是值得怀疑的。尽管不能排除科学家们对某种"自然神"的

---

① ［俄］苏霍金：《艺术与科学》，王仲宣译，三联书店1986年版，第23页。
② 《访谈布鲁诺·拉图尔：艺术与科学》，参见 http://art.china.cn/voice/2015-01/20/content_7621729.htm。

敬畏和普通人对历史传统的膜拜（如祖先崇拜），但宗教、哲学与艺术皆可能成为人的终结关怀。

那么，科学与艺术为何曾变得绝缘呢？这便关系到"现代性"的断裂，"客观的科学""普遍的道德和法律""自律性的艺术"的分裂愈演愈烈，使得整个生活系统也陷入分裂。18世纪末期，从制度化的角度看，随着曾一统天下的宗教与形而上学的世界观在欧洲的崩溃，科学、道德和艺术都自立门户，从而分化为不同的"自主性"活动领域，各自探讨自身所独有的"知识性问题""正义性问题"与"趣味性问题"，它们分别对应着科学意义上的"真理""规范性的正当"和"本真性或美"。在整个生活系统的理性分化过程中，科学技术与"合理性"相互结合而固化为现代社会的组织形式，它将手段与目的相互倒置、事实与价值严格分裂，并造成了人的现实生活的异化、物化或单向度状态，因而以科学精神为主导的"工具理性"就成为人文科学的批判标靶。

然而，启蒙时代以来的理想始终寄托着真、善、美这三个范畴相互统合的终极目标，始终坚持着对科学、道德、艺术兼容并蓄的美好生活的终极追求。如德国哲学家谢林就认定，"在真善美，即科学、道德和艺术相互渗透的意义上讲，哲学就是科学；但因此也可以说它不是科学，而是科学、道德、艺术共有的东西。"[①] 启蒙时代以来的那种客观科学（真）、普遍道德（善）和自律艺术（美）的分裂统辖和交流阻断，不能不说都有着康德哲学的浸渍与影响。康德对美与真（即明晰认知的领域之真）的割裂是毋庸置疑的，但如今的时代对融通的有了更高要求。

尼采对待艺术与科学的看法，可谓在实现现代的逆转——"以人生的眼光考察真理，用艺术家的眼光考察真理和科学"[②]。按照尼采的观点，真理具有一种消极的毁灭性力量，所谓的"求真意志"，也就是自柏拉图开始奠基的"真实界""天国""物自体"等，已是衰退的征象。相形之下，艺术的感性较之这些超感性的"真"更加真实，艺术是自苏格拉底以降哲学、宗教、道德的人类颓废形式之反向运动。尼采将艺术与生命的自救最高地联通起来，极力张扬艺术为生命伟大的"兴奋剂"而从最高意义上肯

---

① ［德］谢林：《康德哲学》，转引自《作为表现的科学和一般语言学的美学的历史》，［意］贝尼季托·克罗奇著，王天清译，中国社会科学出版社1984年版，第136页。
② ［德］尼采：《悲剧的诞生》，周国平译，三联书店1986年版，第272页。

定生命意志的冲创和提升。这种观点尽管激进,却有效地质疑了西方传统的科学观与艺术观及其彼此的割裂状态。

事实的确如此,近代科学的发展造就了一种科学世界观,从而深刻地影响了艺术与美学的观念。英国数学家怀特海也认为,"笛卡尔曾经创立了一种思想体系,使后日的哲学在某种程度上和科学保持了接触。……直到本世纪,哲学学派才把上述两个传统结合起来,表达了一个从科学中导引出来的世界观,因此也就算结束了科学跟美学以及伦理经验所肯定的东西分道扬镳的状态。"[1] 也就是说,在认知概念和科学真实之下,只能去测定认识的真理性,从而胁迫着审美特性仅局限在审美外观之内,也造成了科学与艺术之间的绝缘与割裂。这种科学世界观的稳固的历史直至20世纪初才有所改观。21世纪初则是需要融合的时代了,正如德国哲学家伽达默尔所阐明的那样,"在科学的确证与未沾染科学法则却规定着判断的随意感觉之间,正是艺术的判断的用武之地"[2]。

2015年4月18日,杨振宁在中国美术馆做了题为《美在科学与艺术中的异同》的讲座,与屡次讲过的《美与物理学》寻求科学与美相通之处不同,这次则关注到科学与艺术的差异。非常有兴味的是,杨振宁屡次提到"方程式是造物者的诗篇",当一位观众要求他给艺术下一个方程式时,杨振宁笑着摇头说:"艺术的美是不能用一个方程式捕捉下来的,这并不代表艺术的美跟科学的美没有共同点。可是美是一个非常主要的观念,不要说是在艺术里不能用一个方程式来描述,科学里的美也不是一个方程式,它是很多方程式总和起来的,才有了这个美的观念。"当然,科学之美是客观的美,是与人类没有关系的。在杨振宁看来,这也关系到庄子所说的"天地有大美而不言"。

其实,这次讲座的主要观点是认为,科学中的美是"无我的美",艺术中的美是"有我的美",这显然来自王国维所说的"无我之境"与"有我之境"之分。杨振宁进而认为,唐代画家张璪提出"外师造化,中得心源",意思是自然之美并不能转化为艺术之美,仍然需要艺术家内心的情思。他以商朝青铜小犀牛和青铜器觚为例,说明"创造犀牛的艺术家是外

---

[1] [英]怀特海:《科学与近代世界》,何钦译,商务印书馆1997年版,第167页。
[2] [德]伽达默尔:《美的现实性》,张志扬等译,三联书店1991年版,第28页。

师造化,源于真正的犀牛,是真实的美。而铜觥是一个'中得心源'的美,因为它的曲线用几何学的语言来讲叫做双曲线,商朝的人当然不知道什么叫作双曲线,可是他直觉地知道了这个抽象的美。所以这个铜觥的美是一个写意的美"。

然而,这种观点看似有道理——艺术的美是与人相关的,因而是主观的;科学的美则是与人无关的,因为是客观的——但却值得商榷。这符合法国生理学家克洛德·贝尔纳(Claude Bernard)所说的那句名言——"艺术是我,科学是我们"!拉图尔在对话中曾对此有所批驳:"这种将艺术、科学区分开来的看法非常十九世纪,它以相当古怪的方式表达了艺术是主观的,而科学应该是集体的或政治的。我不认可这种区分。艺术更加是'我们',它参与集体的构建,而生产科学的集体是个相当奇怪的集体,有时候仅限于几个科学工作者,有时候遍及民众。能够自称'我'或'我们'的集体规模是非常多样的"。①

笔者基本认同这种崭新的观点,实际上无论是科学还是艺术皆不离主客双方。科学不仅是人类对于宇宙规律的"发现",而且更是人类建模化的"发明"。反过来看,艺术看起来近似于一种"发明",但也是对于生活真理的"发现"。在科学与艺术当中皆有主观参与的问题,这有"测不准原理"可以证明;亦都有客观性问题,客观性并不属于科学的专利,艺术品也有客观性问题。只是17世纪以来的欧洲传统,将那自然、理性世界与虚构世界(如文化艺术)加以三分,从而在后世形成了——艺术是单数的"我",而科学是复数的"我们"——如此割裂的观念。

为了直面这种断裂,我们不妨回到德国前卫艺术家约瑟夫·波依斯(Joseph Beuysin)的一个鲜为人知的结论:"美学＝人"(aesthetics = human being)②!只有在审美中,人才能成为全面发展的人,所以"人人都是艺术家"的时代,才是更美好的时代。这意味着美也是真理的显现,可以通过美来衔通科学与艺术。科学真理由于纯理性地"高度抽象"于生活现象,因而以一种"抽象的真理"而高居于日常生活之上。但"美的真理"则由

---

① 《访谈布鲁诺·拉图尔:艺术与科学》,参见 http://art.china.cn/voice/2015-01/20/content_7621729.htm。

② Joseph Beuys and Carin Kuoni, *Joseph Beuys in America: Energy Plan for the Western Man*, New York: Basic Books, 1993, p. 30.

于直观地呈现着现实生活,因而成为最切近于日常生活的形态,它的真理亦是包孕在现实生活呈现的具体性之中,这是它与科学真理的不同之处。但与任何一种真理相同的是,"美的真理"也不能只到日常生活的表象中去寻找,而是还要在与日常生活形成张力的理性结构中去探询。

"美的真理",正是这样一种不离于日常生活的"本真之真",它所指向的"自由"正是其本真生活的本质。它显露出人与世界的真理,这种真理可以说是一种"不真之真",或审美之真。这种真理,一方面是不同于日常生活的真实的,但却来自这种日常生活的连续体;另一方面则是形成了非日常生活的张力的,因而显现了更为深邃的本源之真。质言之,"美的真理"就是一种生活真理,也可以说是后者的一种变异形态。与科学真理比较,它是离日常生活最为切近的;但与日常经验比较,它却显现出本真的生活,是一种能呈现本源性真理的显现。

无论是科学启发人,还是艺术让人享受,皆与生活相关。奥地利哲学巨擘维特根斯坦曾写道:"陀思妥耶夫斯基说幸福之人正实现人生的目的,由此而言,他是对的。为了生活幸福,我必须同世界相一致。这就是'幸福'的含义。宗教—科学—艺术都只是从对我的生活的独一无二的意识内阐发而来的。该意识就是生活本身。"[1]归结到底,宗教、科学与艺术都涉及人的幸福,维特根斯坦认为,这种终极关怀要求我们"不能使世界顺从我的意",而必须"与世界相互一致"。

在阐释科学与美的关系的时候,在言说科学家也是诗人的时候,杨振宁曾反复引用英国诗人威廉·布莱克的诗:"一粒沙里有一个世界,一朵花里有一个天堂,把无穷无尽握于手掌,永恒宁非是刹那时光"(Have in a sand to have in a world, a flower a heaven, endless endless hold in the palm, the eternity is the in a flash time rather and not)。笔者却更想引用这更美学化的翻译,来结束此文所论的"美的真理"——"一花一世界,一沙一天国;君掌盛无边,刹那含永劫"!

(原载《中国美术报》,2016年8月4日)

---

[1] Ludwig Wittgenstein, *Notebooks 1914–1916*, University of Chicago Press, 1984, p.148.

# 结语　走向全球与回归本土的"生活美学"

**廖明君**（《民族艺术》杂志主编）：悦笛好！非常高兴能与你做一个学术交流，与广大读者分享生活美学在中国乃至全球的发展情况。自从 2005 年你的《生活美学》一书出版之后，国内学界以及众多读者开始对于"生活美学"关注有加，你能大致介绍一下相关情况吗？

**刘悦笛**：非常感谢您的访谈，作为学界的晚辈，我非常愿意向大家介绍一下"生活美学"究竟是如何兴起与发展的。目前，无论是在国内还是在全球的美学界，"生活美学"都被视为一种主流的美学思潮了，全球美学正在经历一种"生活美学转向"。

## 一、"生活美学"的缘起与起源

**廖明君**：的确，这种最新的美学转向在当今中国的兴起，似乎也与国内学界 2003 年开始的"日常生活审美化"论争是相关的，日常生活审美化成为生活美学勃兴的社会背景。作为生活美学的主要倡导者之一，你最初是如何想起构建这种美学思想的？换句话说，日常生活审美化与生活美学到底是什么样的关联？

**刘悦笛**：初步完成生活美学的思想建构，我记得基本上是在 2001 年底。此后两年，就借调到中国文联老《美术》杂志从事视觉艺术编辑工作了，那是一段与艺术家们交游的日子，也多次拜会了名誉主编美学家王朝闻先生。所以说，21 世纪以来，看似是日常生活审美化开其端，而生活美学承其绪，逻辑上这样说也说得通，但实际上是生活美学产生在先，论争发生在后。掐指算来，生活美学的提出距今已十多年了，但许多以生活美学为题的论著仍将之理解为门类美学或实用美学，根本没将生活美学视为一种哲学美学上的本体论建构。您说得很对，后来生活美学的全方位出场，的确搭上了日常生活审美化论争的快车，我也以《哲学研究》2005年第1期的《日常生活审美化与审美日常生活化：试论"生活美学"何以可能》等文参与到这场学术论争中。国内学界也曾经争论过，究竟是谁最早将日常生活审美化的话语引介到国内的。

实际上，早在2002年，我在与王南湜合著的由河北人民出版社出版的《复调时代的来临——市场社会下中国文化的走势》一书中，就已明确写道："传统美学的超越性也被大众文化的世俗性、生活化所消解。传统美学的趣味分层，造成了雅俗分圈即高级文化与日常文化的绝对分殊。……但大众文化则带来了'日常生活的审美化'（the aestheticization of everyday life）的现实趋势，这已为社会学家费德斯通所充分关注。这种趋势就总体而言，主要就是大众审美文化的泛化，特别是'类像'的生产对大众日常生活的包围，从而形成了一种艺术化的现实生活。此外，先锋艺术和精英文化品也积极介入大众文化，如波普艺术对现实生活的照搬便是如此；同时，大众文化也吸纳着精英文化，如许多世界名画经过复制再绘而出现在大众文化产品上，我们可称这一趋向为'艺术生活化'。相反，还有一种'生活艺术化'趋向，这表现在大众对自身与周遭生活越来越趋于美化的装扮。可见，'审美与日常生活同一'的趋向，同传统美学的孑然超验、拒绝俗化并不相同。"

**廖明君**：这就意味着，你可能在国内最早论述了日常生活审美化的问题？但是，生活美学究竟是如何从中引发出来的呢？日常生活审美化与文艺学的扩容与改造、与美学的更新之间到底是什么区别呢？

**刘悦笛**：大概如此吧。这本书是我被保送博士之后、尚未正式攻读之前完成的，具体的完成时间甚至更早些，应该是在1999年的秋天，但出版得晚了些。当时我所引用的还是费德斯通《消费社会与后现代主义》的英文版，有书为证。但有趣的是，我的博士论文《回归生活世界的审美解放——现代审美精神的重构》的基本构想，更多的是一种现象学意义上的美学本体论建构，当时并没有将日常生活审美化的思考纳入其中。直到2005年在安徽文艺出版社出版《生活美学——现代性批判与重构审美精神》一书，我才在里面增加了第二章《当代审美泛化：后现代的美学特质》，其中有两节重要内容分别是《当代文化的"超美学"转向："日常生活审美化"》与《当代艺术的"反美学"取向:"审美日常生活化"》。

从这本书开始,我才将当代审美泛化当作生活美学得以出场的历史语境。但我始终认为,当代审美泛化包括两个逆向的运动过程:日常生活审美化就是生活艺术化,是指我们衣食住行用的日渐审美化进程;审美日常生活化则是艺术生活化,当代艺术始终逡巡在艺术与生活的模糊边界上并做出探索。其实,日常生活审美化最初只是文化研究与社会学问题,它给文艺学与美学带来的是不同的后果,但给文艺学带来的更多是研究领域的扩容。我也参与了2005年北京大学出版社初版的《文学理论基本问题》这部创新性著作的撰写,但这类革新却没有把对生活本质的反思带到文艺学的深层。也就是说,日常生活审美化并未给文艺学带来本体论的变化,但对生活美学而言却构成了转向的历史契机。日常生活审美化被视为美学问题更为合理,它给美学带来的转向,是远远重于给文艺学带来的扩容的。

## 二、"生活美学"的本土化建构

**廖明君:** 你所说的生活美学到底是从何种意义上来言说的呢?作为一种崭新的美学本体论建构,你是从何种意义上来建设中国式的生活美学的呢?生活美学的基本理论来源是否都是来自西方?

**刘悦笛:** 这个问题问得很尖锐。生活美学从理论来源上讲,就我个人而言,最初是来自晚期胡塞尔的"生活世界"理论的直接启示。因为国内的美学研究太过海德格尔化了,而这种趋势恰恰与当代中国美学的生命论与存在论是相通的。其实,更早期的海德格尔在并未形成高蹈在上的"此在论"之前,关注的是"实际的生活经验"的问题。这样,在我看来,这位存在主义大师的雏形思想,就与分析哲学的大师维特根斯坦的"生活形式"理论、美国实用主义大师杜威的"完整经验"理论具有异曲同工之妙,还包括马克思本人的"生活实践"思想,这些都构成了生活美学的西方资源。然而,对于中国学者而言,西方资源只是以资借鉴的思想来源的一面,在《生活美学》一书的建构中,我还自觉使用了原始道家思想来论述,即美的活动乃人类"本真生活"的直观方式,因为我们必须在中西

"视界融合"中来建构自己的美学思想。

其中，日常生活与非日常生活的区分，这本是西方学界的创建，而在我看来，美的活动恰恰是介于日常生活与非日常生活之间的，并在二者之间形成了一种张力结构，在中国传统智慧里所强调的恰恰是二者之间"不即不离"的状态，这是西方美学观念所把握不到的。《生活美学》既关注了美与生活的"日常连续性"，又关注了美与生活的"非日常张力"，并对这两方面都进行了现象学的解说。追其本源，美的活动乃"本真生活"的原生状态与原发方式，只不过后来被日常生活的平日绵延所遮蔽，被非日常生活的制度化所压制，所以才终成"介于日常与非日常之间"的基本状态。我们所要建构的生活美学，恰恰是一种植根于日常生活的崭新的生活化理论，而传统的美学却只将审美当作了非日常生活，这恰恰是生活美学所反对的。所以说，以康德为代表的审美非功利思想，与艺术自律论的西化思想一道，都要在生活美学那里得到解构。尽管康德的美学原则在当今中国美学界仍被坚持与维护，但在西方当今的美学界，康德只是被当作美学史上的人物来研究而已，而我们坚守"康德原则"已经一百余年了。

**廖明君：**既然你的生活美学是一种本土化的美学建构，那么，你是如何从本土资源出发，来构建自身的生活美学的呢？

**刘悦笛：**我认为，中国传统美学从本根的意义上来说，就是一种活生生的生活美学，这恰恰不同于西方自古希腊时代以来的那种形而上学的美学传统。生活美学的思考，对于"中国哲学合法性"的论争也有所启示，因为中国哲学思想也并不能仅用西方的思维框架来加以框定，感性思维模式恰恰是中国思想的自本生根的智慧。在中国美学史研究中，我们看到了"冯友兰哲学范式"的深刻影响，以至于美学史往往成了范畴与概念的发展史。当中国学者希望用审美文化与审美风尚的概念来改造中国美学史的时候，恰恰也是在逃脱传统美学史的研究范式。但在我看来，回到文化不如回到生活，因为文化本身就是一种生活方式。由"生活史"来重构美学史，似乎才能解决形而上之"道"与形而下之"器"的两分问题，而只有解决了道器之间的平衡难题，中国美学本身才能更活生生地呈现出来。

我目前的主要工作，仍是聚焦于能否与国内的同仁们共同撰写出一部"中国古典生活美学史"之类的著作。我们都知道，实践美学是很难还原回中国历史中的，我们不能说我们可以拥有一部"中国实践美学史"，而

"中国生命美学史"研究倒是可能的,但生命维度往往是高蹈于玄虚而难逃虚妄之嫌,"生活美学史"却可能是实实在在的美学史建构。我已经与三位友人大致做了分工,试图将整个"中国生活美学史"分为四段加以描述。这四段中都有一段历史时期构成了中国"生活美学"的高潮期:从春秋到战国的转型,从魏晋到六朝的转型,从北宋到南宋的转型,从明末到清初的转型,它们在中国古典生活美学史中都是至关重要的转型时期。但是,究竟该如何加以梳理,对我个人与同仁们来讲都是一个难题,好在目前国内的硕士与博士论文以此为选题的在逐渐增多,我们就需要这样的学术积淀。

**廖明君**:你这样说似乎非常空泛,能够以美学流派或者具体例证来加以解析吗?究竟什么是本土化的生活美学与生活美学的本土化?

**刘悦笛**:以儒家生活美学为例。我们耳熟能详的《论语·先进》的一段,曾点对答孔子曰:"暮春者,春服既成,冠者五六人,童子六七人,浴乎沂,风乎舞雩,咏而归",中国美学史大都解为这是一种"审美境界"。但其实,这种解法恰恰是现代性的阐释,后来勘定是王国维撰写的《孔子的美育主义》中第一次给出如此的解说。而王国维之前,从"孔颜乐处"意义上的"乐"再到那种圣人的"气象",理学化的解读代表了更为传统的方向。我们试图还原这段论述的历史语境,其中,与古本《论语》成书年代最为接近的两种说法最有说服力:一种是"盥濯祓除"之说,而另一种则是"主持雩祭"之说。如此看来,曾点之所为可能与当时在鲁国兴盛的祭祀之"礼"直接相关,而非仅仅是一场"春游"抑或"授业"活动。

尽管我们无法真正回到历史现场,但根据"祓除"与"雩祭"的记载,曾点志在进行关乎"礼"的崇高化活动似乎更接近原意。《先进》篇所说的"咏而归",更像是"咏而馈"。据《释文》解:"而归,郑本作馈,馈酒食也",馈应为进食之意。王国维也考证《阳货》篇曰:"归孔子豚,郑本作'馈',鲁读'馈'为'归',今从古。"如取"归"义,"侍坐"所描述的就是一场乘兴而来、尽兴而归的审美过程;如取"馈"义,那活动的着眼点恐怕就落在"祭礼"上,祭的内涵虽然未被积淀下来,但礼的外壳却存留下来。这种解读可能更符合古本《论语》的原意,即曾点由于"明古礼"而被孔子赞赏,其他人则因"无志于礼"而不被认可。换句话说,曾点所向往的乃是"崇礼之美","美"附庸于"礼"而并不独立于

"礼"，这就构成了儒家生活美学的一种本意。

当然，只说儒家美学原本就是生活美学还是远远不够的，道家美学本身也是一种生活美学，那是一种崇尚"法天贵真"的自然化生活的生活美学。从西方哲学的角度谈论儒道两家美学，前者以"仁"为核心，后者以"道"为鹄地，但只有步入回归生活之路，才能摆脱这种依于"仁"与志于"道"的美学老路。禅宗生活美学也是如此，"禅悦"本身是最切近于生活本身的，所谓"担水砍柴，无非妙道"。此外，还有实用化的"墨法生活美学"一直为我们所忽视，墨家美学思想已浸渍到中国传统"民文化"的深层里面去了，从而形成了不同于大传统的"小传统"。中国古典生活美学也并不只是包括"文人生活"的一脉，还有"民间生活"作为现实的依托，"官文化""士文化"与"民文化"形成了一种基本的文化三角结构。

**廖明君：**从这种本土传统出发，你是否已经将整个生活美学体系化了？是否已经形成了生活美学的基本构架了？

**刘悦笛：**应该说，一直在做这方面的努力，但不知是否能最终完成，还都处于"现在进行时"吧！我目前关于生活美学的基本建构是这样的，2005年的《生活美学》一书构成了生活美学思想建构的哲学核心建构，2007年由南京出版社出版的《生活美学与艺术经验：审美即生活，艺术即经验》则是由这个核心思想拓展出的美学体系。该书曾获得国家新闻出版总署颁发的"三个一百"原创出版工程奖。正如每章后面的述评所示，该书分别梳理的14个美学基本问题是：美学与语言、美学与学科、美学与历史、美学与中国、美学与生活、美学与哲学、美学与自然、美学与心理、美学与价值、美学与形态、美学与文化、美学与现代、艺术与定义、艺术与经验。这种重构美学原理的方式，可能确有一定原创性的贡献吧！李修建在2011年我们两人合著的由中国社会科学出版社出版的《当代中国美学研究（1949—2009）》中，认为这本书是"一部具有原创性的美学原理著作，它立足于全球化时代和大众文化时代这一新的历史语境，贯穿以丰富的中西方艺术经验，建构了一个力图超越实践美学和后实践美学的理论形态——生活美学，在新世纪中国美学理论中可谓自成一家，特别是在美学领域及其他学术领域出现生活论转向的背景下，生活美学就更为值得关注。"但无论如何评价，这本书都是将生活美学加以体系化的第一部专著，尽管我本人并不十分满意，只待日后再来修订吧。

总体来看，生活美学的整体架构，是由我的四本书《生活美学》《生活美学与艺术经验》《生活中的美学》《艺术终结之后》组构而成的。前面说到过，生活美学得以成立有双重的背景，"日常生活审美化"的方面是通过2011年清华大学出版社出版的《生活中的美学》深描出来的，"审美日常生活化"的方面则是通过2006年南京出版社出版的《艺术终结之后：艺术绵延的美学之思》描述出来的，这两方面构成了生活美学的两翼。我所设想的中国化的生活美学的整个系统，希望通过这四本书接近体系上的相对完整与自洽。当然，目前这只是我的基本想法，生活美学的各个方面都需要继续深入地加以研究与探索。另外，补充一下，《生活中的美学》一书所描述的日常生活审美化的八章是这样构成的：审美哲学、语言美学、心理美学、身体美学及体育美学、自然美学与环境美学、艺术美学、设计美学、文化美学及商业美学。

## 三、"生活美学"的全球化贡献

**廖明君**：你能说说当前的国际美学界的热点究竟是什么吗？特别是21世纪以来的十年，从你的眼光来看，西方美学界有什么最新动向？作为国际美学协会的五位总执委之一，你非常了解情况，请大致介绍一些。特别还请说明一下，生活美学在国际上究竟处于何种地位呢？

**刘悦笛**：国际美学界在21世纪以来，终于变得"一分为三"了，也就是分为了艺术哲学、环境美学与生活美学三个美学分支。生活美学已与前两者"三分天下"。从20个世纪中叶开始，艺术哲学就占据了美学的主导地位，这显然是由于分析美学在西方美学界成为绝对主导的缘由，我在2009年北京大学出版社出版的《分析美学史》中就致力于这种美学思潮的系统研究。分析美学研究在中国是最缺乏研究的西方美学流派，但它却是在西方唯一占据主导的美学思潮，值得学者们继续深入探讨下去。但分析美学的问题在于，它仅仅以纯粹的艺术与审美作为研究对象，所以从"自然环境美学"到"人类环境美学"，就又经过了三十多年的新拓展，目前也处于落潮之势。但在以艺术与自然作为研究对象之外，还有生活这个领域尚未被整体探索,所以说,"生活美学"的出场,使得全球美学的研究对象终被扩展为艺术、环境与生活。直到2005年,哥伦比亚大学出版社才出版了由安德鲁·莱特与乔纳森·史密斯共同主编的《生活的美学》,这是西方狭义的生活美学的第一本书。我的《生活美学》也出版于同一年,这也说明,生活美学的开局是东西方学者共同创造的。

**廖明君:** 看来,我们的确面临着全球的"生活美学转向"了。但我还有一个具体的问题,在西方美学界,还有哪些生活美学的重要著作呢?好像从新实用主义美学到文化研究都有类似的取向啊!

**刘悦笛:** 的确如此,自从2005年《生活的美学》那部文集出版之后,斋藤百合子2007年的《日常美学》、凯蒂亚·曼多奇2007年的《日常美学》、查克瑞·辛普森2012年的《人生作为艺术:美学与自我创造》和托马斯·莱迪2012年的《日常中的超日常:生活的美学》,这些都是西方生活美学的代表作,生活美学在西方可谓方兴未艾,从而形成了最新的"美学运动"。这种最新的生活美学研究,还形成了以2009年出版的《功能之美》为代表的认知方法论与其他五种非认知方法论,即形式主义法、审美化或仪式化法、家庭壁炉法、现象主义法与介入法。上面我所提到的都是狭义的生活美学,它们是从"后分析美学"的语境中生发出来的,被直接命名为"日常生活美学"或"日常美学";而我们国内对于外来思潮的借鉴,主要是广义的生活美学思潮,诸如新实用主义、文化研究都属于此类。狭义与广义之间还是有严格区分的。

**廖明君:** 那么,中国学者是如何以生活美学参与到国际美学的建设中的呢?或者说,你是如何参与到美学的全球对话中的呢?

**刘悦笛:** 在牛津大学出版社、哥伦比亚大学出版社等国际知名出版社出版了生活美学专著之后,剑桥学者出版社也随之规划出版相关的英文文集。该社编辑卡罗找到了我,我便欣然接受了这个邀请,编了一年半后又邀请国际美学协会现任主席柯提斯·卡特与我共同主编一本英文文集《生活美学:东方与西方》,英文书名是 *Aesthetics of Everyday Life: East and West*,它即将由剑桥大学出版社出版。该书不同于以往西方生活美学专著的重要特点,就在于将生活美学置于东西方的文化对话中加以重新建构,从而试图熔铸出一种具有全球性的生活美学新形态。在接受《中国社会科学报》采访的时候,我就曾说过,到了生活美学方兴未艾这个新的时期,当今中国美学界才能摆脱"西方美学本土化"的一百多年的历史状态,进而将"中国美学全球化",因为中国美学中本身就蕴含着最为丰富的"生活审美化"的历史传统,这种传统在文化间性的视野中理应得到一种创造性的转化。

**廖明君**:中国化的生活美学与国际上的生活美学差异何在?既然你已经提到了,当代中国的生活美学绝对不是西方的生活美学在中国的翻版与变体,那么,二者之间究竟该如何区分呢?

**刘悦笛**:这个问题非常敏锐,的确有某种差异,但也有更多的相通之处,真的是"和而不同"。在对外交流中,我个人最初将中国化的生活美学翻译成 performing life aesthetics 或 performing living aesthetics,后来,我则将 living aesthetics 作为定译,旨在强调中国式的生活美学就是一种"活生生"的美学,更为强调一种生活本真的存在状态。与西方比较,西方相关著作一般用 everyday aesthetics 或 aesthetics of everyday life 来加命名,西方的生活美学家似乎更为强调生活是一个全新的美学研究领域。但无论怎样说,生活美学在东西方已同时兴起,并共同使生活成为美学的研究对象,这个新的美学学科已成为不同文化之间平等对话的全球平台。生活美学需要东西方学者继续努力工作,找到我们共同的交集与互补之处。2012年夏秋之交,承东北师范大学的好意承办,我们组织国际美学界在中国召开了"新世纪生活美学转向:东方与西方对话"国际会议,这次会议成为全球学界首次举办的"美学回归生活"的国际盛会。在这个文化间性转向的时代,我们的确应该积极参与到全球对话主义中。我在2010年主编的由中国社会科学出版社出版的《美学国际:当代美学家访谈录》就致力于这种文化间性的对话,还有我主译的《全球化的美学与艺术》《环境与艺术:环境美学的多维视角》都在做这方面的工作。

## 四、"生活美学"的艺术与文化

**廖明君**:既然生活美学是超出以艺术为研究对象的美学的,这种最新的美学研究是否会驱逐艺术哲学研究呢?

**刘悦笛**:这个问题非常重要。生活美学并不是取代艺术研究,而是会反过来推展艺术研究，包括艺术哲学研究。有趣的是，在英美学界并没有艺术学，其"艺术理论"主要以视觉艺术为主要对象，充当艺术学角色的就是"艺术哲学"。为何说生活美学的出现有助于反思艺术呢？因为生活美学有一个互看的基本原则，就是从艺术的视角中看生活、从生活的视角看艺术。2006年南京出版社出版了汉语学界第一本关于艺术终结的书《艺术终结之后》，这本书之所以能与国际美学界进行积极的对话，关键就在于它提出了艺术在未来可能终结的路数：其一是以观念艺术为代表的"艺术终结于观念"之途；其二是以行为艺术为代表的"艺术终结于身体"之途。其三是以大地艺术为代表的"艺术终结于自然"之途。这三种途径是统一在"艺术终结于生活"的。所以说，艺术终结之日，也许就是生活美学成为绝对主流之时，因为艺术最终要回归到生活中。

**廖明君：**"艺术哲学"或者"艺术学"研究，你觉得中国与欧美的基本状况如何？我们如何更多向西方的分析美学家们学习他们的艺术哲学研究的相关经验呢？

**刘悦笛：**在我们国内"艺术学"变为一级学科之后，"艺术学原理"之类的专著如雨后春笋般出现，但是，在西方占据主流的分析传统的艺术哲学研究的基本成果，还基本上没有得到我们的借鉴。在《分析美学史》中，我们已经描述了分析美学史上的维特根斯坦、比尔兹利、沃尔海姆、古德曼、丹托、迪基等重要代表人物的思想，还曾在北京大学出版社社翻译出版了沃尔海姆的分析美学名作《艺术及其对象》。其余几位重要美学家的著述如维特根斯坦与迪基的，我也都在译。无论我在北京大学出版社主编的"北京大学美学与艺术丛书"，还是在中国社会科学出版社主编的"美学艺术学译文丛书"（这套书是对80年代李泽厚主编的"美学译文丛书"的延续），这两套丛书出版的一个重要目的就是推动分析美学在中国的发展，推动我们的美学、艺术学研究直接与国际前沿接轨。我们需要建构自身的艺术哲学与艺术学体系，但是，必须放眼国外，看到艺术研究在国际上已经发展到了何种程度。

**廖明君：**那么，你觉得分析美学的研究在艺术上究竟贡献如何呢？

**刘悦笛：**我已经完成了国家社科基金的"20世纪分析美学研究"的项目，但完成后，我希望花两到三年将之细化与深入，希望今后能写出一本《今日美学与艺术哲学——分析美学导论》的专著。目前，我先是试图把握分析美学的五对主要问题：第一，艺术本质——艺术本体；第二，艺术再现——艺术表现；第三，审美经验——审美属性；第四，艺术评价——艺术价值；第五，艺术起源——艺术终结。前三对问题相对而言对分析美学是更重要的，分析美学在这些方面贡献最为突出。目前只能先做到这个程度，随着研究的深入再继续完善，还有许许多多的分析美学问题需要总结与深入，比如视觉再现、音乐表现、意图与阐释、隐喻与象征、门类艺术哲学，如此等等。此外，当前国际分析美学界还有两个热点问题需要探索，一个就是艺术与伦理的关联，另一个则是艺术与政治的关联。这两种外部研究似乎能提出审美伦理学或伦理美学、审美政治学或政治美学等一系列的新生长点。

**廖明君：**你好像对于当代中国艺术也深有研究？听说还曾在海外编辑出版过一本关于当代中国艺术史的文集？

**刘悦笛：**是的，这是一个非常重要的研究成果，它的影响主要在海外，最近国内美术界也开始关注它。那就是我与美国纽约城市大学魏斯曼在2011年主编的《当代中国艺术激进策略》(*Subversive Strategies in Chinese Contemporary Art*)，由欧洲著名的布里尔出版社出版。这本书邀请了美国与中国的美学家、艺术史家与艺术批评家共同撰写。美国布林茅尔学院迈克尔·克劳兹认为，该书是"对于当代中国文化的重要贡献，对于当代中国文化的跨文化影响的重要贡献，对于中国文化意义的哲学理解的重要贡献。作者既包括中国也包括美国的哲学家与艺术史家们，这是他们关于当代中国前卫艺术研究的第一次合作！"这本书在海外得到了相当的肯定，因为它是第一部从理论上反思当代中国艺术的著作，我在其中提出了建立具有"新的中国性"的艺术观念与实践的问题。在亚洲艺术学会的京都年会与国家图书馆的讲座中，我都梳理了生活美学的发展与当代中国艺术史之间的关联问题。当然，我本人也参与了一些艺术策展与批评活动，我所策划的第一个展览就是在中国美术馆一层举办的。视觉理论研究对于艺术学而言是非常重要的，我在2008年由山东文艺出版社出版的《视觉美学史：从前现代、现代到后现代》中就致力于这种理论研究，国内许多美术院校包括中央美院都将这本书作为研究生的参考书目。

**廖明君：**除了艺术之外，你从生活美学的角度，是否关注了当代文化研究问题？

**刘悦笛：**这些都属于主要研究之外的兴趣点，也还是采取了生活美学的视角。2005年在中国文联出版社出版的《夜半歌声》属于都市场景文化研究丛书，这本得以再版的书主要研究的是"中国卡拉OK文化"。2013年由四川人民出版社出版的《新青年新文化》则是更新的文化研究，我提出所谓的"新青年"就是指以80、90后为代表的拥有新文化取向的青年群体，"新文化"则特指先锋戏剧、现代诗人与新诗、前卫艺术、追星族与粉丝聚落、恶搞文化与山寨风潮、青年写作与网络码字、新摇滚、网络社区、超女·达人·选秀、微电影与小视频等文化现象。我总觉得，我们不能再走"西方出理论，中国出实证"的老路了，文化研究理论有哪些是由我们"发明"的呢，也许从生活美学出发可以走出坚实的一步。

您的访谈使我得以反思自己以往的研究过程与可能存在的缺憾，为我在学术道路上坚定地继续走下去奠定了更坚实的基础，真的非常感激您！

## 五、"分析美学"的中国开拓者

**吴飞（湖北大学文学院）：**前不久，我从网上购得您刚刚出版的学术专著《当代艺术理论：分析美学导引》一书。在我看来，它可谓是继2009年出版的《分析美学史》之后，您研究和传播分析美学思想的又一力作。请您先介绍一下这方面的情况。

**刘悦笛：**感谢你对我的学术研究的关注。《当代艺术理论：分析美学导引》一书是国家社会科学基金一般项目成果，也是中国社会科学院创新工程学术出版资助项目之一。虽然它是我最新出版的分析美学研究成果，但是，撰写这样一部"当代艺术理论"的准备工作，却是从很早就已经开始了。事实上，从2006年的《艺术终结之后：艺术绵延的美学之思》开始，到2008年的《视觉美学史》，特别是你提到的2009年的《分析美学史》，这几部著作都为本书的写作奠定了扎实的基础。如果说《分析美学史》是从纵向上梳理和研究英美分析美学的形成与发展历程的话，那么《当代艺术理论：分析美学导引》则试图从横向上讨论分析美学领域的核心理论问题，以此来呈现分析美学的整体面貌。2011年年末，《当代艺术理论：分析美学导引》主体部分就已经完成，但当时我对其并不满意，所以进行了反复修改。没想到如此一来，前后陆续修订时间长达三年，直到出版期限已到，我才不得不将之推出。当然，我这样做的目的，就是希望尽可能地把它完成得更好。

**吴飞**：您这种对于学术研究近乎苛刻的严谨态度，非常值得我们这些后来者学习。我注意到，您这部十年磨一剑的新作在结构安排上很特别，那就是每个章节都以与艺术有关的问题作为开端，最后则以述评作结。请您谈谈这样写作的用意。

**刘悦笛**：我撰写本书的初衷，就在于提出并讨论符合当代艺术发展实际的"当代"艺术理论。众所周知，我们现有的艺术理论与艺术实践极不匹配，也就是说，我们的艺术理论往往滞后于当代的艺术实践，而受到欧风美雨洗礼的当代艺术实践，则又远远超前于艺术理论。因而，要让我们的艺术理论真正具有言说当代艺术实践的能力，就有必要借鉴当前英美学界最新的艺术理论，来建构符合我们自身艺术实践的艺术理论。古语说得好，"它山之石，可以攻玉"。正是基于这样的目的，我在书中深描了当代艺术理论的十个基本问题，试图以此来提出一套我称之为"元艺术学"理论的基本框架。

概括而言，这十个基本问题可以分为五个层级。"艺术本质观"与"非西方定义"是第一层级的问题，从东西方两个不同角度回答"艺术是什么"的难题；"艺术本体论"与"艺术形态学"是第二层级的问题，回答的是艺术品如何存在与如何分类的问题；"艺术再现观"与"艺术表现论"是第三层级问题，回答的是艺术呈现外在世界与内在世界的问题；"艺术经验观"与"审美经验论"是第四层级的问题，回答的是如何确定艺术经验与审美属性的问题；"艺术批评学"与"艺术价值论"是第五层级问题，回答的是艺术如何评价与如何确定艺术价值的问题。在我看来，这十个艺术理论的基本问题，是当今英美分析美学界所关注的核心问题，也与当代艺术实践紧密相关，因而有必要进行深入探讨和研究。在此基础上，我试图将它们与本土美学、艺术理论进行对比分析，以期找到符合本土当代艺术实践的独特理论形态。

当然，到现在为止，我所做的都只是基础性的工作而已，想尽量做得完善，权当抛砖引玉。希望今后会有更多的学者在这个方面做出更加深入的研究，以推进当代艺术理论的发展。

**吴飞**：除了篇章结构上的精心编排，我还注意到，《当代艺术理论：分析美学导引》的每个章节都配有许多精美的当代艺术图片，这让一部理论性的学术著作变得令读者赏心悦目。您的良苦用心也由此可见一斑。

**刘悦笛**：正如你所说，这样做是为了增强本书的可读性。窃以为，我们当下的美学研究或美学著述离艺术现场比较远，而离理论现场较近。但是，反观英美分析美学界，从门罗·比尔兹利（Monroe Beardsley）、理查德·沃尔海姆（Richard Wollheim）、纳尔逊·古德曼（Nelson Goodman）到杰罗尔德·列文森（Jerrold Levinson）、彼得·基维（Peter Kivy）、诺埃尔·卡罗尔（Noël Carroll）等人，一代又一代分析美学家始终围绕着我之前讲到的那十个基本问题寻思作答，以回应当代艺术实践提出的美学难题。可以说，"艺术"一直占据着分析美学研究的核心领域。我们研究分析美学就不能不对欧美当代艺术实践有所了解和体察。

《当代艺术理论：分析美学导引》中的插图，大部分是我在修改本书期间，到国外参观当地美术馆与博物馆的收获。2014年，我到美国做富布莱特访问学者，合作者就是当今最重要的分析美学家卡罗尔教授。在为期一年的访学中，我每天上午游走于纽约的两百多家艺术空间，每周都去一次大都会（Met）观看那里的艺术演出。我也参观过华盛顿、洛杉矶、芝加哥、丹佛、达拉斯等地的美术馆以及墨西哥十多座美术馆。我还曾在欧洲独自旅行一个多月，到访过德累斯顿、慕尼黑、雅典、伊斯坦布尔、佛罗伦萨、博洛尼亚、克拉科夫、维也纳等地近百家博物馆。每到一处，我都亲手拍下那些令人震撼的古今艺术精品。这些经历不仅在我的人生中留下美好记忆，更让我对欧美当代艺术实践有了切身体验。自然而然，我也把这些体验融进本书的写作之中。所以，你可以看到，本书每一章都从一件或几件附有插图的艺术品谈起。

**吴飞**：您这种从切身体验过的具体艺术品案例分析入手，再深入浅出地谈论美学观念、艺术原论的方法，在学界并不多见。这不仅让原本枯燥的理论变得生动起来，也让理论探讨变得更"接地气"，更具有针对性和实践性。如此看来，《当代艺术理论：分析美学导引》是一部将艺术理论与当代艺术实践结合起来进行讨论的成功之作。当然，希望未来能够看到您以中国当代艺术品为讨论对象的分析美学著述。

**刘悦笛**：《当代艺术理论：分析美学导引》是在我人生的这一阶段的

重要成果，希望更多的学者、朋友喜欢它、阅读它、分享它，并提出宝贵的意见和建议。由于我在书中讨论的是分析美学中居于核心地位的艺术理论问题，所以，选取欧美当代艺术品作为阐释对象更加合适，也更有助于理解这些理论问题。你所说的将当代艺术理论运用到中国当代艺术实践和艺术品上，是一个不错的建议，值得去尝试。一直以来，中国当代艺术实践与艺术理论相隔甚远，似乎只有丹托的"艺术界"理论在中国当代艺术领域被更多地接受和谈论。如何运用最新的分析美学理论阐释中国当代艺术，也即西方当代艺术理论的本土化问题，不仅是分析美学需要解决的问题，也是艺术领域需要解决的问题。或许，在此之中，可以为我们构建本土特色的艺术理论寻找到切入口。

**吴飞**：从《当代艺术理论：分析美学导引》的那些精美插图中可以看出，您对艺术实践尤其是当代艺术的关注与热爱。您当初是如何走上美学研究以及分析美学研究道路的？

**刘悦笛**：现在回想起来，从事美学研究，大概与我个人的成长经历有关。我早年对艺术感兴趣，所以研习了书法、绘画艺术，也正是从这个时候起，有了对艺术和审美的基本感悟。可以说，从事艺术创作曾经是我的一个梦想。直到现在，我还保有临摹名家字帖的习惯。只是后来在求学时期，由于阅读经验的增长，逐渐对思想和思辨产生兴趣，就从原来保送的物理专业转而选择了哲学专业。20世纪90年代的美学热潮，亦深深影响了我对学术研究方向的选择，因为美学恰好是一个勾连感性的艺术实践与理性的哲学思辨的研究领域。我从事分析美学研究大概要追溯到2002年，这一年我在《美术》杂志上发表了国内最早的关于"艺术终结"的论文《病树前头万木春——评"艺术终结论"和"艺术史终结论"》。同年，我又在《中华读书报》上发表了《分析美学在中国》一文，算是真正意义上开始对英美分析美学进行关注并研究。2006年的《艺术终结之后：艺术绵延的美学之思》则是我为进入分析美学研究找到了"艺术终结"这样一个突破口，因为当时它是分析美学界讨论的热点问题。

**吴飞**：谈到分析美学研究，除了您的新著《当代艺术理论：分析美学导引》之外，就不得不提及您那部近四十万字的开创性著作《分析美学史》。据我所知，该书是国内外迄今唯一一部分析美学史专著，可谓是填补了学界一大空白。可以说，正是《分析美学史》奠定了您在国内分析美学界的重要地位。国际美学协会前主席柯提斯·卡特（Curtis L. Carter）盛赞《分析美学史》"这部著作是及时性的著作，是对分析哲学令人欣喜的贡献。"由此可见，您的这部著作在分析美学界所产生的巨大反响。接下来，您能否谈谈是什么原因促使您着手撰写这样一部意义重大的美学史专著？

**刘悦笛**：谢谢卡特教授和你对该书的赞誉。在我看来，《分析美学史》只是做了初步的工作。事实上，分析美学研究还有很多问题值得进一步清理和探讨，这也是我撰写《当代艺术理论：分析美学导引》的动因。我也希望将来本土的分析美学研究能够涌现出更多成果，最好是能与国际美学界进行对话，发出自己强有力的声音。我还是那句话，我这是抛砖引玉。当然，现在回过头来看，由于才力上的不足，加之近年来分析美学界出现的新动态和新发展，我的《分析美学史》还存在诸多有待完善的不足之处。

谈到撰写该书的缘起，我想应该是当时本土学界对分析美学的忽视甚至蔑视深深触动了我，而这一现象与近年来国内学界对分析哲学的关注程度大相径庭。当时一个长期困扰我的问题就是，在我阅读国际美学界最重要的两份美学期刊《美学与艺术批评杂志》(*Journal of Aesthetics and Art Criticism*)和《英国美学杂志》(*British Journal of Aesthetics*)上的文章时，发现它们所讨论的问题离我们所研读的美学著述遥远而陌生。也就是说，我们当时的美学研究是将占据英美美学主流地位长达半个世纪的分析美学排除在外的，更不用说借鉴分析美学的优秀成果来丰富我们自身的理论建设，以及与国际美学界进行互动对话。与之相反，20世纪上半叶以朱光潜、宗白华、滕固为代表的老一辈美学家，则是紧跟当时欧洲美学主流的步伐。

另一个棘手的问题在于，从20世纪40、50年代至今，分析美学历经了比较成熟的发展历程，当代欧美学界的研究态势是逐步走出分析美学方法和视域的束缚，转向拓展其他研究领域，但本土学界却还没有真正引进分析美学。所以，我们所要做的工作就是及时补上这一课，否则就难以理解同时代的欧美美学界所关注和谈论的问题。正是在这种情况下，我觉得有必要对分析美学发展的现状进行全面梳理和介绍。遗憾的是，这一工作在当时国内外还没有人做过。

**吴飞**：20世纪下半叶分析美学在国内与国外所遭受的境遇差别之大，这在学界已是不争的事实，而想要改变这一状况，首先需要做的，恐怕就是反思形成这种状况的原因。那么，如您所见，是什么原因导致分析美学在中国学界处于一种边缘化的状态？

**刘悦笛**：导致国内分析美学研究滞后于国外的原因，细究起来有很多。我在《分析美学史》"导言"中对这个问题有所讨论。当时，我主要从两个方面对这个问题做出解答。一个是历史层面的原因，这就关涉到中国近代美学生发之初的状况以及当代美学发展的几个重要阶段；另一个是本土层面的原因。后来，我在2011年与李修建合著出版的《当代中国美学研究（1949—2009）》一书中补充了第三个方面即哲学层面的原因。

具体而言，从美学史角度来看，20世纪初，以王国维为代表的最早一代美学家受到以康德（Immanuel Kant）、叔本华（Arthur Schopenhauer）为代表的欧洲大陆理性思辨的哲学美学的影响。虽然20世纪20、30年代，本土学界开始引进早期分析哲学的思想和方法，并且对分析哲学的研究持续至今，但以朱光潜、宗白华为代表的第二代美学家，所接受的大多是心理学传统的美学思想和方法。同时，以列宁为代表的苏俄马克思主义传统美学也逐渐在本土生根发芽。20世纪50年代至70年代，正是英美分析美学从兴起到繁盛的阶段。然而，由于意识形态的对立，分析美学思想被当作资产阶级学术予以批判，也因此在20世纪50、60年代的"美学大讨论"中处于缺席的状态。正是在这段时期，国内美学界失去了参与国际主流美学讨论的时机。改革开放以来，随着思想的解放和理论热潮的兴起，国外一些重要的美学思想被引进过来，然而令人遗憾的是，这些美学思想绝大多数属于欧洲大陆传统，如现象学美学、存在主义美学、马克思主义美学。即便关注英语世界的美学，也更多是关注"新批评"、符号论美学，分析美学仍然未受到学界重视，这一状况直到20世纪90年代以后才有所改观。

从本土层面来看，中国古典传统美学更加注重生命体验、审美关怀、"得意忘言"，更加注重社会和生活中的美学实践，这使得立足于传统思想的本土美学家，更容易接受欧洲大陆形而上学式的美学思辨，而难以接受分析美学这种科学主义传统上的以逻辑分析和语言分析为主要方法的美学形态。

从哲学层面来看，分析美学导源于分析哲学，分析美学的方法也就是分析哲学的方法，因而，从事分析美学研究需要研究者接受一定的分析哲学训练，熟悉和掌握哲学分析方法。但是，虽然分析哲学在当今学界得到持续研究，哲学分析方法却并未对美学研究产生影响，这也间接导致分析美学不能得到应有的研究。

当然，不管遇到怎样的困难，我们都有必要对英美分析美学展开研究。只有这样，才能了解欧美美学的另一侧面，从而获得对西方美学的整体观照。

**吴飞**：英美分析美学传统与欧洲大陆美学传统的断裂，是美学界乃至哲学界需要解决的历史难题。在您看来，这两种不同的美学传统是否有沟通融合的可能？如果有，又该如何进行？

**刘悦笛**：分析美学与大陆美学的对立局面由来已久，但这并不意味着这两种不同的美学传统没有进行汇通融合的可能。美国哲学家斯坦利·卡维尔（Stanley Cavell）就曾经试图从实用主义角度，以"经验"为基点来沟通这两大美学传统，但并未引起学界太多关注和承认。在我看来，问题的关键在于仔细辨析两大美学传统在思想和方法上的异同。也就是说，首先要进行合理对话，进而找到两者之间的某个平衡点，以此作为沟通与融合的基础。只不过，对这一问题，目前学界还处于探索阶段。

**吴飞**：分析美学在国内的接受与传播所遭受的困难，除了您所谈到的这些之外，我认为，可能还与分析美学天然的反本质主义倾向有关。由于本质主义的美学观念早已深入人心，分析美学也就很难被学界接受。只有在解构主义、后现代主义思潮影响下，分析美学才真正有了被国内学界接受的理论土壤。事实也说明，21世纪以来，尤其是在您的《分析美学史》出版之后，越来越多的学者参与到分析美学研究中来。那么，在国内分析美学研究方兴未艾的情形下，您认为我们当前还需要努力开展哪些工作？

**刘悦笛**：你说的原因很有道理。但是，需要注意的是，把分析美学全部看作反本质主义美学，其实是对分析美学的误解。事实上，以丹托、乔治·迪基（George Dickie）为代表的后期分析美学，走的却是一条本质主义美学道路。所以，我们不能简单地将整个分析美学贴上本质主义或反本质主义的标签，而应当看到分析美学内部的多样性和复杂性。这就需要我们对分析美学进行全面细致的研究。

近年来，国内学界的确开始出现分析美学研究的热潮，分析美学研究的著述也随之涌现。如《哲学动态》2010年曾连续集中刊发6篇讨论分析美学问题的学术论文，以维特根斯坦（Ludwig Wittgenstein）、古德曼、丹托等分析美学家的美学思想为研究对象的学术专著陆续出版。同时，分析美学也逐渐进入国内西方美学史著作的论述之中。比如，2008年出版的汝信主编的《西方美学史》（第四卷）、2015年出版的教育部理论研究和建设工程重点教材《西方美学史》中就编入了我所撰写的有关分析美学的文章。

当然，这些方面的研究成果，还远远不能与国外分析美学研究现状相比。为此，我的《当代艺术理论：分析美学导引》一书，试图在《分析美学史》的基础上，对当代分析美学做出进一步的研究，尤其关注分析美学的最新发展。

此外，沃尔海姆、古德曼、丹托、卡罗尔等人的主要著述被陆续翻译引进过来，也在一定程度上说明，分析美学在目前国内学界所受到的重视程度。我个人翻译的分析美学著作有：维特根斯坦《美学、心理学和宗教信仰的演讲与对话集（1938—1946）》，由中国社会科学出版社2015年出版；沃尔海姆《艺术及其对象》，由北京大学出版社2012年出版；阿莱斯·艾尔雅维茨主编的《全球化的美学与艺术》，由我与许中云翻译，四川人民出版社在2010年出版；还有我与周计武、你一起合作翻译的迪基《美学导论：一种分析方法》，北京师范大学出版社2016年初即将出版。

我为北京大学出版社主编的"美学与艺术丛书"已出版比尔兹利、古德曼、沃尔海姆、舒斯特曼（Richard Shusterman）、卡斯比特（Donald Kuspit）等人的著作。近期，我参与主编的"美学艺术学译文丛书"，在中国社会科学出版社也会陆续推出维特根斯坦、迪基、约瑟夫·马戈利斯（Joseph Margolis）等著名分析美学家的代表性著作。卡特主编的《艺术与社会变迁》已经翻译出版，这本书是2009年度的《国际美学年刊》，其中第三篇收录了我的论文《当代中国艺术：从"去中国性"到"再中国性"》(*Chinese Contemporary Art: From De-Chineseness to Re-Chineseness*)。上一本翻译过来的是2004年度的《国际美学年刊》。

此外，我在其他地方曾经谈到，当前国际分析美学界还有两个热点问题需要探索，一个就是艺术与伦理的关联，另一个则是艺术与政治的关联，这两种外部研究似乎能提出审美伦理学或伦理美学、审美政治学或政治美学等一系列的新生长点。这些都是我们分析美学研究需要密切关注和研究的方向。

**吴飞**：由此可见，国内分析美学研究如果想要从边缘走向中心，进而追赶上国外学界的步伐，在未来还有很长的一段路要走。这也似乎说明，分析美学研究在未来大有可为。但是，据您在《分析美学史》中的介绍，国外分析美学在20世纪末就已经开始走向衰落。请问您如何看待国外分析美学的这种发展态势？这对于我们当下的分析美学研究又有哪些启示？

**刘悦笛**：首先，应当认识到分析美学的衰落是一件十分自然的事情。任何一种美学思潮都不可能永远繁盛下去，走向衰落只是时间问题。作为曾经占据欧美学界主流地位半个多世纪之久的分析美学，在受到来自其他传统美学思潮或新近美学思潮的挑战和冲击下，也势必会走向衰落。如现象学美学、心理学美学、结构主义美学、解构主义美学都经历了由兴起、发展到繁盛、再到衰落的周期性过程。也正是如此，世界美学的整体进程才不断向前推进。

其次，应当认识到，分析美学的衰落不仅有其外部因素，而且来自分析美学内部的复杂因素也必然导致其走向衰落。对此，我曾在《分析美学史》的"结语"中，总结了五个方面的原因，这里我就不再赘述，只列举如下供讨论：（1）"界定艺术"的分析性努力所面临的困境；（2）相对忽视"评价"和"经验"带来的困境；（3）完全忽视"自然美"所产生的困境；（4）无视"社会语境"而形成的困境；（5）片面采取"非历史主义"方法造成的困境。当然，必定还有其他方面的原因，这就需要我们进一步深入分析和总结。

第三，需要强调的是，分析美学的衰落并非意味着我们要彻底抛弃分析美学而不去研究它。事实上，早在1987年，美国的《美学与艺术批评杂志》上刊发过一个由舒斯特曼编辑的"分析美学专号"。这个专号就试图对整个分析美学的历程进行回顾和总结。在此之后，尽管学界仍然存在对分析美学进行总结和反思的声音，但分析美学并没有就此退出历史舞台，相反，分析美学所提出的各种与艺术有关的理论问题，依然是学界研究的重心，而以分析美学为主题的国际学术会议也依然在继续召开。可以说，英美学界已进入到一个"后分析美学"的时代。因此，未经过分析美学洗礼的本土美学界，就更加不能抛弃分析美学，而是需要以积极的态度去研究分析美学，并且借鉴其合理的思想与方法发展出对本土真正有用的美学、艺术理论。

第四，分析美学走向衰落的同时，也意味着新的研究方向的展开。比如，目前国际分析美学界至少已经形成三个新的生长点，即新实用主义美学、日常生活美学以及自然（环境、生态）美学。它们分别代表着分析美学对经验、生活以及自然（环境、生态）的复归。而这些传统分析美学所忽视的方面，或许正是我们未来在真正走进分析美学之后，可供选择的新方向。

**吴飞：** 从您最近的著述来看，生活美学也确实成为您学术研究关注的重点。这是否意味着您的学术研究发生转向？您又是如何看待分析美学与生活美学之间的关系？

**刘悦笛：** 我明白你的意思。近年来，我一直积极倡导一种本土特色的生活美学。早在2005年我就推出了专著《生活美学》。所以，严格意义上来讲，关注和研究生活美学并不能看成是我的学术转向。如果非要说的话，那也只能算是研究重心的转移。因此，可以看到，我对分析美学的研究与对生活美学的研究事实上是几乎同时进行的。也因此可以说，倡导生活美学并不意味着舍弃分析美学。在"后分析美学"的语境中，生活美学是分析美学的合理延伸。生活美学在当今美学界的兴起，主要原因在于以往分析美学以艺术为中心，忽视了生活的存在。而当代艺术也呈现出逐渐向日常靠近的趋势，艺术与非艺术的界限变得模糊不清。这就使得英美美学界从关注艺术走向关注生活。但正如分析美学的衰落不等于分析美学的消失一样，生活美学的转向不等于分析美学的取消，因为生活与艺术之间并不是对立的关系，而是相互交融的关系。所以，分析美学将一直是我致力研究的领域。

在美学专业领域，其实我个人所做的主要研究工作，可以概括为一"史"一"论"。"史"，就是"分析美学"史；"论"，就是"生活美学"论，前者是以英美贡献为主的，后者却是中国学者可以对全球美学贡献出自己的力量的。我的"生活美学"思想的形成是在2001年，在2005年正式推出，随后出版了《生活美学与艺术经验》《艺术终结之后》《生活中的美学》《无边风月：中国古典生活美学》（此书与赵强合著）等一系列著作。到了2014年，历时三年之久，我邀请卡特共同主编的《生活美学：东方与西方》由英国的剑桥学者出版社出版。当我确定书名的时候，特意把"东方"放到了"西方"之前。这是由于以中国为代表的东方美学思想在"生活美学"传统上可谓源远流长：东方是找回自己的"生活美学"智慧，而西方则是发现"生活美学"思想。这本新书被"斯坦福哲学百科"列入相关词条的参考书目中并做了引用，也得到了西方同行们的关注。生活美学的确是当今全球美学得以拓展的最新生长点，希望包括中国学者在内的东方学人能在这个领域来共建"全球生活美学"！

**吴飞**：作为国内分析美学研究的专家，在采访最后，您能否与有志于此的后学者分享一点您的治学心得？

**刘悦笛**：我只是在分析美学研究方面做了自己应做的工作而已，还谈不上是专家，也因此没有多少心得。众所周知，学术研究从来不是一件轻而易举的事情。我在治学道路上也有过一些不大不小的困惑，总是会感慨生命和人生的奇妙，做学术如逆水行舟不进则退。我时时告诫自己，人生有涯而学海无涯，令人深深感喟的是："以有涯随无涯，殆已！"不过，更令我难忘的是在研究之路上攻坚克难的喜悦。这些喜悦是生活给予我们的馈赠。就像我之前说的，我衷心希望有更多的人关注、研究分析美学，更希望有越来越多的本土学者能够与国际分析美学界进行交流、对话，发出自己的声音。

（本文的第一至第四部分原载《民族艺术》2013年第3期，系《民族艺术》杂志主编廖明君对笔者所做的访谈；第五部分原载《文艺争鸣》2016年第12期，系湖北大学文学院吴飞对笔者所做的访谈）

# 后 记

这是我的第一本文集!

自从治学以来,从哲学开始经过美学又回归哲学,由美术经过文学再通向各门艺术,沥沥拉拉写了十几本书,却从没想过编一本文集。大概是觉得还不到时候,因为编文集总是一次总结吧,直到中国文联出版社找到我。感谢编辑冯巍博士的邀约,真是心怀感念!

其实,与中国文学艺术联合会还是深有感情的。我第一本书就是在文联出版社出的,那还是原在我们中国社科院文学所的老友孟繁华,约我加入他所编的丛书。这本书后来竟又改版再出,销量不小。2011年之后的两年,我就边读书边借调在中国文联的旗下,到中国美术家协会的老《美术》杂志工作。那是接触美术界前沿的复杂时光,也可以说是吃了两年多文联(包括食堂)的饭。几年前,中国文联出版社的另一位主任编辑找到我,希望在他们主打品牌"中国艺术学文库"下再编一套文丛。当时我想叫作"当代艺术理论文丛",也规划了书目并确定了作者,可惜后来遗憾地终没能合作成功。

既然编文集就是要蓦然回首,那么,也有必要说明编它的原因。在我的新浪微博上,写着这样的标签——"倡导生活美学,解析当代艺术,反思中国思想"!后来"博客中国"邀请我开专栏的时候,我又将解析当代艺术改为"解析当代文化",可见我的视野也在逐渐扩大,开始去探求文化和艺术背后的或者是通过美学之后的更为深邃的哲学思考,特别是立足于中国本土的哲学思考。对我而言,此时的转向无疑是不早也不晚的。

作为中国社会科学院哲学所美学研究室的一员,回顾自己不惑之年前面的工作,基本上是一"史"一"论"。史,就是"分析美学"史;论,就是"生活美学"论。分析美学是20世纪后半叶欧美唯一占据美学主潮的思潮,基本上以艺术为哲学研究对象,所以就可以等同于"当代艺术哲学"或"当代艺术理论",这就让我的工作与如今的艺术学勾连起来。尽管我始终认为,作为德国思想产物的艺术学在英美并不存在,与所谓"一般艺术学"(Kunstwissenschaft)相对应的只有分析美学(Analytical Aesthetics)研究。然而,这本书并没有涉及这方面的内容,因为在《分析美学史》《当代艺术理论》以及今年台湾新版的《英美分析美学史论》中都已得到系统呈现,包括我的那本美学原理著作《生活美学与艺术经验》。但是,本文集的门类艺术论中却也使用了分析美学的方法论,涉及了电影、电视和舞蹈,可惜音乐、建筑等门类及其美学仍未涉足。

所以说,这本文集命名为《生活美学与当代艺术》,就是由于我在编撰的过程中,更为关注的是建基在中国本土基础上的生活美学的拓展与当代艺术发展之间的积极关联。大家都知道,生活美学的兴起乃是在21世纪以后,是笔者在"美学本体论"上所做的一种哲学构想。关于生活美学,我曾写过几本书,今年在中华书局要出一本新著《中国人的生活美学》,彻底将生活美学作为本土古典智慧而确立下来,商务印书馆还要出一本《审美即生活》。如果说,《中国人的生活美学》关注生活美学的古典化的话,那么,本文集则是聚焦生活美学的当代化,而且更为关注生活美学如何为当代艺术学理论提供哲学基础。生活美学尽管超出了艺术,但却并不离于艺术,而且可以由此返观艺术,所谓"不识庐山真面目,只缘身在此山中"。

此前没想过编文集还有另一个理由,因为文集一般都是由枯燥的学术文章组成,可读性比较差。所以,这就督促我采用新的形式来编,也就是以报刊文章的短篇字数为标准,把大块文章打散,再辅之以醒目的标题,使得知识以"星丛格局"得以呈现。这本文集是建基于我原来所编的一本未刊文集的基础上的,本想叫作《游艺生活与启蒙拓展》,后半部都是哲学与社会的思考,当时一编就是四十多万字,显然不如这本文集的主题如此这般集中。书当然并不是写得越多就越好的。

本文集所收录的文章,从2002年7月《中华读书报》上的小文开始,到今年1月在台湾《今艺术》上发表的艺术评论为止,分别发表在主流报纸《人民日报》和《光明日报》的理论版上,发表在科学与社科类报纸《中国科学报》、《中国社会科学报》(原《中国社会科学院院报》)、《社会科学报》上,发表在读书类的《中华读书报》《新京报》读书版上,发表在文化艺术类报纸《文艺报》《中国文化报》《中国艺术报》《中国美术报》上，发表在艺术类期刊《文艺研究》《文艺争鸣》《美术》《美术观察》《美术研究》《世界美术》《荣宝斋》《艺术百家》《民族艺术》《美苑》《艺术评论》《东方艺术》《中国国家美术》《人文艺术》《今艺术》上，发表在门类艺术期刊《电影艺术》《现代传播》《公共艺术》《北京舞蹈学院学报》《舞蹈》上，发表在社科类期刊《学术月刊》《美育学刊》上，如此等等。在此，对这些刊发拙文的报纸杂志的编辑们深表谢意！同时，还要感谢《民族艺术》主编廖明君、《公共艺术》杂志执行主编王洪义和受《文艺争鸣》委托的湖北大学吴飞三位先生，对笔者所做的访谈，以及《中国科学报》记者郑毅对我在国家图书馆讲座的录音整理，感谢你们的工作！

与很多报刊的合作都是长期的，比如在《人民日报》连续两篇所写"美学中国化"的文章，其中一篇的部分内容已纳入七十万字《当代中国美学研究》的序言中，与《人民日报》合作的"美在生活"专栏已发表了二十余篇文章；再如与《美术观察》的合作也是连续的，不仅2010年首期专题就有拙文纵论当代艺术理论的"中国性"建构问题，而且连续著文论述该问题，后来在西南大学还办了"中国艺术观"研讨会，也有文集出版；又如与《文艺争鸣》的合作，更是因为他们推出了"新世纪文艺学美学生活论转向"的大专栏，前前后后共出版了百余篇以此为主题的论文；再有当年在《中国社会科学报》所开辟的专栏也多有文章收入，如今又在《南方周末》开始做一个新的专栏，开始泛谈哲学与社会话题。

除了公开发表的之外，还有不少文章乃是第一次刊发的。作为《朱光潜全集》的中华书局新版的编委所写的两篇新文，第一篇是说新版全集的真正分量，第二篇则是编辑朱光潜先生英文手稿的随想。21世纪初曾多次拜见王朝闻先生，所写的两篇倒是发表过，后来多次参加先生的纪念会。追忆不幸仙逝于中国的荷兰美学家佩措尔德、屡次劝我回到东方的日本美学家神林恒道的文章，也都是首发的。关于李泽厚先生的文章，今后一定是要单独写书的，因为与他不仅是同一研究室的同事，而且也是真正的忘年之交，我们的对话很多朋友都看过。还有不少关于当代艺术的文章，如《国际前卫艺术的"关系主义美学"》都未曾与读者见面。这次还刊发了与著名美学家阿瑟·丹托（Arthur C. Danto）的访谈，他的去世可谓是世界美学界的一大损失，在哥伦比亚大学曾应邀参加了他的追思会。最后，还要感谢我的老友美国人柯提斯·卡特（Curtis L. Carter）答应将在世界美学大会期间我们公开发表的对话作为本书的序言。当时卡特时任国际美学协会主席，对当今中国美学与艺术的发展关注尤甚。

2014年至2015年，我在美国纽约做了一年的富布莱特访问学者研究，合作教授也是当今健在的最重要的美学家诺埃尔·卡罗尔（Noël Carroll），这使得我对美学与艺术的理解都有所深化（如开始关注电影哲学）。如今十分想念那座城，那个令我始终保持兴奋度的文化艺术之都：每周都去大都会博物馆观瞻一次，旧书店至少游走两次，且几乎每次都能发现一个新地方的纽约城！实际上，作为"大汉语文化圈"的东亚，都延续了"生活美学"这个大传统，无论是我曾任教过半年的朝鲜半岛（2008年特聘韩国成均馆大学，教过半年博士生课程），还是三次来观瞻的东瀛三岛，都是如此。中日韩的"生活美学"与艺术联动研究，其实是摆在国人面前的大课题，希望能有更多研究者参与其中。特别是在日本和台湾地区多处，有幸与德高望重的日本美学家和艺术学家神林恒道老先生成为忘年之交，就是他告诫我美学不要成为无所指向的空谈，一定要把脚深深地扎根在东方这片土地之上；还在日本东京美术俱乐部的画展与研讨会上，结识日本文化厅前长官、东京大学副校长青柳正规先生，在东方共通性上交流甚深。

与上次在京都和奈良感受晋唐文化、在新潟感受近代文化不同，这次在城西大学工作的中国友人刘晗的陪同下，游走了东京国立博物馆、国立西洋美术馆、东京都美术馆、东京艺术大学美术馆、根津美术馆、三得利美术馆和森美术馆。看过东京国立博物馆常设展后，特别是看过佛教雕家运庆的特展后，感受到了日本佛教造像所独具的高格；东京艺术大学美术馆丝绸之路展，则复原了从法隆寺金堂、高句丽壁画到敦煌洞窟、巴尔米拉遗址的文物；根津美术馆的"莲花、灵兽、天部、邪鬼特展"，尽显日本佛教美术特别是密教绘画之魅影；本来去三得利美术馆只是要看日本"生活美学"器物，因为这里是日本最知名的"生活美学"空间，却偶见狩野元信特展，看到日本山水画的高峰，马远、夏圭、牧溪竟都是前史了；在森美术馆看了当代东南亚艺术大展，可惜未能在这个日本最高的美术馆俯瞰东京；国立西洋美术馆较之欧美典藏差些，但在东亚已算顶级；东京都美术馆的波士顿美术馆展还没有看。走呀走呀走，欣赏呀欣赏……尽管东、西、古、今有点错杂，但在如此丰富的展品中却发现，东方的

"生活美学"在熠熠生辉!

希望读者们喜欢这本小书,不揣冒昧将它奉献给您,以在中国"艺术学"这片新领域,做点力所能及的小份工作。我始终不忘只有一点——理性与感性终应合一:缺乏感性的理性则"空",丧失理性的感性则"盲"。

是为记。

刘悦笛

写于丁酉年国庆日凌晨

日本东京城西大学二号栋宿舍

戊戌年青年节黄昏修订于北京澄怀斋